数据包络分析模型与方法教程
Data Envelopment Analysis：Models and Methods

吴　杰　马占新　孙加森　储军飞　编著

科　学　出　版　社

北　京

内 容 简 介

数据包络分析（data envelopment analysis，DEA）是管理运筹学领域中的重要数学工具方法，被广泛应用于效率评价领域。本书通过理论方法与实践运用相结合的方式介绍了 DEA 的常用模型和实践应用案例。本书内容主要包括 CCR 模型、BCC 模型、SBM 模型、超效率 DEA 模型、交叉效率 DEA 模型、Cobb-Douglas 型 DEA 模型、考虑非期望产出的 DEA 模型、网络 DEA 模型、成本与资源配置 DEA 模型、固定和产出 DEA 模型、固定和投入 DEA 模型、模糊 DEA 模型等。

本书适合项目管理、工程管理、决策分析等领域的企业管理人员，高等院校高年级本科生、研究生，科研院所研究人员及相关工作者阅读。

图书在版编目（CIP）数据

数据包络分析模型与方法教程 / 吴杰等编著. -- 北京 ：科学出版社, 2025. 6. -- ISBN 978-7-03-082536-0

Ⅰ. N945.12

中国国家版本馆 CIP 数据核字第 2025Y51G29 号

责任编辑：蒋 芳 郑欣虹 曾佳佳 / 责任校对：任云峰
责任印制：张 伟 / 封面设计：许 瑞

科 学 出 版 社 出版
北京东黄城根北街 16 号
邮政编码：100717
http://www.sciencep.com
三河市春园印刷有限公司印刷
科学出版社发行 各地新华书店经销
*
2025 年 6 月第 一 版 开本：787×1092 1/16
2025 年 6 月第一次印刷 印张：13 1/4
字数：315 000
定价：99.00 元
（如有印装质量问题，我社负责调换）

前　言

数据包络分析（data envelopment analysis，DEA）的价值在于它能够相对评价某一应用领域中决策单元（decision-making unit，DMU）的个体效率或绩效。DEA 可以识别低效率的来源，对 DMU 进行排名，评价管理、项目或政策的有效性，为重新配置资源奠定定量基础。Charnes、Cooper 和 Rhodes 于 1978 年首次提出 DEA 方法来衡量决策单位的效率和生产力，随后该方法被认为是一种现代的绩效测量工具。近年来，与 DEA 理论和应用相关的出版物数量呈指数级增长。在 2018 年一篇纪念 DEA 创立 40 周年的综述性论文中，Emrouznejad 和 Yang 报告了 DEA 理论和方法的发展和现实场景的应用。他们指出，DEA 现已成为决策分析、运营管理以及经济计量等多学科交叉的研究工具，并处于不断完善和发展的新阶段。其中，环境效率（包括生态效率、非期望产出、方向距离函数、二氧化碳排放、可持续发展）、网络 DEA（包括两阶段 DEA、效率分解）、规模回报（包括规模效率）等是目前研究的主要领域。农业、银行、供应链、交通运输和公共政策是 DEA 在近年来期刊发表量最多的五大应用领域。DEA 理论及方法在众多运营管理效率评价领域得到了广泛应用，为提高组织运行效率提供了科学的依据。DEA 不仅在各领域有良好的适应性，还有广阔的发展前景。

随着 DEA 模型与方法的全面推广，众多专著与软件平台相继出现。编者目前已出版两本与 DEA 相关的专著《行业分析视角下中国区域环境效率研究——基于数据包络分析（DEA）》（科学出版社，2021 年）和《数据包络分析交叉效率评价理论、方法及应用》（科学出版社，2023 年）。这两本专著系统总结了 DEA 在中国区域环境绩效领域的研究以及交叉效率 DEA 的理论和方法。就出版经历而言，现缺乏适合众多 DEA 初学者在模型方法、实践应用和软件编程实现方面的基础教材。本书相较于编者前两本专著会更基础，以精华浓缩、简单易懂的行文内容帮助初学者快速入门。根据编者近年来从事的关于 DEA 方法的教学、研究以及应用实践，选择了最为经典的 DEA 方法理论与实践内容编写此书。全书共计 17 章，前 16 章主要涵盖方法介绍、基本模型、实践应用和习题等核心内容。此外，本书配套了相关算例演示以及实践应用，以供初学者掌握 DEA 理论方法和熟悉其应用，最终以期为初学者的科研工作提供切实帮助。第 17 章是 DEA 方法的 MATLAB 求解算法。

本书得到国家自然科学基金项目（72371232、72371179、72271247、7191203、71871153）、国家（第五批）"万人计划"哲学社会科学领军人才计划、中央宣传部文化名家暨"四个一批"人才支持计划项目等的支持。全书由吴杰教授、马占新教授、孙加森教授、储军飞教授负责总体设计、策划、组织交流、撰写与统稿，赵锐锃博士做了辅助性工作。

由于作者水平有限，书中难免存在不足之处，恳请广大读者批评指正。

吴　杰

2023 年 2 月

目　　录

第 1 章　DEA 简介

数据包络分析（data envelopment analysis，DEA）是一种用于进行综合绩效评价的非参数方法。它使用线性规划来计算多个决策单元（decision-making unit，DMU）的效率，被广泛应用于生产、管理学和经济学等领域。其核心思想是通过对每个 DMU 的投入和产出数据进行综合分析，得出每个 DMU 的相对效率，然后将所有 DMU 效率排序，确定相对有效的 DMU，为管理人员提供管理决策信息。

1.1　组织单元效率评价概述

DMU 的绩效评价和排序是现实中常常遇到的问题。例如，教育部门对某地区的高校进行排名，需要对各高校进行效率方面的评价，然后进行排序；医疗部门对所辖医院的投入产出效率做评价和排序，然后根据效率值进行资源分配；各银行可以对资产和负债做效率评价和排序，调整相关投入和产出，进行资金优化配置。在实际生活中，这样的例子不胜枚举。正是由于现实的需要，使用 DEA 方法对决策单元进行效率评价和排序在近年来取得了快速的发展。

从管理学角度来讲，效率是指在特定时间内，组织的各种产出与投入之间的比率关系。效率与投入成反比，与产出成正比。基于 DEA 方法，对效率进行评价和排序，能为管理决策者提供有价值的信息，以支持其经营决策和制订相应的改革方案。决策者不但可以清楚自身组织在同类组织中的效率地位，还可以根据最有效的 DMU 不断优化和改进组织的投入产出比，合理地调整各类投入产出的水平，获得最理想的投入产出比，进而提高组织的绩效水平。

1.2　DEA 概述

DEA 是一个运筹学与数理经济学的交叉研究领域。它是根据多项投入指标和多项产出指标，利用线性规划的方法，对具有可比性的同类型 DMU 进行相对有效性评价的一种非参数分析方法。DEA 方法自 1978 年由美国著名运筹学家 Charnes 等提出以来，已广泛应用于不同行业及部门，如医院、高校、银行和企业等。

DEA 作为一种非参数绩效评价方法，不需要对生产函数形式进行预先假定，从而避免了各种主观因素的影响。DEA 评价的是 DMU 之间的相对效率（产出与投入之间的加权和之比），相较于其他方法，DEA 方法在处理多投入、多产出的效率评价问题方面具有绝对优势。它不仅可以用线性规划来判断 DMU 对应的点是否位于有效生产前沿面上，而且可以得到很多有价值的管理信息。例如，通过横向比较，可以测算出 DMU 的效率表现情况，找出 DMU 无效或者低效的原因，从而给出无效 DMU 的标杆以指导未来的发展方向；通过纵向研究，可以得出生产力水平、技术进步等信息。

1.3　DEA 基本概念

1.3.1　决策单元

DEA 是一种"面向数据"的方法，用于评价一组实体的绩效，这些实体被称为 DMU。DMU 代表了一个生产者，可以是一个公司、一个部门或一条生产线，是 DEA 分析的主体。它的效率是通过与其他生产者的比较来评价的。DMU 使用一组资源，称为投入，并将其转化为一组结果，称为产出。例如，DMU 是一个企业，这时资金、设备、原材料等可以视为投入，产品、服务等可以视为产出。DEA 通过比较 DMU 的资源使用情况和产出水平，识别出其内部和外部效率，并评价其是否具有最高生产效率的潜力。

由于 DMU 是相互比较的，在进行绩效评价之前一定要确定被评价单元是否为同类型 DMU。同类型 DMU 是指具有相同目标和任务、相同外部环境、相同投入/产出指标的一类 DMU。基于上述特征，我们不能将学校和医院视为同类型 DMU 参与评价。然而，在外部环境和内部结构基本相同的情况下，同一个 DMU 的不同时段也可视为同类型。例如，一个企业 4 个季度的生产活动可以看作 4 个同类型的 DMU。

DMU 的划定和相应投入产出因素的确定对评估绩效具有决定性意义。由于我们的研究目的不同，即使对同一个 DMU，它的投入和产出有时也会有所不同。例如，为了对一个学校的办学效益进行评价，"教师人数"可视为投入，但若是为了研究学校的发展，则"教师人数"应视为产出。这告诉我们，DMU 的投入、产出要根据需要来确定，并非随意的。如果我们没有正确地划定 DMU，或者忽略了一些重要的投入或产出，那么评价就会有偏差。

1.3.2　生产可能集与生产函数

设某个 DMU 在生产活动中的投入、产出向量分别为

$$\boldsymbol{x} = (x_1, x_2, \cdots, x_m)^{\mathrm{T}}$$

与

$$\boldsymbol{y} = (y_1, y_2, \cdots, y_s)^{\mathrm{T}}$$

于是，我们可以用 $(\boldsymbol{x}, \boldsymbol{y})$ 来描述这个 DMU 的整个生产活动。

称集合

$$T = \left\{ (\boldsymbol{x}, \ \boldsymbol{y}) \, | \, 投入 \, \boldsymbol{x} \, 可以产出 \, \boldsymbol{y} \right\} \tag{1.1}$$

为所有可能的生产活动构成的生产可能集。

设有 n 个 DMU，DMU_j 的投入、产出向量分别为

$$x_j = (x_{1j}, x_{2j}, \cdots, x_{mj})^{\mathrm{T}} > 0, \quad j = 1, 2, \cdots, n$$

$$y_j = (y_{1j}, y_{2j}, \cdots, y_{sj})^{\mathrm{T}} > 0, \quad j = 1, 2, \cdots, n$$

其分别代表实际生产活动中的投入和产出，显然有 $(x_j, y_j) \in T, j = 1, 2, \cdots, n$，通常将 $(x_j, y_j), j = 1, 2, \cdots, n$ 组成的集合

$$T = \{(x_1, y_1), (x_2, y_2), \cdots, (x_n, y_n)\} \tag{1.2}$$

称为参考集。

为了便于研究，一般假设生产可能集 T 的构成满足下面 4 条公理。

（1）凸性公理：对任意的 $(x, y) \in T$ 和 $(\overline{x}, \overline{y}) \in T$，以及任意的 $\alpha \in [0,1]$ 均有

$$\alpha(x, y) + (1 - \alpha)(\overline{x}, \overline{y}) = (\alpha x + (1 - \alpha)\overline{x}, \alpha y + (1 - \alpha)\overline{y}) \in T$$

即如果分别以 x 和 $\overline{x}$ 的 α 及 $1 - \alpha$ 比例之和投入，可以产生分别与 y 和 $\overline{y}$ 的相同比例之和的产出。换言之，x 和 $\overline{x}$ 的凸组合仍属于 T，集合 T 是一个凸集。

（2）锥性公理（可加性公理）：对任意 $(x, y) \in T$ 及 $k \geqslant 0$ 均有

$$k(x, y) = (kx, ky) \in T$$

这就是说，若以投入量 x 的 k 倍进行投入，那么产出量也变成原来产出 y 的 k 倍是可能的。

（3）无效性公理（自由处置性公理）：

（i）对任意的 $(x, y) \in T$ 且 $\hat{x} \geqslant x$，均有 $(\hat{x}, y) \in T$；

（ii）对任意的 $(x, y) \in T$ 且 $\hat{y} \leqslant y$，均有 $(x, \hat{y}) \in T$。

这说明在原有生产活动的基础上增加投入或减少产出进行生产是可能的。

（4）最小性公理：生产可能集 T 是满足上述 3 个公理的所有集合的交集。

可以看出，满足上述 4 个条件的集合 T 是唯一确定的：

$$T = \left\{ (x, y) \middle| \sum_{j=1}^{n} \lambda_j x_j \leqslant x, \ \sum_{j=1}^{n} \lambda_j y_j \geqslant y, \ \lambda_j \geqslant 0, \ j = 1, 2, \cdots, n \right\} \tag{1.3}$$

【例 1.1】表 1.1 给出了 3 个 DMU 的投入数据和产出数据。

表 1.1 3 个 DMU 的投入和产出数据

DMU	1	2	3
投入	1	3	4
产出	2	1	3

将 DMU 对应的数据（x_j, y_j）用黑点标出，上述 3 个 DMU 确定的生产可能集 T 如图 1.1 所示。

在生产可能集概念的基础上，有以下两个集合

$$I(y) = \{x \mid (x, y) \in T\} \tag{1.4}$$

$$O(x) = \{y \mid (x, y) \in T\} \tag{1.5}$$

称集合 $I(y)$ 是 y 的投入可能集，集合 $O(x)$ 是 x 的产出可能集；其中 T 为生产可能集。

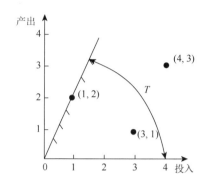

图 1.1　DMU 确定的生产可能集

　　结合投入和产出可能集的概念，考虑有效生产活动的定义。即保持投入不变，不可能存在更优产出的情况，或者说保持当前产出不变，不可能再有减少投入的可能。

　　设 $(x, y) \in T$，若不存在 $(x, \bar{y}) \in T$，且 $y \leqslant \bar{y}$，则称 (x, y) 为有效生产活动。

　　生产可能集 T 中所有有效生产活动 (x, y) 构成的 $\mathbf{R}^{n+s}$ 空间中的超曲面

$$y = f(x) \tag{1.6}$$

称为生产函数。

　　显然，生产函数代表的是一定条件下，一组投入量与其对应的最大产出量之间的函数关系。由于生产可能集符合无效性公理，即允许生产中存在浪费现象，因此生产函数中 y 是关于 x 的增函数。增函数的概念仅粗略地反映了产出 y 对投入 x 的相对不减性。接下来我们使用一个单投入单产出的例子，进一步说明这种不减性的程度。

　　如图 1.2 所示，折线 $ABCD$ 为生产函数图形，则产出 y 对于投入 x 的弹性为

$$\frac{\Delta y}{y} \Big/ \frac{\Delta x}{x} > 1(=1, \ <1) \tag{1.7}$$

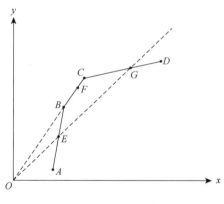

图 1.2　生产函数

　　式（1.7）表示对于原有投入 x，产出的相对增量 $\dfrac{\Delta y}{y}$ 大于（等于、小于）投入的相对增量 $\dfrac{\Delta x}{x}$ 的生产状况。具体表现在图 1.2 中，可以发现以下情形：

对于 AB 段上的任意一点 E，易见

$$\frac{\Delta y}{y}\bigg/\frac{\Delta x}{x}=\frac{\Delta y}{\Delta x}\bigg/\frac{y}{x}>1$$

因此，在 E 点，增加投入规模可以获得相对更多的产出增量。

对于 BC 段上的任意一点 F，易见

$$\frac{\Delta y}{y}\bigg/\frac{\Delta x}{x}=\frac{\Delta y}{\Delta x}\bigg/\frac{y}{x}=1$$

说明在 F 点，投入的相对增加与产出的相对增加是"同步的"。

对于 CD 段上的任意一点 G，易见

$$\frac{\Delta y}{y}\bigg/\frac{\Delta x}{x}=\frac{\Delta y}{\Delta x}\bigg/\frac{y}{x}<1$$

表明此时投入的相对增加并没有收获"理想"的产出效益。

一般地，我们将 AB 段称为规模收益递增，BC 段称为规模收益不变，CD 段称为规模收益递减。具体关于规模收益的讨论将在第 4 章中展开。

1.3.3　投入/产出可处理性

在生产活动中，如果投入的增加不会引起产出的减少，则称这种情况为投入"可自由处理"。但是，现实中，投入和产出之间的关系并不是一直如此。如在某些生产活动中，产出并不一定随着投入的增加而增加，有时投入的增加可能会带来产出的减少。如适当的光照有利于水果产量的增加，而光照时间过长将会使水果减产。这就说明投入并不一定是"可自由处理"的，也可能存在"可弱处理"的情形。当且仅当所有的投入按照相同的比例增加时，产出才不会减少的生产活动，称为投入"可弱处理"。

图 1.3 中由折线 $ABCD$ 围成的区域为投入可自由处理的投入可能集，由折线 $EBCD$ 围成的区域为投入可弱处理的投入可能集。其中，投入可弱处理的投入可能集应当满足

$$L=\left\{\boldsymbol{x}\bigg|\sum_{j=1}^{n}\lambda_j\boldsymbol{x}_j=\delta\boldsymbol{x},\ \delta\in(0,1),\ \sum_{j=1}^{n}\lambda_j\boldsymbol{y}_j\geqslant\boldsymbol{y},\ \sum_{j=1}^{n}\lambda_j=1\right\} \tag{1.8}$$

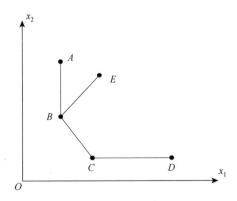

图 1.3　投入可自由处理与可弱处理

当然存在某种特殊情况，某些投入满足可自由处理，其他的投入满足可弱处理，这时我们称投入具有可折中处理性。

如果令

$$X^{\mathrm{f}} \triangleq \left\{ \boldsymbol{x}^{\mathrm{f}} \middle| \boldsymbol{x}^{\mathrm{f}} 具有可自由处理性 \right\}$$

$$X^{\mathrm{w}} \triangleq \left\{ \boldsymbol{x}^{\mathrm{w}} \middle| \boldsymbol{x}^{\mathrm{w}} 具有可弱处理性 \right\}$$

则对应的投入可能集表达式为

$$L = \left\{ (\boldsymbol{x}^{\mathrm{f}},\ \boldsymbol{x}^{\mathrm{w}}) \middle| \sum_{j=1}^{n} \lambda_j \boldsymbol{x}_j^{\mathrm{f}} \leqslant \boldsymbol{x}^{\mathrm{f}},\ \sum_{j=1}^{n} \lambda_j \boldsymbol{x}_j^{\mathrm{w}} = \delta \boldsymbol{x}^{\mathrm{w}},\ \delta \in (0,1),\ \sum_{j=1}^{n} \lambda_j \boldsymbol{y}_j \geqslant \boldsymbol{y},\ \sum_{j=1}^{n} \lambda_j = 1 \right\} \quad (1.9)$$

以上讨论了在一个生产过程中应该满足何种条件才能使得增加投入量而产出量保持不减的问题。这些条件统称为投入/产出可处理性条件。

类似地，我们还可以对产出进行可处理性的分类讨论。

1.3.4 DEA 方法应用的一般步骤

虽然 DEA 方法应用所涉及的领域不同，其模型也多种多样，但总体上讲，不同 DEA 方法在应用步骤上有共通之处，了解并掌握这些共同点有助于我们较准确地应用 DEA 方法。本节总结了应用 DEA 方法进行绩效评价的一般步骤（图 1.4）。

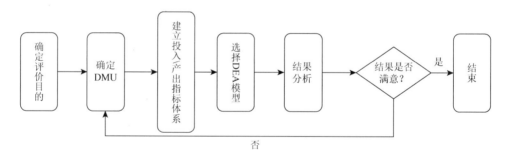

图 1.4 应用 DEA 方法进行绩效评价的一般步骤

1）确定评价目的

评价作为 DEA 方法的基本功能，确定评价的目的是进行 DEA 方法分析的首要步骤。评价的目的性也贯穿着后续确定 DMU、建立投入/产出指标体系、选择 DEA 模型的所有环节。例如，为了评价学校的办学效益，"教师人数"可当作系统投入；但若为了评价学校的发展情况，则"教师人数"应作为系统产出。其他如模型的选择、指标体系建立等也有类似情况。

2）确定 DMU

确定 DMU 本质上就是选择合适的参考集。由于 DEA 方法是在同类型的 DMU 之间进行相对有效性的评价，因此选择 DMU 的一个基本要求是选择同类型的 DMU，同类型 DMU 的特征本节已有说明。另外，实际工作中常通过下面两点帮助我们选择 DMU。①用 DMU

的物理背景来判别，即 DMU 具有相同的环境、相同的投入和相同的任务等。②用 DMU 活动的时间间隔来构造，例如将企业一年的生产经营活动按月划分为 12 等份，每个等份视为一个独立的 DMU。

3）建立投入/产出指标体系

建立投入/产出指标体系也是应用 DEA 方法的一项基础性任务。建立投入/产出指标体系的过程中应当注意以下几点。首先，投入/产出指标体系的建立应当服务于评价的目的。建立投入/产出指标体系不仅需要满足完成评价的需求，还需要能够全面反映评价的目的。例如，缺少某个或某些指标就不能完美地达到评价的目的。其次，应当考虑投入、产出指标之间的联系。在实际生产过程中，DMU 各投入与各产出之间往往不是孤立的，因此某些指标被确定为投入或产出后，会对其他指标的认定产生影响。投入（产出）集内部的指标要尽可能避免有较强的线性关系。最后，要考虑投入/产出指标体系的多样性。我们应当认识到，对于一个评价目的而言，不存在一个唯一合理的指标体系，因此在建立投入/产出指标体系的过程中应当发散思维，设计多个指标体系并进行比较。

4）选择 DEA 模型

本书的后续章节将会学习各种 DEA 模型，这些模型有各自的应用领域以及特点。在进行模型选择时，要考虑评价目的以及实际的经济背景，同时也要结合模型自身的属性特点。当然，为了得到更多隐含的评价信息，条件允许的情况下可以同时选用不同类型的 DEA 模型。通过比较不同模型的产出结果，讨论结果的差异及原因，可以让我们对不同 DEA 模型的理解更加深刻。

5）结果分析

通过解析 DEA 模型的评价结果，可以了解哪些组织具有最佳生产效率、哪些组织有待改进，以及改进的具体方向等。通过对结果的分析，可以更好地了解影响 DMU 相对有效性的潜在因素，例如投入/产出指标体系对于相对有效性的影响，不同模型对于 DMU 相对有效性的影响等。

1.4 DEA 当前主要应用

DEA 方法已广泛应用于各行各业，根据盛昭瀚等（1996）的研究，其主要应用于以下几个方面。

1）在相对效率与效益评价方面的应用

DEA 方法的一个直接和重要的应用就是根据投入/产出数据对同类型部门、单位进行相对效率与效益方面的评价。特别是由于 DEA 方法对投入/产出指标有较大的包容性，它可以接受那些在一般意义上很难定量的指标（如心理指标等）。因此，它在处理评价问题时比一般常规统计方法更有优势。

2）在经济系统建模与参数估计方面的应用

经济系统建模与参数估计是经济分析工作中的一项重要工作。DEA 方法能够通过对 DMU 的评价向我们提供在"相对有效"意义下的生产过程运行信息，在一定意义上这些信息可以看作对经济系统模型结构和参数的描述。特别是由于经济系统的复杂性，在一般情况下，应用机制来建立经济系统模型与估计参数是困难的。相比之下，应用 DEA 方法在综合评价基础上提供的信息来建立经济系统模型和估计参数具有现实意义。例如，DEA 方法可以刻画生产前沿函数、评价技术进步、计算生产效率、计算资源利用率等。

3）在成本、收益和利润分析方面的应用

在实际生产过程中，必须充分考虑到成本、价格、利润等因素，而且这些因素常常是被生产者放在十分重要的地位上考虑的。DEA 方法也可以刻画成本、收益和利润等因素，从而反映实际的生产问题。

4）在预测和预警方面的应用

在现代科学技术和社会经济生活中，预测工作的重要性是众所周知的。传统的预测方法很多，各有特点也各有局限性。例如，常用的回归统计预测方法本质上是平均趋势的预测，可以用它来对某个生产部分的产量进行预测。由于该部门各个历史时期的生产状况有有效和非有效之分，但回归预测方法对此并不加以区分，因此，得到的预测值只能是"平均产值"，而不能提供本部门所能达到的"最大产值"。而这种"最大"预测值往往对决策者更有参考价值，DEA 方法可以解决该类问题，在预测和预警方面为决策者提供新的建议。

习　　题

1. 试论述 DEA 方法的优缺点。
2. 试证明式（1.3）中的生产可能集满足 4 条公理。
3. 请写出一个 DEA 方法的实际应用场景，并描述具体的评价过程。
4. 根据投入可处理性的论述，试写出产出可处理性的几种情况对应的产出可能集。

第 2 章　CCR 模型

基于传统的工程效率概念和生产函数理论发展起来的 DEA 方法,不仅可以度量 DMU 的有效性,而且能指出 DMU 非有效的原因和程度,为 DMU 向有效迈进提出建议和管理决策。1978 年,Charnes、Cooper 和 Rhodes 以相对效率概念为基础提出了一种新的系统分析方法,该模型的提出充分说明了应用线性规划模型可以判断 DMU 是否有效。在后来的 DEA 文献中,人们以他们三人姓氏的首字母来命名他们创立的第一个 DEA 模型,即 CCR 模型。

CCR 模型是 DEA 方法中的第一个基本模型。作为一个极具代表性的基础模型,CCR 模型的很多性质(定理),乃至讨论和证明的技巧,都可以为后续模型提供参考。甚至某些类似的结论,只要回顾一下 CCR 模型,就会不证自明。为了使读者更好地理解 DEA 方法,本书对 CCR 模型的核心内容进行了系统归纳和概括性介绍。本章主要介绍了 CCR 模型的构造方法、计算求解,DEA 有效的含义和判定方法,以及 DMU 在 DEA 有效生产前沿面上的投影问题。最后,介绍了 CCR 模型在公司绩效评价中的应用。

2.1　不同导向形式的 CCR 模型

2.1.1　投入导向的 CCR 模型

假设有 n 个 DMU,DMU_j 的投入产出向量分别为

$$\boldsymbol{x}_j = (x_{1j}, x_{2j}, \cdots, x_{mj})^{\mathrm{T}} > 0, \quad j = 1, 2, \cdots, n$$

$$\boldsymbol{y}_j = (y_{1j}, y_{2j}, \cdots, y_{sj})^{\mathrm{T}} > 0, \quad j = 1, 2, \cdots, n$$

由于各种投入和产出的地位与作用不同,但同时需要将众多投入和产出看作只有一个总体投入、一个总体产出的生产过程,于是需要给每个投入和产出赋予适当的权重。例如,$\boldsymbol{x}_j$ 的权重为 $\boldsymbol{v}_j$,$\boldsymbol{y}_k$ 的权重为 $\boldsymbol{u}_k$,权重向量为

$$\boldsymbol{v} = (v_1, v_2, \cdots, v_m)^{\mathrm{T}}$$

$$\boldsymbol{u} = (u_1, u_2, \cdots, u_s)^{\mathrm{T}}$$

DMU_j 的效率评价指数为

$$h_j = \frac{\sum_{r=1}^{s} u_r y_{rj}}{\sum_{i=1}^{m} v_i x_{ij}} \tag{2.1}$$

总可以适当地选取权重系数 $\boldsymbol{v}$ 和 $\boldsymbol{u}$,使其满足

$$h_j \leqslant 1, \quad j = 1, 2, \cdots, n$$

当对 DMU_o 进行效率评价时，以权重系数 v 和 u 为变量，以 DMU_o 的效率指数为目标，以所有 DMU 的效率指数

$$h_j \leqslant 1, \quad j = 1, 2, \cdots, n$$

为约束，构成如下的 CCR 模型：

$$\max \quad \frac{\sum\limits_{r=1}^{s} u_r y_{ro}}{\sum\limits_{i=1}^{m} v_i x_{io}}$$

$$\text{s.t.} \quad \frac{\sum\limits_{r=1}^{s} u_r y_{rj}}{\sum\limits_{i=1}^{m} v_i x_{ij}} \leqslant 1, \quad j = 1, 2, \cdots, n \qquad (2.2)$$

$$v_i \geqslant 0, \quad u_r \geqslant 0$$

上述的 CCR 模型是一个分式规划，使用 Charnes-Cooper 变换，可以把它化为一个等价的线性规划问题。为此，令

$$t = \frac{1}{\sum\limits_{i=1}^{m} v_i x_{io}}, \quad \omega_i = t v_i, \quad \mu_r = t u_r$$

因此，可以获得以下线性规划：

$$\max \quad \sum_{r=1}^{s} \mu_r y_{ro}$$

$$\text{s.t.} \quad \sum_{i=1}^{m} \omega_i x_{ij} - \sum_{r=1}^{s} \mu_r y_{rj} \geqslant 0, \quad j = 1, 2, \cdots, n \qquad (2.3)$$

$$\sum_{i=1}^{m} \omega_i x_{io} = 1$$

$$\omega_i \geqslant 0, \quad \mu_r \geqslant 0$$

记 $\omega^* = (\omega_1^*, \omega_2^*, \cdots, \omega_m^*)$，$\mu^* = (\mu_1^*, \mu_2^*, \cdots, \mu_s^*)$。分式规划式（2.2）与线性规划式（2.3）在下述意义下等价：

（1）若 v^*，u^* 为式（2.2）的最优解，则

$$\omega^* = t^* v^*, \quad \mu^* = t^* u^*$$

为式（2.3）的最优解，并且最优目标函数值相等，其中

$$t^* = \frac{1}{\sum\limits_{i=1}^{m} v_i^* x_{io}^*}$$

（2）若 ω^*，μ^* 为线性规划式（2.3）的最优解，则

$$v^* = \frac{1}{t^*} \omega^*, \quad u^* = \frac{1}{t^*} \mu^*$$

也为分式规划式（2.2）的最优解，并且最优目标函数值相等。

现在通过线性规划式（2.3）给出两个重要定义。

定义 2.1　若线性规划式（2.3）的最优解 ω^*，$\boldsymbol{\mu}^*$ 满足

$$\sum_{r=1}^{s} \mu_r^* y_{ro} = 1$$

则称 DMU$_o$ 为弱 CCR 有效。

定义 2.2　若线性规划式（2.3）的最优解中存在 $\omega^* > 0$，$\boldsymbol{\mu}^* > 0$ 满足

$$\sum_{r=1}^{s} \mu_r^* y_{ro} = 1$$

则称 DMU$_o$ 为 CCR 有效。

显然，若 DMU$_o$ 为 CCR 有效，则它也是弱 CCR 有效。

【例 2.1】 表 2.1 给出了 3 个 DMU 的投入/产出数据，试用 CCR 模型判断 DMU$_1$ 的有效性。

表 2.1　DMU 的投入/产出数据

DMU	1	2	3
投入	4	2	5
产出	4	1.5	3

实际上，DMU$_1$ 对应的线性规划为

$$
\begin{aligned}
\max \quad & 4\mu_1 \\
\text{s.t.} \quad & 4\omega_1 - 4\mu_1 \geqslant 0 \\
& 2\omega_1 - 1.5\mu_1 \geqslant 0 \\
& 5\omega_1 - 3\mu_1 \geqslant 0 \\
& 4\omega_1 = 1 \\
& \omega_1 \geqslant 0, \mu_1 \geqslant 0
\end{aligned}
$$

上述线性规划的一个最优解是 $\omega_1^* = \dfrac{1}{4}$，$\mu_1^* = \dfrac{1}{4}$，最优目标函数值是 1，因此，由定义 2.2 知 DMU$_1$ 为 CCR 有效。

应用对偶理论同样可以进行 DEA 有效性的判定。

线性规划式（2.3）的对偶规划为

$$
\begin{aligned}
\min \quad & \theta \\
\text{s.t.} \quad & \sum_{j=1}^{n} \lambda_j x_{ij} \leqslant \theta x_{io}, \quad i = 1, 2, \cdots, m \\
& \sum_{j=1}^{n} \lambda_j y_{rj} \geqslant y_{ro}, \quad r = 1, 2, \cdots, s \\
& \lambda_j \geqslant 0, \quad j = 1, 2, \cdots, n
\end{aligned}
\tag{2.4}
$$

对线性规划式（2.4）分别引入松弛变量 s^- 和剩余变量 s^+，可得以下线性规划问题：

$$\min \quad \theta$$

$$\text{s.t.} \quad \sum_{j=1}^{n} \lambda_j x_{ij} + s_i^- = \theta x_{io}, \quad i = 1, 2, \cdots, m$$

$$\sum_{j=1}^{n} \lambda_j y_{rj} - s_r^+ = y_{ro}, \quad r = 1, 2, \cdots, s \qquad (2.5)$$

$$\lambda_j \geqslant 0, \quad j = 1, 2, \cdots, n$$

$$s_i^- \geqslant 0, \quad s_r^+ \geqslant 0$$

根据线性规划的对偶理论容易证明以下结论成立：

（1）若线性规划式（2.5）的最优值等于 1，则 DMU_o 为弱 CCR 有效；反之也成立。

（2）若线性规划式（2.5）的最优值等于 1，并且针对它的任意最优解

$$\boldsymbol{\lambda}^* = (\lambda_1^*, \cdots, \lambda_n^*)^{\text{T}}, \quad \boldsymbol{s}^{-*}, \quad \boldsymbol{s}^{+*}, \quad \theta^*$$

都有

$$\boldsymbol{s}^{-*} = (s_1^{-*}, s_2^{-*}, \cdots, s_m^{-*})^{\text{T}} = \boldsymbol{0}, \quad \boldsymbol{s}^{+*} = (s_1^{+*}, s_2^{+*}, \cdots, s_s^{+*})^{\text{T}} = \boldsymbol{0}$$

则 DMU_o 为 CCR 有效；反之亦然。

对偶规划式（2.4）在产出既定的条件下，可用于各项投入以 $1-\theta$ 的比例缩减的程度对无效率的状况进行测量，因此被称为投入导向的 CCR 模型。

2.1.2 产出导向的 CCR 模型

产出导向的 CCR 模型的规划如下：

$$\min \quad \sum_{i=1}^{m} \omega_i x_{io}$$

$$\text{s.t.} \quad \sum_{i=1}^{m} \omega_i x_{ij} - \sum_{r=1}^{s} \mu_r y_{rj} \geqslant 0, \quad j = 1, 2, \cdots, n \qquad (2.6)$$

$$\sum_{r=1}^{s} \mu_r y_{ro} = 1$$

$$\omega_i \geqslant 0, \quad \mu_r \geqslant 0$$

其对偶规划为

$$\max \quad \varphi$$

$$\text{s.t.} \quad \sum_{j=1}^{n} \lambda_j x_{ij} \leqslant x_{io}, \quad i = 1, 2, \cdots, m$$

$$\sum_{j=1}^{n} \lambda_j y_{rj} \geqslant \varphi y_{ro}, \quad r = 1, 2, \cdots, s \qquad (2.7)$$

$$\lambda_j \geqslant 0, \quad j = 1, 2, \cdots, n$$

对偶规划式（2.7）在投入既定的条件下，可用于各项产出，并以 $\varphi^* - 1$ 的比例增长的程度对无效率状况进行测量，因此被称为产出导向的 CCR 模型。

其中，φ^* 为对偶规划式（2.7）的最优解。由于 $\varphi^* \geqslant 1$，所以一般用 $1/\varphi^*$ 表示效率值。

2.1.3　具有非阿基米德无穷小量的 CCR 模型

无论利用线性规划式（2.3）还是利用其对偶规划式（2.4）判断 DEA 有效性都不是很容易的。为了进一步解决 CCR 模型判别是否有效的难题，Charnes 等引入了非阿基米德（non-Archimedean）无穷小量的概念并建立了具有非阿基米德无穷小量的 CCR 模型。令 ε 是非阿基米德无穷小量，它是一个小于任何正数且大于零的数，将分式规划式（2.5）中的 $u_r, v_i \geqslant 0$ 改成 $u_r, v_i \geqslant \varepsilon$。修改后的 CCR 模型，其对偶规划如下：

$$\begin{aligned}
\min \quad & \theta - \varepsilon\left(\sum_{i=1}^{m} s_i^- + \sum_{r=1}^{s} s_r^-\right) \\
\text{s.t.} \quad & \sum_{j=1}^{n} \lambda_j x_{ij} + s_i^- = \theta x_{io}, \quad i = 1, 2, \cdots, m \\
& \sum_{j=1}^{n} \lambda_j y_{rj} - s_r^+ = y_{ro}, \quad r = 1, 2, \cdots, s \\
& \lambda_j \geqslant 0, \quad j = 1, 2, \cdots, n \\
& s_i^- \geqslant 0, \quad s_r^+ \geqslant 0
\end{aligned} \qquad (2.8)$$

设 ε 为非阿基米德无穷小量，并且线性规划式（2.8）的最优解为 $\boldsymbol{\lambda}^*, \boldsymbol{s}^{-*}, \boldsymbol{s}^{+*}, \theta^*$，则有

（1）若 $\theta^* = 1$，则 DMU_o 为弱 CCR 有效。

（2）若 $\theta^* = 1$，并且 $\boldsymbol{s}^{-*} = 0$，$\boldsymbol{s}^{+*} = 0$，则 DMU_o 为 CCR 有效。

【例 2.2】本例中所描述的问题具有 4 个 DMU、2 个投入指标和 1 个产出指标，相应的投入/产出数据由表 2.2 给出。

表 2.2　DMU 的投入/产出数据

DMU	1	2﹨	3	4
投入 1	1	3	3	4
投入 2	3	1	3	2
产出	1	1	2	1

考察 DMU_1 所对应的线性规划，取 $\varepsilon = 10^{-5}$

$$\begin{aligned}
\min \quad & \theta - \varepsilon(s_1^- + s_2^- + s_1^+) \\
\text{s.t.} \quad & \lambda_1 + 3\lambda_2 + 3\lambda_3 + 4\lambda_4 + s_1^- = \theta \\
& 3\lambda_1 + \lambda_2 + 3\lambda_3 + 2\lambda_4 + s_2^- = 3\theta \\
& \lambda_1 + \lambda_2 + 2\lambda_3 + \lambda_4 - s_1^+ = 1 \\
& \lambda_1 \geqslant 0, \quad \lambda_2 \geqslant 0, \quad \lambda_3 \geqslant 0, \quad \lambda_4 \geqslant 0, \quad s_1^- \geqslant 0, \quad s_2^- \geqslant 0, \quad s_1^+ \geqslant 0
\end{aligned}$$

该线性规划的最优解为

$$\boldsymbol{\lambda}^* = (1,0,0,0)^T, \; s_1^{-*} = 0, \; s_2^{-*} = 0, \; s_1^{+*} = 0, \; \theta^* = 1$$

因此可得，DMU_1 为 CCR 有效。

2.2　CCR 模型性质

2.2.1　相对有效面

投入数据和产出数据对应的集合（称为参考集）为

$$\hat{T} = \{(\boldsymbol{x}_1, \boldsymbol{y}_1), (\boldsymbol{x}_2, \boldsymbol{y}_2), \cdots, (\boldsymbol{x}_n, \boldsymbol{y}_n)\}$$

由集合 $\hat{T}$ 生成的凸锥为

$$C(\hat{T}) = \left\{ \sum_{j=1}^{n} \lambda_j (\boldsymbol{x}_j, \boldsymbol{y}_j) \,\middle|\, \lambda_j \geqslant 0, \; j = 1, 2, \cdots, n \right\}$$

它是参考集中 n 个点 $(\boldsymbol{x}_j, \boldsymbol{y}_j)(j = 1, 2, \cdots, n)$ 的数据包络。

由集合 $\hat{T}$ 生成的生产可能集为

$$T = \left\{ (\boldsymbol{x}, \boldsymbol{y}) \,\middle|\, \sum_{j=1}^{n} \lambda_j \boldsymbol{x}_j \leqslant \boldsymbol{x}, \; \sum_{j=1}^{n} \lambda_j \boldsymbol{y}_j \geqslant \boldsymbol{y}, \; \lambda_j \geqslant 0, \; j = 1, 2, \cdots, n \right\}$$

若存在 $\bar{\boldsymbol{\omega}} \in \mathbf{R}^m$，$\bar{\boldsymbol{\mu}} \in \mathbf{R}^s$ 满足

$$\bar{\boldsymbol{\omega}} > 0, \; \bar{\boldsymbol{\mu}} > 0$$

$(\bar{\boldsymbol{\omega}}^T, -\bar{\boldsymbol{\mu}}^T)$ 是多面凸锥 $C(\hat{T})$ 的某个平面的法方向，并且 $C(\hat{T})$ 在该面的法向量 $(\bar{\boldsymbol{\omega}}^T, -\bar{\boldsymbol{\mu}}^T)$ 的同侧，则称该平面为有效生产前沿面或 DEA 的相对有效面。

由于有效生产前沿面是由观察到的 n 个点 $(\boldsymbol{x}_j, \boldsymbol{y}_j)(j = 1, 2, \cdots, n)$ 决定的，因此，也称为经验生产前沿面或 DEA 的相对有效面。易见，若 DMU_o 对应的点 $(\boldsymbol{x}_o, \boldsymbol{y}_o)$ 位于以 $(\bar{\boldsymbol{\omega}}^T, -\bar{\boldsymbol{\mu}}^T)$ 为法向的某个相对有效面上，则 DMU_o 为 DEA 有效。

【例 2.3】考虑由表 2.3 数据给出的例子。

表 2.3　DMU 的投入/产出数据

DMU	1	2	3	4
投入 1	1	3	3	4
投入 2	3	1	3	2
产出	1	1	2	1

这个例子中参考集 $\hat{T}$ 和多面凸集 $C(\hat{T})$ 分别是

$$\hat{T} = \{(1,3,1), \; (3,1,1), \; (3,3,2), \; (4,2,1)\}$$

$$C(\hat{T}) = \{(1,3,1)\lambda_1 + (3,1,1)\lambda_2 + (3,3,2)\lambda_3 + (4,2,1)\lambda_4 \,|\, \lambda_j \geqslant 0, \; j = 1, 2, 3, 4\}$$

其中，DMU_1、DMU_2、DMU_3、DMU_4 对应的点分别记为 A、B、C、D（图 2.1）。由图 2.1

可以看出 A、B 和 C 是帕累托（Pareto）有效解，多面凸锥 $C(\hat{T})$ 的面 AOC 与面 BOC 是帕累托有效面。

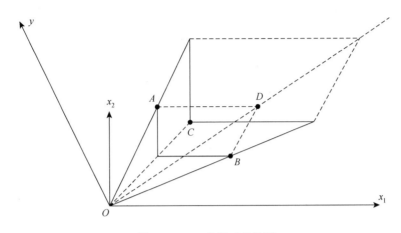

图 2.1　DEA 的相对有效面

2.2.2　DMU 在相对有效面上的投影

下面给出一个简单的二维投入可能集，其中 A、B、C、D 分别代表 4 个 DMU，由 2.2.1 节可知，DMU_A、DMU_B、DMU_C 都是 DEA 有效，而 DMU_D 不是 DEA 有效。然而，连接 OD 与相对有效面交于 $\bar{D}$（图 2.2），则 $\mathrm{DMU}_{\bar{D}}$ 为 DEA 有效。也就是说，可以通过某种换算，将非有效 DMU 转换成有效 DMU。

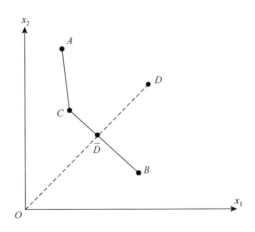

图 2.2　相对有效面上的"投影"

对于带有非阿基米德无穷小量 ε 的线性规划式（2.8），有以下定义：

设 $\boldsymbol{\lambda}^*, \boldsymbol{s}^{-*}, \boldsymbol{s}^{+*}, \theta^*$ 是对偶规划问题式（2.8）的最优解，令

$$\hat{x}_{io} = \theta^* x_{io} - s_i^{-*}, \quad i = 1, 2, \cdots, m$$

$$\hat{y}_{ro} = y_{ro} + s_r^{+*}, \quad r = 1, 2, \cdots, s$$

称 $(\hat{\boldsymbol{x}}_o, \hat{\boldsymbol{y}}_o)$ 为 DMU_o 对应的 $(\boldsymbol{x}_o, \boldsymbol{y}_o)$ 在 DEA 的相对有效面上的"投影",其中

$$\hat{\boldsymbol{x}}_o = (\hat{x}_{1o}, \hat{x}_{2o}, \cdots, \hat{x}_{mo})^{\mathrm{T}}, \quad \hat{\boldsymbol{y}}_o = (\hat{y}_{1o}, \hat{y}_{2o}, \cdots, \hat{y}_{so})^{\mathrm{T}}$$

可以看出

$$\hat{x}_{io} = \theta^* x_{io} - s_i^{-*} = \sum_j^n \lambda_j^* x_{ij}, \quad i = 1, 2, \cdots, m$$

$$\hat{y}_{ro} = y_{ro} + s_r^{+*} = \sum_j^n \lambda_j^* y_{ij}, \quad r = 1, 2, \cdots, s$$

并且,若 DMU_o 为弱 DEA 有效,则

$$\hat{x}_{io} = x_{io} - s_i^{-*}, \quad i = 1, 2, \cdots, m$$

$$\hat{y}_{ro} = y_{ro} + s_r^{+*}, \quad r = 1, 2, \cdots, s$$

若 DMU_o 为 DEA 有效,则

$$\hat{x}_{io} = x_{io}, \quad i = 1, 2, \cdots, m$$

$$\hat{y}_{ro} = y_{ro}, \quad r = 1, 2, \cdots, s$$

进一步,可以得到下面的结论,设

$$\hat{x}_{io} = \theta^* x_{io} - s_i^{-*}, \quad i = 1, 2, \cdots, m$$

$$\hat{y}_{ro} = y_{ro} + s_r^{+*}, \quad r = 1, 2, \cdots, s$$

其中,$\boldsymbol{\lambda}^*, \boldsymbol{s}^{-*}, \boldsymbol{s}^{+*}, \theta^*$ 是 DMU_o 对应的线性规划问题式(2.8)的最优解,则 $(\hat{\boldsymbol{x}}_o, \hat{\boldsymbol{y}}_o)$ 相对于原来的 n 个 DMU 来说是 DEA 有效的。

一般地,记

$$\Delta x_{io} = x_{io} - \hat{x}_{io} = (1 - \theta^*) x_{io} + s_i^{-*}, \quad i = 1, 2, \cdots, m$$

$$\Delta y_{ro} = \hat{y}_{ro} - y_{ro} = s_r^{+*}, \quad r = 1, 2, \cdots, s$$

分别称 $\Delta \boldsymbol{x}_o = (\Delta x_{1o}, \Delta x_{2o}, \cdots, \Delta x_{mo})^{\mathrm{T}}$ 和 $\Delta \boldsymbol{y}_o = (\Delta y_{1o}, \Delta y_{2o}, \cdots, \Delta y_{so})^{\mathrm{T}}$ 为投入剩余和产出亏空。显然,若原来的 $(\boldsymbol{x}_o, \boldsymbol{y}_o)$ 非 DEA 有效,则通过对其"投影",可以在不减少产出的前提下,使原来的投入有所减少(当 $\Delta \boldsymbol{x}_o \geqslant 0$ 时),或在不增加投入的前提下,使产出有所增加(当 $\Delta \boldsymbol{y}_o \geqslant 0$ 时)。DMU_o 在 DEA 相对有效面上的投影,实际上为改进非有效的 DMU_o 提供了一个可行的方案,同时也指出了非有效的原因。

2.3　CCR 模型在港口财务效率评价中的作用

本节将 CCR 模型应用于港口财务效率评价中。如表 2.4 所示,本节研究了 14 家港口上市公司,其中流动资产(X_1)、固定资产(X_2)、无形资产(X_3)为投入指标,主营业务收入(Y_1)、净利润(Y_2)为产出指标。

表 2.4　14 家港口上市公司原始数据

DMU	X_1	X_2	X_3	Y_1	Y_2
1	100423.70	137004.40	23719.29	213903.80	1692.75
2	267511.39	1202275.32	113003.64	391048.76	56305.92
3	114623.30	17094.36	70258.81	30085.08	47345.93
4	899794.22	1255158.60	386925.09	2552829.88	164784.83
5	283858.35	772305.19	92292.61	512662.71	118892.00
6	1819727.84	3528433.36	1381347.03	2877870.35	784779.33
7	218939.13	90550.82	42501.00	750233.03	32228.63
8	250207.40	957739.38	101034.47	508360.38	72075.45
9	703271.65	1924218.10	457894.95	1341520.70	301627.60
10	84991.64	194220.02	2425.89	152937.11	10253.77
11	167854.09	785093.54	26279.84	212699.47	23191.76
12	543215.50	1441097.19	73887.43	794245.62	60567.21
13	87497.39	307416.26	96803.15	180476.62	52979.05
14	122639.64	605525.14	104082.29	423772.77	60827.74

　　14 家港口上市公司财务效率评价结果如表 2.5 所示。从评价结果可以看出，14 个 DMU 中，有 6 个 DMU 的效率得分为 1，说明对应的 6 家公司财务效率相对有效，其余 8 个 DMU 效率得分小于 1，说明其财务效率相对无效。

　　如果引入一个虚拟的 DMU_o，该 DMU 的投入/产出由其他各 DMU 指标的平均值确定。经过计算，该 DMU 的效率均值为 0.8012。其中，有 9 家公司的财务效率超过了这个平均值。

表 2.5　14 家港口上市公司财务效率评价结果

DMU	得分	排名
1	0.6213	11
2	0.5636	14
3	1	1
4	0.8264	9
5	1	1
6	0.9325	7
7	1	1
8	0.7822	10
9	0.9189	8
10	1	11
11	0.6113	13
12	0.6185	12
13	1	1
14	1	1

以平均指标构成的虚拟 DMU_o 为标杆，得出 CCR 模型投入/产出数据的松弛变量，如表 2.6 所示，可以看出各投入的冗余量和各产出的不足量，例如，DMU_4 资产冗余为 69826.96 万元，产出不足为 944.96 万元。

表 2.6 松弛变量分析

DMU	X_1 松弛值	X_2 松弛值	X_3 松弛值	Y_1 松弛值	Y_2 松弛值
1	0	41172.09	0	0	8889.80
2	0	267812.64	0	0	0
3	0	0	0	0	0
4	0	0	69826.96	0	944.96
5	0	0	0	0	0
6	0	0	0	0	0
7	0	0	0	0	0
8	0	214659.45	0	0	0
9	0	0	0	0	0
10	0	0	0	0	0
11	0	262326.38	0	0	0
12	0	316503.77	0	0	0
13	0	0	0	0	0
14	0	0	0	0	0

仍以平均指标构成的虚拟 DMU_o 为标杆，对各无效港口进行投影分析，具体结果如表 2.7 所示。以 DMU_2 为例，该港口上市公司财务效率相对无效的原因是投入冗余，相应的改进方向是流动资产降低 43.64%，固定资产降低 65.92%，无形资产降低 43.64%。

表 2.7 DMU 投影分析

DMU	项目	指标数据	投影值	差异值	改进率/%
1	X_1	100423.70	62389.50	−38034.20	−37.87
	X_2	137004.40	43943.64	−93060.76	−67.93
	X_3	23719.29	14735.91	−8983.38	−37.87
	Y_2	1692.75	10582.53	8889.78	525.17
2	X_1	267511.39	150766.46	−116744.93	−43.64
	X_2	1202275.32	409776.45	−792498.87	−65.92
	X_3	113003.64	63687.60	−49316.04	−43.64
4	X_1	899794.22	743633.91	−156160.31	−17.36
	X_2	1255158.60	1037324.39	−217834.21	−17.36
	X_3	386925.09	249946.84	−136978.25	−35.40
	Y_2	164784.89	165729.79	944.90	0.57

续表

DMU	项目	指标数据	投影值	差异值	改进率/%
6	X_1	1819727.84	1696846.95	−122880.89	−6.75
	X_2	3528433.36	3290168.59	−238264.77	−6.75
	X_3	1381347.03	1288068.71	−93278.32	−6.75
8	X_1	250207.40	1972253.29	−52928.11	−21.18
	X_2	957739.38	513275.59	−444463.79	−46.41
	X_3	101034.47	79640.14	−21394.33	−21.18
	Y_1	1924218.10	1768227.23	−155990.87	−8.11
	Y_2	457894.95	402774.71	−55120.24	−12.04
11	X_1	167854.09	102605.10	−65248.99	−38.87
	X_2	785093.54	271582.08	−513511.46	−65.41
	X_3	26279.84	16064.22	−10215.62	−38.87
12	X_1	543215.50	335991.23	−207224.27	−38.15
	X_2	1441097.19	574847.86	−866249.33	−60.11
	X_3	73887.43	45701.07	−28186.36	−38.15

习　题

1. 试计算例 2.1 中 DMU_2、DMU_3 的 DEA 有效性。
2. 请写出以产出导向模型为基础的具有非阿基米德无穷小量的 CCR 模型。
3. 投入导向与产出导向的 CCR 模型效率值有何关系，为什么？
4. 讨论在 2.3 节使用的算例中，如何区分 6 个有效的 DMU，并对它们进行排序。
5. 结合本章算例所使用的数据，请采用 MATLAB 编程复现本章的模型评价结果。

第3章 BCC模型

1984年，Banker、Charnes和Cooper三位学者共同发表了"Some models for estimating technical and scale inefficiencies in data envelopment analysis"一文。该文章中，他们首次提出了一种用于评价规模效率的DEA模型（Banker et al.，1984）。这一模型的问世，对DEA的理论发展产生了深远影响。随后的学术文献中，这一模型以三位作者姓氏的首字母缩写命名为BCC模型。区别于CCR模型，BCC模型是基于规模收益可变（variable returns to scale，VRS）的假设。本章分别介绍了投入导向和产出导向的BCC模型，以及相应的构造方法、计算求解和投影问题。最后，本章介绍了BCC模型在中国财险公司运营效率测度中的实际应用。

3.1 BCC模型概述

在第2章中，我们详细地介绍了评价DMU整体效率的CCR模型。可以观察到，使用CCR模型进行效率评价时，生产可能集T_{CCR}由平凡性、凸性、锥性、无效性和最小性公理唯一确定，本质为多面锥。然而，CCR模型无法独立地评价DMU的技术有效性。同时，CCR模型基于规模收益不变（constant returns to scale，CRS）假设，这种假设在现实的管理学问题中往往不成立。本章介绍的BCC模型则基于VRS假设，可以实现对DMU技术有效性的评价。

我们从一个简单的例子开始本章的学习，图3.1展示了4个DMU，分别为A、B、C和D，均有1个投入和1个产出。

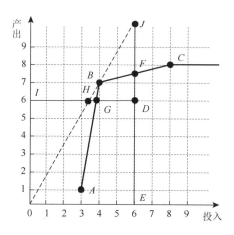

图3.1 BCC模型

　　CCR 模型的有效前沿是从原点穿过 B 的虚线，而 BCC 模型的有效前沿由连接 A、B 和 C 的实线构成，生产可能集包括前沿以及观察到的与前沿相比投入过剩和产出不足的可能活动。在 BCC 模型中，A、B 和 C 位于有效前沿线上，为有效 DMU。对于连接 A 和 B 以及 B 和 C 实线上的所有点来说，也是如此。然而，对于 BCC 模型有效前沿上的点而言，只有 B 点在 CCR 模型中仍为有效 DMU，而其他点仅在 BCC 模型中为有效 DMU，在 CCR 模型中为无效 DMU。

　　从图 3.1 中读取数据，D 的 BCC 投入导向效率值通过以下方法计算：

$$D_{\text{BCC}} = \frac{IG}{ID} = \frac{\dfrac{23}{6}}{6} = 0.6389$$

D 的 CCR 投入导向效率值为

$$D_{\text{CCR}} = \frac{IH}{ID} = \frac{\dfrac{24}{7}}{6} = 0.5714$$

　　D 的 CCR 投入导向效率值小于 BCC 投入导向效率值，通常情况下，CCR 效率值不超过 BCC 效率值。

　　在产出导向的 BCC 模型中，我们从图 3.1 的垂直轴中读取数据，以找到 D，通过计算

$$\frac{FE}{DE} = \frac{\dfrac{15}{2}}{6} = 1.25$$

得到 D 的 BCC 产出效率值。这意味着实现 DEA 有效需要将 D 的产出从其观测值增加到 $1.25 \times 6 = 7.5$ 单位。在 CCR 模型中，D 的输出可比增量是从其投入效率值的倒数得出的，即 $1/0.5714 = 1.7501 > 1.25$。因此，如图 3.1 所示，D 在 CCR 模型中实现 DMU 有效，需要由其观测值增加到 J 点，即其投影值 $1.7501 \times 6 = 10.5006$。产出导向中，相比于 BCC 模型，CCR 模型需要更大的增量来实现效率。

　　公理系统可以反映评价系统的一些特质，BCC 模型的生产可能集 T_{BCC} 具有如下公理体系。

　　（1）平凡性公理：$(\boldsymbol{x}, \boldsymbol{y}) \in T_{\text{BCC}}$。

　　（2）凸性公理：对任意的 $(\boldsymbol{x}, \boldsymbol{y}) \in T_{\text{BCC}}$ 和 $(\bar{\boldsymbol{x}}, \bar{\boldsymbol{y}}) \in T_{\text{BCC}}$，以及任意的 $\alpha \in [0,1]$ 均有

$$\alpha(\boldsymbol{x}, \boldsymbol{y}) + (1-\alpha)(\bar{\boldsymbol{x}}, \bar{\boldsymbol{y}}) = (\alpha \boldsymbol{x} + (1-\alpha)\bar{\boldsymbol{x}}, \alpha \boldsymbol{y} + (1-\alpha)\bar{\boldsymbol{y}}) \in T_{\text{BCC}}$$

即如果分别以 $\boldsymbol{x}$ 和 $\bar{\boldsymbol{x}}$ 的 α 及 $1-\alpha$ 比例之和投入，可以产生分别与 $\boldsymbol{y}$ 和 $\bar{\boldsymbol{y}}$ 的相同比例之和的产出。换言之，$\boldsymbol{x}$ 和 $\bar{\boldsymbol{x}}$ 的凸组合仍属于 T_{BCC}，集合 T_{BCC} 是一个凸集。

　　（3）自由处置性公理：

　　　　（i）对任意的 $(\boldsymbol{x}, \boldsymbol{y}) \in T_{\text{BCC}}$，且 $\hat{\boldsymbol{x}} \geqslant \boldsymbol{x}$，均有 $(\hat{\boldsymbol{x}}, \boldsymbol{y}) \in T_{\text{BCC}}$；

　　　　（ii）对任意的 $(\boldsymbol{x}, \boldsymbol{y}) \in T_{\text{BCC}}$，且 $\hat{\boldsymbol{y}} \leqslant \boldsymbol{y}$，均有 $(\boldsymbol{x}, \hat{\boldsymbol{y}}) \in T_{\text{BCC}}$。

　　（4）最小性公理：T_{BCC} 是满足公理（1）～公理（3）的所有可能生产的集合。

　　由此可得，BCC 模型的生产可能集 T_{BCC} 为

$$T_{\mathrm{BBC}}=\left\{(\boldsymbol{x},\ \boldsymbol{y})\left|\sum_{j=1}^{n}\lambda_{j}\boldsymbol{x}_{j}\leqslant\boldsymbol{x},\ \sum_{j=1}^{n}\lambda_{j}\boldsymbol{y}_{j}\geqslant\boldsymbol{y},\ \sum_{j=1}^{n}\lambda_{j}=1,\ \lambda_{j}\geqslant0,\ j=1,\ 2,\cdots,\ n\right.\right\}$$

其中，$\boldsymbol{x}=(\boldsymbol{x}_{1},\boldsymbol{x}_{2},\cdots,\boldsymbol{x}_{n})$ 和 $\boldsymbol{y}=(\boldsymbol{y}_{1},\boldsymbol{y}_{2},\cdots,\boldsymbol{y}_{n})$ 是给定的数据集。BCC 模型与 CCR 模型不同，BCC 模型仅适用于条件 $\sum_{j=1}^{n}\lambda_{j}=1$，与条件 $\lambda_{j}\geqslant0(j=1,2,\cdots,n)$ 一起，对 n 个 DMU 的观测值允许的可能组合方式施加了凸性条件。

3.2　不同导向的 BCC 基本模型

3.2.1　投入导向的 BCC 模型及对偶模型

假设共有 n 个 DMU，DMU_j 的投入和产出数据集合分别为

$$\boldsymbol{x}_{j}=(x_{1j},x_{2j},\cdots,x_{mj})^{\mathrm{T}}>0,\quad j=1,2,\cdots,n$$

$$\boldsymbol{y}_{j}=(y_{1j},y_{2j},\cdots,y_{sj})^{\mathrm{T}}>0,\quad j=1,2,\cdots,n$$

BCC 模型（P_{BCC}）为

$$\max\ \sum_{r=1}^{s}u_{r}y_{ro}+\mu_{0}$$
$$\mathrm{s.t.}\ \sum_{i=1}^{m}\omega_{i}x_{ij}-\sum_{r=1}^{s}u_{r}y_{rj}-\mu_{0}\geqslant0,\quad j=1,2,\cdots,n$$
$$\sum_{i=1}^{m}\omega_{i}x_{io}=1 \tag{3.1}$$
$$\omega_{i}\geqslant0,\quad u_{r}\geqslant0$$
$$\mu_{0}\ \text{无约束}$$

BCC 模型的对偶模型（D_{BCC}）在添加松弛变量之后为

$$\min\ \theta$$
$$\mathrm{s.t.}\ \sum_{j=1}^{n}\lambda_{j}x_{ij}+s_{i}^{-}=\theta x_{io},\quad i=1,2,\cdots,m$$
$$\sum_{j=1}^{n}\lambda_{j}y_{rj}-s_{r}^{+}=y_{ro},\quad r=1,2,\cdots,s$$
$$\sum_{j=1}^{n}\lambda_{j}=1,\quad j=1,2,\cdots,n \tag{3.2}$$
$$\lambda_{j}\geqslant0,\quad j=1,2,\cdots,n$$
$$s_{i}^{-}\geqslant0,\quad s_{r}^{+}\geqslant0$$

类似于 CCR 模型，我们也可以用对偶线性规划（D_{BCC}）来定义弱 BCC 有效和 BCC

有效。由线性规划对偶定理，即若 P_{BCC} 和 D_{BCC} 中有一个存在最优解，则另一个也存在最优解，并且二者的最优值相等，可以得到定义 3.1 和定义 3.2：

定义 3.1　若 P_{BCC} 存在最优解 $\boldsymbol{\omega}^*,\boldsymbol{u}^*,\mu_0^*$［其中 $\boldsymbol{\omega}^*=(\omega_1^*,\omega_2^*,\cdots,\omega_m^*)$，$\boldsymbol{u}^*=(u_1^*,u_2^*,\cdots,u_s^*)$，下同］，且满足 $\sum\limits_{r=1}^{s}u_r^*y_{ro}+\mu_0^*=1$，则 DMU_o 为弱 BCC 有效。

定义 3.2　若 P_{BCC} 存在最优解 $\boldsymbol{\omega}^*,\boldsymbol{u}^*,\mu_0^*$，且满足 $\sum\limits_{r=1}^{s}u_r^*y_{ro}+\mu_0^*=1$，$\boldsymbol{\omega}^*>0$，$\boldsymbol{u}^*>0$，则 DMU_o 为 BCC 有效。

由对偶理论可知：

定理 3.1　若对于 D_{BCC} 的任意最优解 $\boldsymbol{\lambda}^*=(\lambda_1^*,\cdots,\lambda_n^*)^{\text{T}}$，$\boldsymbol{s}^{-*}$，$\boldsymbol{s}^{+*}$，$\theta^*$，都有

（1）$\theta^*=1$，则 DMU_o 为弱 BCC 有效；

（2）$\theta^*=1$，且 $\boldsymbol{s}^{+*}=\left(s_1^{+*},s_2^{+*},\cdots,s_m^{+*}\right)^{\text{T}}=\boldsymbol{0}$，$\boldsymbol{s}^{-*}=\left(s_1^{-*},s_2^{-*},\cdots,s_m^{-*}\right)^{\text{T}}=\boldsymbol{0}$，则 DMU_o 为 BCC 有效。

BCC 模型具有以下性质：

性质 3.1　P_{BCC} 和 D_{BCC} 都存在最优解，且最优值相等。

性质 3.2　类似于 CCR 模型，BCC 模型 DMU 的有效性与投入产出指标的量纲无关。

性质 3.3　若对于 D_{BCC} 的任意最优解 $\boldsymbol{\lambda}^*=(\lambda_1^*,\cdots,\lambda_n^*)^{\text{T}}$，$\boldsymbol{s}^{-*}$，$\boldsymbol{s}^{+*}$，$\theta^*$，都有 $\sum\limits_{j=1}^{n}\lambda_j^*\boldsymbol{x}_j=\theta^*\boldsymbol{x}_0$ 和 $\sum\limits_{j=1}^{n}\lambda_j^*\boldsymbol{y}_j=\boldsymbol{y}_0$，即 $\boldsymbol{s}^{-*}=\left(s_1^{-*},s_2^{-*},\cdots,s_m^{-*}\right)^{\text{T}}=\boldsymbol{0}$，则 P_{BCC} 存在最优解 $\boldsymbol{\omega}^*,\boldsymbol{u}^*,\mu_0^*$ 满足 $\boldsymbol{\omega}^*>0,\boldsymbol{u}^*>0$。该性质可通过线性规划的互补松弛定理得到。

3.2.2　投入导向的具有非阿基米德无穷小量的 BCC 模型

在 BCC 模型中加入非阿基米德无穷小量 ε，可以得到线性规划（$\overline{P_\varepsilon}$）：

$$\max \sum_{r=1}^{s}u_ry_{ro}+\mu_0$$

$$\text{st.}\ \sum_{i=1}^{m}\omega_ix_{ij}-\sum_{r=1}^{s}u_ry_{rj}-\mu_0\geqslant 0,\quad j=1,2,\cdots,n$$

$$\sum_{i=1}^{m}\omega_ix_{io}=1$$

$$\sum_{i=1}^{m}\omega_i\geqslant\varepsilon \tag{3.3}$$

$$\sum_{r=1}^{s}u_r\geqslant\varepsilon$$

$$\mu_0\text{无约束}$$

$\overline{P_\varepsilon}$ 的对偶规划 $\overline{D_\varepsilon}$ 为

$$\min \quad \theta - \varepsilon\left(\sum_{i=1}^{m} s_i^- + \sum_{r=1}^{r} s_r^+\right)$$

$$\text{s.t.} \quad \sum_{j=1}^{n} \lambda_j x_{ij} + s_i^- = \theta x_{io}, \quad i = 1, 2, \cdots, m$$

$$\sum_{j=1}^{n} \lambda_j y_{rj} - s_r^+ = y_{ro}, \quad r = 1, 2, \cdots, s \qquad (3.4)$$

$$\sum_{j=1}^{n} \lambda_j = 1$$

$$\lambda_j \geqslant 0, \quad j = 1, 2, \cdots, n$$

$$s_i^- \geqslant 0, \quad s_r^+ \geqslant 0$$

类似于定理 3.1，可以得到：

定理 3.2 ε 为非阿基米德无穷小量，且（$\overline{D_\varepsilon}$）的最优解为 $\boldsymbol{\lambda}^*, \boldsymbol{s}^{-*}, \boldsymbol{s}^{+*}, \theta^*$，则

（1）若 $\theta^* = 1$，则 DMU_o 为弱 BCC 有效；

（2）若 $\theta^* = 1$，且 $\boldsymbol{s}^{-*} = 0$，$\boldsymbol{s}^{+*} = 0$，则 DMU_o 为 BCC 有效。

由此可以判断 DMU 的 BCC 有效性，下面给出算例进行有效性的计算。

【**例 3.1**】考虑 5 个 DMU，使用 1 个投入生产 1 个产出，表 3.1 展示了相关数据。

表 3.1　投入产出数据

DMU	1	2	3	4	5
投入	4	3	1	5	2
产出	2	1	4	3	5

利用 BCC 模型可以求得各 DMU 的效率值：

$$\theta^1 = 0.500, \theta^2 = 0.667, \theta^3 = 1.000, \theta^4 = 0.400, \theta^5 = 1.000$$

最优效率值对应的各个松弛变量为

$$s^{-1} = 0, s^{-2} = 0, s^{-3} = 0, s^{-4} = 0, s^{-5} = 0$$

各个剩余变量为

$$s^{+1} = 3, s^{+2} = 4, s^{+3} = 1, s^{+4} = 2, s^{+5} = 0$$

由上述计算可得，DMU_5 为 BCC 有效，DMU_3 为弱 BCC 有效，而 DMU_1、DMU_2 和 DMU_4 无效。

类似于 CCR 模型，基于（$\overline{P_\varepsilon}$）来定义 DMU 的"投影"：

$$\hat{\boldsymbol{x}}_0 = \theta^0 \boldsymbol{x}_0 - \boldsymbol{s}^{0-}$$

$$\hat{\boldsymbol{y}}_0 = \boldsymbol{y}_0 + \boldsymbol{s}^{0+}$$

可以发现，"投影"（$\hat{\boldsymbol{x}}_0, \hat{\boldsymbol{y}}_0$）为 BCC 有效。

3.2.3　产出导向的 BCC 原模型及对偶模型

产出导向的 BCC 模型 $P_{\mathrm{BCC}}^{\mathrm{o}}$ 为

$$\min \quad \sum_{i=1}^{m}\omega_i x_{io} - \mu_0$$

$$\text{s.t.} \quad \sum_{i=1}^{m}\omega_i x_{ij} - \sum_{r=1}^{s}u_r y_{rj} - \mu_0 \geqslant 0, \quad j=1,2,\cdots,n$$

$$\sum_{r=1}^{s}u_r y_{ro} = 1 \tag{3.5}$$

$$\omega_i \geqslant 0, u_r \geqslant 0$$

$$\mu_0 \text{ 无约束}$$

其对偶模型 $D_{\mathrm{BCC}}^{\mathrm{o}}$ 为

$$\max \quad \varphi$$

$$\text{s.t.} \quad \sum_{j=1}^{n}\lambda_j x_{ij} \leqslant x_{io}, \quad i=1,2,\cdots,m$$

$$\sum_{j=1}^{n}\lambda_j y_{rj} \geqslant \varphi y_{ro}, \quad r=1,2,\cdots,s \tag{3.6}$$

$$\sum_{j=1}^{n}\lambda_j = 1, \quad r=1,2,\cdots,s$$

$$\lambda_j \geqslant 0, \quad j=1,2,\cdots,n$$

对面向产出的 BCC 模型的讨论,类似于面向投入的 BCC 模型。

定义 3.3　若 $P_{\mathrm{BCC}}^{\mathrm{o}}$ 存在最优解 ω^*, u^*, μ_0^*,且满足 $\sum_{i=1}^{m}\omega_i^* x_{io} + \mu_0^* = 1$,则 DMU$_o$ 为弱 BCC 有效。

定义 3.4　若 $P_{\mathrm{BCC}}^{\mathrm{o}}$ 存在最优解 ω^*, u^*, μ_0^*,且满足 $\omega^* > \mathbf{0}, u^* > \mathbf{0}$,则 DMU$_o$ 为 BCC 有效。

由对偶理论可知:

定理 3.3　如果对于 $P_{\mathrm{BCC}}^{\mathrm{o}}$ 的任意最优解 $\lambda^*, s^{-*}, s^{+*}, \theta^*$ 都有

（1）$\theta^* = 1$,则 DMU$_o$ 为弱 BCC 有效;

（2）$\theta^* = 1$,且 $s^{-*} = 0, s^{+*} = 0$,则 DMU$_o$ 为 BCC 有效。

3.2.4　产出导向的具有非阿基米德无穷小量的 BCC 模型

在引入非阿基米德无穷小量后,产出导向的 BCC 模型 $\mathrm{BCC}_{D\varepsilon}^{\mathrm{o}}$ 如下:

$$\max \theta + \varepsilon(\sum_{i=1}^{m} s_i^- + \sum_{r=1}^{s} s_r^+)$$

$$\text{s.t.} \quad \sum_{j=1}^{n} \lambda_j x_{ij} + s_i^- = x_{io}, \quad i = 1,2,\cdots,m$$

$$\sum_{j=1}^{n} \lambda_j y_{rj} - s_r^+ = \theta y_{ro}, \quad r = 1,2,\cdots,s \qquad (3.7)$$

$$\sum_{j=1}^{n} \lambda_j = 1$$

$$\lambda_j \geqslant 0, \quad j = 1,2,\cdots,n,$$

$$s_i^- \geqslant 0, \quad s_r^+ \geqslant 0$$

类似地,

定理 3.4 ε 为非阿基米德无穷小量,且 $\text{BCC}_{D\varepsilon}^{\text{o}}$ 的最优解为 $\boldsymbol{\lambda}^*, \boldsymbol{s}^{-*}, \boldsymbol{s}^{+*}, \theta^*$,则

(1) 若 $\theta^* = 1$,则 DMU$_o$ 为弱 BCC 有效;

(2) 若 $\theta^* = 1$,且 $\boldsymbol{s}^{-*} = 0$,$\boldsymbol{s}^{+*} = 0$,则 DMU$_o$ 为 BCC 有效。

3.3 BCC 模型在中国财险公司效率测度中的应用

基于中国统计年鉴及保险统计年鉴,本节将中国 80 家财险公司的数据作为研究对象,包括 59 家中资财险公司和 21 家外资参股财险公司。我们选取公司员工数量和固定资产作为投入变量,在产出指标选择方面,学术界普遍使用公司利润和营业收入。然而,保险业务收入是反映保险企业产出的重要指标,也是衡量公司运用股东资金效率的重要财务指标,同时,公司收入已经包含了利润,因此我们选择业务收入作为产出指标。具体而言,我们收集了 80 家财险公司 2013~2017 年的相关数据,使用 BCC 模型,即在 VRS 假设下,得到中国财险公司 5 年的投入产出的技术效率、纯技术效率和规模效率,从而对整体运营效率进行分析,具体结果见表 3.2 和表 3.3。

表 3.2 中国财险公司整体运营效率分析

项目	2013 年	2014 年	2015 年	2016 年	2017 年
技术效率	0.962	0.922	0.91	0.931	1
纯技术效率	1	0.98	0.936	0.961	1
规模效率	0.962	0.941	0.972	0.969	1

表 3.3 财险公司运营效率

序号	公司名称	技术效率	纯技术效率	规模效率	序号	公司名称	技术效率	纯技术效率	规模效率
1	人保财险	0.040	1.000	0.040	4	太平财险	0.049	0.260	0.187
2	国寿财险	0.089	0.378	0.235	5	中国信保	0.343	1.000	0.343
3	大地保险	0.042	0.201	0.209	6	太保产险	1.000	1.000	1.000

续表

序号	公司名称	技术效率	纯技术效率	规模效率	序号	公司名称	技术效率	纯技术效率	规模效率
7	阳光产险	0.098	0.579	0.168	44	前海联合	0.014	0.138	0.104
8	阳光信保	0.011	0.113	0.098	45	鑫安车险	0.091	0.108	0.840
9	平安产险	0.218	1.000	0.218	46	北部湾财险	0.104	0.291	0.357
10	中华联合	0.063	0.264	0.237	47	众安在线	0.273	1.000	0.273
11	泰康在线	0.156	0.157	0.990	48	中石油专属	0.806	0.896	0.900
12	华泰财险	0.128	0.501	0.256	49	华海财险	0.062	0.141	0.443
13	天安财险	0.049	0.259	0.191	50	燕赵财险	0.071	0.074	0.950
14	史带保险	0.080	0.240	0.334	51	中路财险	0.026	0.104	0.253
15	华安保险	0.058	0.157	0.368	52	中原农险	0.039	0.044	0.881
16	永安保险	0.145	0.765	0.190	53	铁路自保	1.000	1.000	1.000
17	富德产险	0.126	0.406	0.311	54	恒邦财险	0.068	0.084	0.814
18	永城财险	0.126	0.612	0.206	55	东海航运	0.059	0.204	0.291
19	安信农险	0.119	0.144	0.824	56	安心财险	0.064	0.316	0.204
20	安邦财险	0.006	0.010	0.634	57	易安财险	0.098	0.158	0.615
21	安华农险	0.056	0.233	0.241	58	珠峰财险	0.011	0.202	0.053
22	安盛天平	0.116	0.316	0.366	59	海峡金桥	0.006	0.087	0.070
23	阳光农险	0.049	0.146	0.334	60	中意财险	0.071	0.084	0.843
24	合众财险	0.049	0.407	0.120	61	美亚保险	0.156	0.561	0.277
25	渤海财险	0.050	0.216	0.230	62	东京海上日动	0.158	0.185	0.855
26	都邦财险	0.038	0.141	0.269	63	瑞再企商	0.142	0.253	0.561
27	华农财险	0.126	0.217	0.579	64	安达保险	0.223	0.257	0.870
28	亚太保险	0.077	0.315	0.246	65	三井住友	0.155	0.195	0.796
29	安诚保险	0.049	0.135	0.362	66	三星财险	0.154	0.312	0.492
30	中银保险	0.101	0.256	0.393	67	安联财险	0.423	0.660	0.641
31	英大财险	0.183	0.951	0.193	68	日本财险	0.213	0.223	0.954
32	长安责任	0.045	0.164	0.274	69	利宝保险	0.089	0.269	0.332
33	国元农险	0.096	0.372	0.259	70	中航安盟	0.066	0.242	0.272
34	鼎和财险	0.082	0.269	0.305	71	苏黎世财险	0.448	0.580	0.772
35	中煤财险	0.103	0.267	0.387	72	现代财险	0.080	0.330	0.241
36	紫金产险	0.057	0.223	0.258	73	劳合社保险	0.007	0.324	0.023
37	浙商财险	0.045	0.159	0.282	74	爱和谊财险	0.071	0.580	0.122
38	信达财险	0.159	0.576	0.276	75	国泰产险	0.113	0.116	0.972
39	泰山财险	0.061	0.160	0.383	76	日本兴亚	0.165	1.000	0.165
40	锦泰财险	0.050	0.096	0.516	77	乐爱金财险	0.281	1.000	0.281
41	众诚车险	0.106	0.310	0.342	78	富邦财险	0.096	0.206	0.464
42	长江财险	0.070	0.111	0.636	79	信利保险	0.176	1.000	0.176
43	诚泰财险	0.129	0.236	0.544	80	久隆财险	0.039	0.337	0.117

由表 3.2 可知 2013~2017 年中国财险公司的整体运营效率。近 5 年 80 家财险公司技术效率先降低后升高；纯技术效率变化不大，每年均处于 0.936~1.000。纯技术效率 2013~2015 年逐渐降低，2015~2017 年逐渐升高；规模效率变化不大，几乎呈上下波动趋势。

从技术效率看，80 家财险公司技术效率的平均值仅为 0.137，财险公司的整体运营效率不高。其中仅太保产险、铁路自保 2 家公司的技术效率为 1，占总数的 2.5%，说明运营高效的中国财险公司极少。属于运营近似高效（技术效率小于 1，大于等于 0.8）的公司，也只有中石油专属一家公司，仅占 1.25%。剩余 77 家公司的技术效率都小于 0.5，其运营水平非常低效。

从纯技术效率看，80 家财险公司纯技术效率平均值仅为 0.361。其中有 9 家公司（占总数的 11.25%）的纯技术效率为 1，资源达到最佳使用状态，说明这 9 家公司投入的资源都能得到有效管理和利用，公司整体的管理水平和技术水平较好。但剩余 71 家公司的纯技术效率都小于 1，说明投入的资源没有得到有效管理和利用，甚至有 60 家公司的纯技术效率小于 0.5，其资源的管理水平和利用率还需进一步提高。

从规模效率看，80 家财险公司规模效率的平均值为 0.414，这个结果表明对财险公司整体而言，其规模效率比技术效率和纯技术效率要好。其中仅 2 家公司的规模效率为 1，占总数的 2.5%，说明这 2 家财险公司规模较合理且达到了最佳状态。剩余规模效率小于 1 的公司中，有 22 家公司的规模效率大于 0.5，约占公司总数的 27.5%，说明这些财险公司的资源投入规模相对较合理。

习　　题

1. BCC 模型和 CCR 模型有何区别？

2. 在 DEA 分析中，什么情况下选择投入导向的 BCC 模型（BCC^I），什么情况下选择产出导向的 BCC 模型（BCC^O）？

3. 表 3.4 列出了 5 个 DMU，每个 DMU 有 3 个投入（X_1、X_2 和 X_3）和 3 个产出（Y_1、Y_2 和 Y_3），请用分别使用投入导向和产出导向 BCC 模型计算这些 DMU 的效率值。

表 3.4　5 个 DMU 投入产出数据

数据	DMU_1	DMU_2	DMU_3	DMU_4	DMU_5
X_1	7	5	3	5	6
X_2	5	6	5	8	6
X_3	7	6	6	5	7
Y_1	6	5	5	7	5
Y_2	5	4	5	7	5
Y_3	3	8	9	5	4

4. 投入导向 BCC 模型和产出导向 BCC 模型是否一定会得到相同的效率结果？为什么？

第4章 CCR、BCC、FG、ST对规模收益的刻画

规模收益是用来评价生产过程中，产出增量相对百分比与对应投入增量的相对百分比的大小关系的。规模收益情况主要包括递增、不变、递减三种情况，可以根据有关定义由"几何"意义进行规模收益的判断。然而，这种判别方法缺乏实际上的操作性。本章通过DEA模型来研究规模收益问题，其中，CCR模型、BCC模型、FG模型（由Färe和Grosskopf姓氏命名）和ST模型（由Seiford和Thrall姓氏命名）是四个经典的DEA模型，分别可以描述生产活动满足CRS、VRS、规模收益非递增（non-increasing returns to scale，NIRS）、规模收益非递减（non-decreasing returns to scale，NDRS）情况下的生产效率。本章将对这四种模型进行介绍，这四种模型不仅能定量地判别出规模收益的各种情况，而且有较好的可操作性。本章内容主要参考Charnes等（1978），Banker等（1984），Färe和Grosskopf（1985），Seiford和Thrall（1990）。

4.1 规模效率、技术效率与纯技术效率

学者将满足CRS假设的CCR模型求得的效率定义为技术效率，将满足VRS假设的BCC模型的效率定义为纯技术效率，并将二者的比值定义为规模效率。对于DMU_o，本节记

h_{CCR}^{I}——投入导向的CCR模型的效率值

h_{BCC}^{I}——投入导向的BCC模型的效率值

由于，

$$T_{BCC} \subset T_{CCR}$$

因此，

$$h_{CCR}^{I} \leqslant h_{BCC}^{I} \leqslant 1$$

定义4.1 设h_{CCR}^{I}为投入导向CCR模型及其对偶模型的效率值，h_{BCC}^{I}为投入导向BCC模型及其对偶模型的效率值，称

h_{CCR}^{I}为DMU_o的技术效率（technical efficiency），也称为整体效率；

h_{BCC}^{I}为DMU_o的纯技术效率（pure technical efficiency）；

$SE = h_{CCR}^{I} / h_{BCC}^{I}$为$DMU_o$的规模效率（scale efficiency）。

由定义4.1，有整体效率h_{CCR}^{I}的分解公式

$$h_{CCR}^{I} = h_{BCC}^{I} \times SE$$

可以看出，整体效率h_{CCR}^{I}、规模效率SE和技术效率h_{BCC}^{I}之间有如下关系：

$$0 < h_{\text{CCR}}^{\text{I}} \leqslant h_{\text{BCC}}^{\text{I}} \leqslant 1$$
$$0 < \text{SE} \leqslant 1$$

由此可得，若 $h_{\text{CCR}}^{\text{I}} = 1$，即弱 CCR 有效，则 $h_{\text{BCC}}^{\text{I}} = 1$，即弱 BCC 有效且 $\text{SE} = 1$。换言之，若 DMU_o 的整体效率为 1，那么它的技术效率和规模效率都为 1。

【例 4.1】考虑具有 1 个投入（X）、1 个产出（Y）的例子，共 5 个 DMU，数据由表 4.1 给出。

表 4.1　投入产出数据

数据	DMU$_1$	DMU$_2$	DMU$_3$	DMU$_4$	DMU$_5$
X	1	5	10	7	3
Y	2	6	7	8	7

生产可能集 T_{BCC} 由图 4.1 给出。

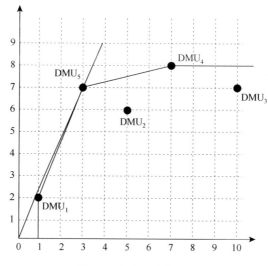

图 4.1　生产可能集 T_{BCC}

（1）评价 DMU$_1$，由图 4.1 可知

$$h_{\text{CCR}}^{\text{I}} = 6/7$$
$$h_{\text{BCC}}^{\text{I}} = 1$$
$$\text{SE} = h_{\text{CCR}}^{\text{I}} / h_{\text{BCC}}^{\text{I}} = 6/7$$

可以看出整体效率低下，是由规模效率低引起的。

（2）评价 DMU$_2$，由图 4.1 可知

$$h_{\text{CCR}}^{\text{I}} = 18/35$$
$$h_{\text{BCC}}^{\text{I}} = 13/25$$
$$\text{SE} = h_{\text{CCR}}^{\text{I}} / h_{\text{BCC}}^{\text{I}} = 90/91$$

DMU$_2$ 的整体效率低下，是技术效率和规模效率均不高造成的。

（3）评价 DMU$_3$，由图 4.1 可知

$$h^I_{CCR} = 3/10$$

$$h^I_{BCC} = 3/10$$

$$SE = h^I_{CCR} / h^I_{BCC} = 1$$

DMU$_3$ 并非技术有效，即 BCC 模型的最优解 $\theta_{BCC} = 0.3 < 1$。如果求 DMU$_3$ 在 T_{BCC} 的生产前沿面上的投影 DMU$_3$，可以求得

$$(\hat{x}_3, \hat{y}_3) = (\theta_{CCR} x_3, y_3) = (3, 7)$$

可以看到 DMU$_3$ 在投入导向 BCC 模型中有效，也就是说，在 DMU$_3$ 消除了技术效率低下的影响之后，整体效率很高。这说明，即使在整体效率 h_{CCR} 和技术效率 h^I_{BCC} 低下的情况下，DMU 的规模效率也可以很高。

（4）评价 DMU$_4$，由图 4.1 可知

$$h^I_{CCR} = 24/49$$

$$h^I_{BCC} = 1$$

$$SE = h^I_{CCR} / h^I_{BCC} = 24/49$$

类似于 DMU$_1$，DMU$_4$ 的整体效率低下也是由规模效率低下造成的。

（5）评价 DMU$_5$，由图 4.1 可知

$$h^I_{CCR} = 1$$

$$h^I_{BCC} = 1$$

$$SE = h^I_{CCR} / h^I_{BCC} = 1$$

该 DMU 整体效率很高，因为其技术效率和规模效率都很高。

由该算例可以看出，单纯使用 CCR 模型对 DMU 进行评价是不够的，在使用 CCR 模型得出 DMU 整体无效时，并不能区分出是"技术"无效造成的，还是"规模"无效造成的，因此，还需结合使用其他的模型进行评价分析。

4.2 规模收益刻画

生产可能集表述了在多投入、多产出的情况下，投入与产出之间的一种技术关系，它是以生产函数为依据，研究投入与产出之间关系的方法。我们考虑单投入、单产出的情况，并说明 CCR 有效性的经济含义。当投入为 x 时，所能获得的最大产出为 $y[y = f(x)]$，因此，位于生产函数图集上面的点，是"技术有效"的。一般来说，生产函数 $y = f(x)$ 的图像如图 4.2 所示。

由生产函数的导数

$$y' = f'(x) > 0$$

可知，生产函数是增函数。当 $x \in (0, x^*)$ 时，$f''(x) > 0$，故 $f(x)$ 为凸函数；当 $x \in (x^*, +\infty)$ 时，$f''(x) < 0$，故 $f(x)$ 为凹函数。

由

$$f''(x) = [f'(x)]'$$

可以得到：

$f''(x) > 0$ 表示生产函数 $y = f(x)$ 的边际报酬增加，即当 x 增大时，不但产出是增加的，而且增加速度也是增加的，称为 NIRS；

$f''(x) < 0$ 表示生产函数 $y = f(x)$ 的边际报酬递减，即当 x 增大时，虽然产出是增加的，但是增加速度却是递减的，称为 NDRS。

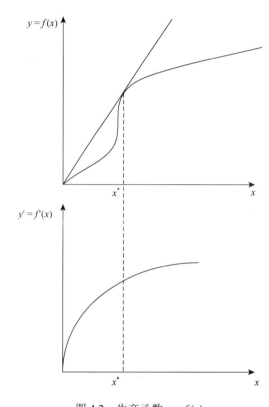

图 4.2　生产函数 $y = f(x)$

图 4.2 中的 x^* 处于规模收益最佳的状态——CRS，称为"规模有效"。

4.2.1　CCR 模型的规模收益刻画

假设有 n 个 DMU，其中第 j 个 DMU 的投入、产出指标值分别为

$$\boldsymbol{x}_j = (x_{1j}, x_{2j}, \cdots, x_{mj})^{\mathrm{T}} > 0, \quad j = 1, 2, \cdots, n$$
$$\boldsymbol{y}_j = (y_{1j}, y_{2j}, \cdots, y_{sj})^{\mathrm{T}} > 0, \quad j = 1, 2, \cdots, n$$

投入、产出指标对应的权向量为

$$\boldsymbol{v} = (v_1, v_2, \cdots, v_m)^{\mathrm{T}}$$
$$\boldsymbol{u} = (u_1, u_2, \cdots, u_s)^{\mathrm{T}}$$

对于第 DMU_o 进行评价时，CCR 模型 $P_{\text{CCR}}^{\text{I}}$ 为

$$\max \quad \sum_{r=1}^{s} u_r y_{ro}$$

$$\text{s.t.} \quad \sum_{i=1}^{m} \omega_i x_{ij} - \sum_{r=1}^{s} u_r y_{rj} \geqslant 0, \quad j = 1, 2, \cdots, n \quad\quad (4.1)$$

$$\sum_{i=1}^{m} \omega_i x_{io} = 1$$

$$\omega_i \geqslant 0, \ u_r \geqslant 0$$

$P_{\text{CCR}}^{\text{I}}$ 的对偶规划 $D_{\text{CCR}}^{\text{I}}$ 为

$$\min \quad \theta$$

$$\text{s.t.} \quad \sum_{j=1}^{n} \lambda_j x_{ij} \leqslant \theta x_{io}, \quad i = 1, 2, \cdots, m \quad\quad (4.2)$$

$$\sum_{j=1}^{n} \lambda_j y_{rj} \geqslant y_{ro}, \quad r = 1, 2, \cdots, s$$

$$\lambda_j \geqslant 0, \quad j = 1, 2, \cdots, n$$

以上是基于投入导向的 CCR 模型，由 $D_{\text{CCR}}^{\text{I}}$ 可以看出，决策者追求的是投入的减少。

定理 4.1　当且仅当 DMU$_o$ 为最大产出规模点（the most productive point）时，$\theta^* = 1$。

证明　假设 $(\boldsymbol{x}_o, \boldsymbol{y}_o)$ 是非最大产出规模点，故存在 $\boldsymbol{x} = \beta \boldsymbol{x}_o$，$\boldsymbol{y} = \alpha \boldsymbol{y}_o$，$\alpha / \beta > 1$，且 $(x, y) \in T_{\text{CCR}}$。

由生产可能集的定义可知，

$$\boldsymbol{x} \geqslant \sum_{j=1}^{n} \mu_j x_j, \boldsymbol{y} \leqslant \sum_{j=1}^{n} \mu_j y_j, \sum_{j=1}^{n} \mu_j = 1, \mu_j \geqslant 0$$

令

$$\lambda_j = \frac{\mu_j}{\alpha}, \quad j = 1, 2, \cdots n$$

则有

$$\sum_{j=1}^{n} \lambda_j \boldsymbol{x}_j \leqslant \frac{1}{\alpha} \boldsymbol{x} = \frac{\beta}{\alpha} \boldsymbol{x}_o$$

$$\sum_{j=1}^{n} \lambda_j \boldsymbol{y}_j \geqslant \frac{1}{\alpha} \boldsymbol{y} = \boldsymbol{y}_o$$

并令

$$\theta = \frac{\beta}{\alpha} < 1$$

显然 $\lambda_j, \theta, j = 1, 2, \cdots n$ 为 $D_{\text{CCR}}^{\text{I}}$ 的可行解，因此 $\theta^* < 1$，与此假设矛盾，故 $(\boldsymbol{x}_o, \boldsymbol{y}_o)$ 为最大产出规模点。反之，假设 $D_{\text{CCR}}^{\text{I}}$ 有最优解 $\lambda_j^*, \theta^* > 1(j = 1, 2, \cdots, n)$，即有

$$\sum_{j=1}^{n} \lambda_j^* \boldsymbol{x}_j \leqslant \theta^* \boldsymbol{x}_o, \quad \sum_{j=1}^{n} \lambda_j^* \boldsymbol{y}_j \geqslant \boldsymbol{y}_o$$

记

$$k^* = \sum_{j=1}^{n} \lambda_j^*, \quad \mu_j^* = \frac{\lambda_j^*}{k^*}, \quad j = 1, 2, \cdots, n$$

则

$$\sum_{j=1}^{n} \mu_j^* = 1$$

进一步

$$\alpha = \frac{1}{k^*}, \quad \beta = \frac{\theta^*}{k^*}$$

因为

$$\sum_{j=1}^{n} \mu_j^* \boldsymbol{x}_j \leqslant \beta \boldsymbol{x}_o, \quad \sum_{j=1}^{n} \mu_j^* \boldsymbol{y}_j \geqslant \alpha \boldsymbol{y}_o, \quad \sum_{j=1}^{n} \mu_j^* = 1$$

故 $(\beta \boldsymbol{x}, \alpha \boldsymbol{y}) \in T_{\mathrm{CCR}}$，且有

$$\frac{\alpha}{\beta} = \frac{1}{\theta^*} > 1$$

说明 $(\boldsymbol{x}_o, \boldsymbol{y}_o)$ 不是最大产出规模点，与题设矛盾，故 $\theta^* = 1$，证毕。

推论 4.1　设 $\lambda_j^* (j = 1, 2, \cdots, n)$ 为模型式（4.2）的任一最优解。令 $k^* = \sum_{j=1}^{n} \lambda_j^*$，若 $k^* < 1$，则 DMU$_o$ 处于 NIRS；若 $k^* > 1$，则 DMU$_o$ 处于 NDRS。

推论 4.1 的证明原理与定理 4.1 本质相同，读者可自行推导。

4.2.2　BCC 模型的规模收益刻画

Banker 等（1984）针对某些问题不满足凸锥假设的情况，给出了评价 VRS 的 DEA 模型，一般简记为 BCC 模型。该模型基于 VRS 假设，可以刻画 DMU 的技术有效性。

对于 DMU$_o$，基于投入导向的 BCC 模型为

$$\max \sum_{r=1}^{s} u_r y_{ro} + \mu_0$$

$$\text{s.t.} \sum_{i=1}^{m} \omega_i x_{ij} - \sum_{r=1}^{s} u_r y_{rj} - \mu_0 \geqslant 0, \quad j = 1, 2, \cdots, n \tag{4.3}$$

$$\sum_{i=1}^{m} \omega_i x_{io} = 1$$

$$\omega_i \geqslant 0, \quad u_r \geqslant 0$$

对于该模型最优解 μ_0^*：

（1）当且仅当模型式（4.3）中所有最优解 $\mu_0^* > 0$ 时，DMU$_o$ 处于 NIRS；

（2）当且仅当模型式（4.3）存在一最优解 $\mu_0^* = 0$ 时，DMU$_o$ 处于 CRS；

（3）当且仅当模型式（4.3）中所有最优解 $\mu_0^* < 0$ 时，DMU$_o$ 处于 NDRS。

该方法不仅可以判断规模收益的类型，还可以给出规模收益程度的定性判断。

上述模型的对偶形式为

$$\min \varphi$$

$$\text{s.t.} \quad \sum_{j=1}^{n} \lambda_j x_{ij} \leqslant \varphi x_{io}, \quad i = 1, 2, \cdots, m$$

$$\sum_{j=1}^{n} \lambda_j y_{rj} \geqslant y_{ro}, \quad r = 1, 2, \cdots, s \tag{4.4}$$

$$\sum_{j=1}^{n} \lambda_j = 1$$

$$\lambda_j \geqslant 0, \quad j = 1, 2, \cdots, n$$

就规模收益而言，BCC 模型是非拥挤的技术效率评价模型，该模型下的弱有效 DMU 可以处于 CRS、NIRS 或 NDRS。

为了简化求解，可以消除嵌入该定理中的效率假设。假设从 BCC 模型可以得到一个解决方案，该方案可以提供将 $(\boldsymbol{x}_o, \boldsymbol{y}_o)$ 投影到有效前沿上的 $(\hat{\boldsymbol{x}}_o, \hat{\boldsymbol{y}}_o)$ 所需的信息：

$$\hat{x}_{io} = \theta_B^* x_{io} - s_i^{-*}, \quad i = 1, 2, \cdots, m$$

$$\hat{y}_{io} = y_{io} + s_r^{+*}, \quad r = 1, 2, \cdots, s \tag{4.5}$$

将此解推广到 BCC 包络模型中，大多数计算机代码将 μ_0^* 的值报告为对偶（乘数）问题的最优解的一部分。不失一般性，假定所得最优解满足 $\mu_0^* < 0$。为了利用这一信息来决定（2）或（3）是否适用于上述定理，我们利用了 Banker 等（1996）开辟的路径，并将 BCC 的传统对偶（乘数）问题替换为以下问题：

$$\max \quad \mu_0$$

$$\text{s.t.} \quad -\sum_{i=1}^{m} v_i x_{ij} + \sum_{r=1}^{s} u_r y_{rj} - \mu_0 \leqslant 0, \quad j = 1, 2, \cdots, n, j \neq 0$$

$$-\sum_{i=1}^{m} v_i \hat{x}_{i0} + \sum_{r=1}^{s} u_r \hat{y}_{i0} - \mu_0 \leqslant 0,$$

$$\sum_{i=1}^{m} v_i \hat{x}_{i0} = 1 \tag{4.6}$$

$$\sum_{r=1}^{s} u_r \hat{y}_{i0} - \mu_0 = 1$$

$$\mu_0 \leqslant 0, v_i \geqslant 0, u_r \geqslant 0$$

其中，$\hat{x}_{io}$ 和 $\hat{y}_{io}$ 是从式（4.5）中获得的，添加的约束 $\sum_{r=1}^{s} u_r \hat{y}_{i0} - \mu_0 = 1$ 是求解有效前沿问题所必需的条件。因为 $(\hat{x}_{io}, \hat{y}_{io})$ 在 BCC 模型的有效前沿边界上，所以不需要引入非阿基米德无穷小量 $\varepsilon > 0$。约束 $\mu_0 \leqslant 0$ 意味着该模型的最大值不能超过 0。如果达到 $\mu_0^* = 0$，则通过（2），比例回报是恒定的，处于 CRS。如果未达到最大值，即 $\mu_0^* < 0$，则（3）适用，且规模回报率降低，处于 NDRS。因此，式（4.5）是两阶段求解程序的一部分，其首先求解基本 BCC 模型，以获得 $\mu_0 \leqslant 0$ 的解。然后使用该模型来查看是否存在可实现 $\mu_0 = 0$ 的替代最优值。

4.2.3　FG 模型的规模收益刻画

FG 模型是满足规模收益非递增（NIRS）的 DEA 模型，它不但可以评价 DMU 的技术有效性，也能判断 DMU 或为 CRS 或为 NDRS。

对于 DMU_o，FG 模型（P_{FG}^{I}）可表示为

$$\max \sum_{r=1}^{s} u_r y_{ro} + \mu_0$$

$$\text{s.t.} \quad \sum_{i=1}^{m} \omega_i x_{ij} - \sum_{r=1}^{s} u_r y_{rj} - \mu_0 \geqslant 0, \quad j=1,2,\cdots,n \tag{4.7}$$

$$\sum_{i=1}^{m} \omega_i x_{io} = 1$$

$$\omega_i \geqslant 0, u_r \geqslant 0, \mu_0 \leqslant 0$$

P_{FG}^{I} 的对偶形式 D_{FG}^{I} 为

$$\min \theta$$

$$\text{s.t.} \quad \sum_{j=1}^{n} \lambda_j x_{ij} \leqslant \theta x_{io}, \quad i=1,2,\cdots,m$$

$$\sum_{j=1}^{n} \lambda_j y_{rj} \geqslant y_{ro}, \quad r=1,2,\cdots,s \tag{4.8}$$

$$\sum_{j=1}^{n} \lambda_j \leqslant 1, \quad r=1,2,\cdots,s$$

$$\lambda_j \geqslant 0, \quad j=1,2,\cdots,n$$

设 FG 模型对应的生产可能集为 T_{FG}，其除了满足 3.1 节所提到的平凡性公理、凸性公理、自由处置性公理、最小性公理外，还满足规模收益非增性公理：若 $(\boldsymbol{x},\boldsymbol{y}) \in T_{FG}$，则对于任意的 $\alpha \leqslant 1$，均有 $\alpha(\boldsymbol{x},\boldsymbol{y}) = (\alpha \boldsymbol{x}, \alpha \boldsymbol{y}) \in T_{FG}$。此时生产可能集 T_{FG} 为

$$T_{FG} = \left\{ (\boldsymbol{x},\boldsymbol{y}) \mid \sum_{j=1}^{n} \lambda_j x_j \leqslant \boldsymbol{x}, \sum_{j=1}^{n} \lambda_j y_j \geqslant \boldsymbol{y}, \boldsymbol{y} \geqslant 0, \sum_{j=1}^{n} \lambda_j \leqslant 1, \lambda_j \geqslant 0, j=1,2,\cdots,n \right\}$$

由生产可能集 T_{FG} 得到产出导向的 FG 模型（P_{FG}^{O}）：

$$\max z$$

$$\text{s.t.} \quad \sum_{j=1}^{n} \lambda_j x_{ij} \leqslant x_{io}, \quad i=1,2,\cdots,m$$

$$\sum_{j=1}^{n} \lambda_j y_{rj} \geqslant z y_{ro}, \quad r=1,2,\cdots,s \tag{4.9}$$

$$\sum_{j=1}^{n} \lambda_j \leqslant 1, \quad r=1,2,\cdots,s$$

$$\lambda_j \geqslant 0, \quad j=1,2,\cdots,n$$

P_{FG}^{O} 的对偶规划 D_{FG}^{O} 为

$$\min \sum_{i=1}^{m} \omega_i x_{io} + \mu_0$$

$$\text{s.t.} \quad \sum_{i=1}^{m} \omega_i x_{io} - \sum_{r=1}^{s} u_r y_{ro} + \mu_0 \geqslant 0, \quad j = 1, 2, \cdots, n \qquad (4.10)$$

$$\sum_{r=1}^{s} u_r y_{ro} = 1$$

$$\omega_i \geqslant 0, u_r \geqslant 0, \mu_0 \geqslant 0$$

针对上述线性规划，可以得出如下定义：

定义 4.2 若规划（P_{FG}^{I}）的最优值等于 1，则称 DMU_o 为弱 FG 有效。

定义 4.3 若规划（P_{FG}^{I}）存在最优解 $\boldsymbol{\omega}^*, \boldsymbol{u}^*, \mu_0^*$ 满足 $\boldsymbol{\omega}^* > \boldsymbol{0}$，$\boldsymbol{u}^* > \boldsymbol{0}$，并且最优值 $\sum_{r=1}^{s} u_r y_{ro}$ $+ \mu_0^* = 1$，则称 DMU_o 为 FG 有效。

在产出导向的 FG 模型下为弱有效的 DMU 技术有效（图 4.3），我们还可以看出在产出导向的 DEA 模型之下的弱有效，不但为技术有效，而且在规模收益上，或为 CRS，或为 NDRS：

DMU_1 不为 FG 有效；

DMU_2 为 FG 有效，处于 CRS；

DMU_3 为 FG 有效，处于 NDRS；

DMU_4 为弱 FG 有效，处于 NDRS。

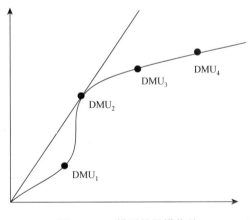

图 4.3　FG 模型的规模收益

4.2.4　ST 模型的规模收益刻画

ST 模型是适用于规模收益非递减（NDRS）的 DEA 模型。它不但可以评价 DMU 的技术有效性，也能判断 DMU 或为 CRS，或为 NIRS。

对于 DMU_o，ST 模型（P_{ST}^{I}）可以表示为

$$\max \quad \sum_{r=1}^{s} u_r y_{ro} + \mu_0$$

$$\text{s.t.} \quad \sum_{i=1}^{m} \omega_i x_{ij} - \sum_{r=1}^{s} u_r y_{rj} - \mu_0 \geqslant 0, \quad j = 1, 2, \cdots, n$$

$$\sum_{i=1}^{m} \omega_i x_{io} = 1$$

$$\omega_i \geqslant 0, u_r \geqslant 0, \mu_0 \geqslant 0$$

(4.11)

P_{ST}^{I} 的对偶形式 D_{ST}^{I} 为

$$\min \quad \theta$$

$$\text{s.t.} \quad \sum_{j=1}^{n} \lambda_j x_{ij} \leqslant \theta x_{io}, \quad i = 1, 2, \cdots, m$$

$$\sum_{j=1}^{n} \lambda_j y_{rj} \geqslant y_{ro}, \quad r = 1, 2, \cdots, s$$

$$\sum_{j=1}^{n} \lambda_j \geqslant 1$$

$$\lambda_j \geqslant 0, \quad j = 1, 2, \cdots, n$$

(4.12)

设 ST 模型对应的生产可能集为 T_{ST}，其满足的公理体系与 FG 模型相同。
可得生产可能集 T_{ST} 为

$$T_{ST} = \left\{ (\boldsymbol{x}, \boldsymbol{y}) \mid \sum_{j=1}^{n} \lambda_j \boldsymbol{x}_j \leqslant \boldsymbol{x}, \ \sum_{j=1}^{n} \lambda_j \boldsymbol{y}_j \geqslant \boldsymbol{y}, \ \boldsymbol{y} \geqslant 0, \ \sum_{j=1}^{n} \lambda_j \geqslant 1, \ \lambda_j \geqslant 0, \ j = 1, 2, \cdots, n \right\}$$

由 T_{ST} 得到产出导向的 ST 模型（D_{ST}^{O}），为

$$\max \quad z$$

$$\text{s.t.} \quad \sum_{j=1}^{n} \lambda_j x_{ij} \geqslant x_{io}, \quad i = 1, 2, \cdots, m$$

$$\sum_{j=1}^{n} \lambda_j y_{rj} \geqslant z y_{ro}, \quad r = 1, 2, \cdots, s$$

$$\sum_{j=1}^{n} \lambda_j \geqslant 1$$

$$\lambda_j \geqslant 0, \quad j = 1, 2, \cdots, n$$

(4.13)

D_{ST}^{O} 的对偶规划 P_{ST}^{O} 为

$$\min \quad \sum_{i=1}^{m} \omega_i x_{io} + \mu_0$$

$$\text{s.t.} \quad \sum_{i=1}^{m} \omega_i x_{ij} - \sum_{r=1}^{s} u_r y_{rj} + \mu_0 \geqslant 0, \quad j = 1, 2, \cdots, n$$

$$\sum_{r=1}^{s} u_r y_{ro} = 1$$

$$\omega_i \geqslant 0, \quad u_r \geqslant 0, \quad \mu_0 \leqslant 0$$

(4.14)

类似地，我们可以得到如下定义。

定义 4.4 若规划 P_{ST}^{I} 的最优值等于 1，则称 DMU_o 为弱 ST 有效；

定义 4.5 若规划 P_{ST}^{I} 存在最优解 $\omega^{*}, u^{*}, \mu_{0}^{*}$ 满足 $\omega^{*} > 0$，$u^{*} > 0$，并且最优值满足 $\sum_{r=1}^{s} u_r y_{ro} + \mu_0^{*} = 1$，则称 DMU_o 为 ST 有效。

在产出导向的 ST 模型下为弱有效的 DMU 技术有效（图 4.4），而且在规模收益上，或为 CRS，或为 IRS：

DMU_1 为 ST 有效，处于 NIRS；

DMU_2 为 ST 有效，处于 CRS；

DMU_3 不为弱 ST 有效；

DMU_4 不为弱 ST 有效。

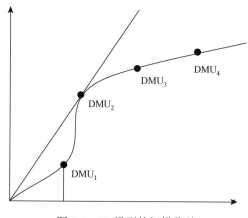

图 4.4 ST 模型的规模收益

4.3 模型在物流企业效率测度中的应用

根据物流企业的实际情况，本节从物流业务运作环节、信息化情况、物流企业发展潜力情况的角度，建立了一套适合物流企业绩效的全面的三级评价指标体系。这套指标体系不仅包括了反映业务运作环节的指标，还包括了反映企业信息化情况的指标、反映企业发展潜力情况的指标，涵盖了反映物流企业的成本和利润的财务指标、反映客户服务满意程度的指标、反映物流企业信息化水平的指标等。而其中像净资产利润率、总资产利润率、资金周转率这样代表一个企业发展情况的指标，我们把它归为企业发展潜力指标。8 个物流系统的原始评价数据见表 4.2，共有 14 个投入指标，19 个产出指标。

表 4.2 原始评价数据

指标	DMU_1	DMU_2	DMU_3	DMU_4	DMU_5	DMU_6	DMU_7	DMU_8
运费占物品价值的百分比(x_1)/%	1.7	3.4	3.74	3.06	2.72	2.21	3.23	4.25
运费(x_2)/[元/(t·km)]	0.23	0.39	0.32	0.28	0.48	0.44	0.37	0.58

指标	DMU$_1$	DMU$_2$	DMU$_3$	DMU$_4$	DMU$_5$	DMU$_6$	DMU$_7$	DMU$_8$
物品损坏率(x_3)/%	0.1	0.12	0.16	0.44	0.14	0.24	0.28	0.5
年仓储费用/年储备资金总额(x_4)/%	1.3	2.6	2.34	2.86	1.69	2.47	1.95	3.25
年仓储费用/预算(x_5)/%	5	7.5	10	9	8.5	6	6.5	12.5
物品盈亏率(x_6)/%	0.3	0.39	0.36	0.42	0.45	0.54	0.6	0.75
物品错发率(x_7)/‰	0.1	0.13	0.16	0.15	0.11	0.23	0.18	0.25
库存额/预算(x_8)/%	5	9	8.5	11	6.5	10	7.5	12.5
库存周转天数(x_9)/d	1	1.3	2.1	1.6	1.9	1.5	1.1	2.5
库存资金占产值百分比(x_{10})/%	2.5	5.25	3.75	4.75	3.5	5.75	5	6.25
客户变动的提前期(x_{11})/h	12	18	15	27	36	32	24	48
平均传输延迟(x_{12})/s	5	7.5	9	9.5	7	6	8.5	12.5
传输错误率(x_{13})/‰	0.01	0.015	0.024	0.012	0.017	0.015	0.018	0.025
平均交货期(x_{14})/h	24	40.8	36	28.8	31.2	50.4	33.6	60
运力利用率(y_1)/%	95	65.55	76	63.65	62.7	66.5	71.25	38
装载效率(y_2)/%	85	43.35	49.3	46.75	76.5	70.55	65.45	34
时间利用率(y_3)/%	90	40.5	51.3	44.1	72	54.9	61.2	36
正点运输率(y_4)/%	97	87.3	79.54	65.96	73.72	57.23	83.42	38.8
设备时间利用率(y_5)/%	65	58.5	57.85	38.35	31.85	59.15	55.9	26
仓容利用率(y_6)/%	60	53.4	40.8	47.4	45	36	28.8	24
人均年物品周转量(y_7)/万 t	200	134	142	140	92	178	170	80
仓库面积利用率(y_8)/%	85	51	62.9	72.25	76.5	55.25	44.2	34
物品完好率(y_9)/%	99	76.23	57.42	89.1	49.5	69.3	84.15	39.6
库存结构合理性(y_{10})/%	95	63.65	84.55	56.05	60.8	75.05	45.6	38
供应计划实现率(y_{11})/%	90	79.2	61.2	85.5	49.5	71.1	79.2	36
实时信息的传输量/信息化投资(y_{12})/(条/元)	80	60	50	72	70	44	38	32
客户变动的完成率(y_{13})/%	97	89.24	80.51	75.66	64.02	50.44	53.35	38.8
网络覆盖率(y_{14})/%	30	19.5	24.3	15.6	23.4	26.7	14.7	12
净资产利润率(y_{15})/%	20	17.4	11.8	9	9.4	10.6	13.6	8
总资产利润率(y_{16})/%	15	7.35	12.6	11.85	14.25	13.5	9.6	60
资金周转率(y_{17})/%	25	16	23	12.25	18.75	21.25	14.5	10
市场占有率(y_{18})/%	5	3.9	3.45	4.3	3	4.75	2.8	2
平均事后用户满意率(y_{19})/%	85	73.1	55.25	46.75	56.1	42.5	39.95	34

本节在对物流企业规模收益进行分析时，运用 BCC 模型和 ST 模型对物流企业进行评价的步骤如下：

（1）建立评价指标体系，按照越小越好的原则确定投入指标，按照越大越好的原则确定产出指标。

（2）求 BCC 模型和 ST 模型的最优值 V_{BCC} 和 V_{ST}，若 $V_{BCC} \neq V_{ST}$，则物流企业规模收益递减，否则转入（3）。

（3）计算 CCR 模型的最优值，如果 CCR 模型的效率等于 1，则说明物流企业规模收益是不变的；CCR 模型的效率不等于 1，则可以得到物流企业的规模收益是递增的。

本节给出的 8 个物流企业的数据，使用 BCC 模型和 ST 模型求解的结果如表 4.3 所示。

表 4.3　物流企业的规模收益情况

DMU	V_{BBC}	V_{ST}	规模收益[1]	$\bar{V}_{CCR}$	规模收益[2]
1	1.0000	1.0000	非递减	1.0000	不变
2	1.0870	1.2005	递减	—	递减
3	1.0870	1.2500	递减	—	递减
4	1.0526	1.2005	递减	—	递减
5	1.1013	1.1001	递减	—	递减
6	1.0526	1.2005	递减	—	递减
7	1.1013	1.1001	递减	—	递减
8	1.0000	1.0000	非递减	1.0000	不变

注：规模收益 1 表示由步骤（2）初步确定的规模收益状态，规模收益 2 表示由步骤（3）最终确定的规模收益状态。

从表 4.3 中发现，第 1 个和第 8 个物流企业的规模收益处于不变的情况。这两个企业可以根据实际情况来决定是否有必要扩大规模或者增加投入。如果仅仅从规模收益分析的角度考虑，这两个企业可以不增加投入。

习　　题

1. 请尝试在产出导向下，构建 4 种模型，并分析产出导向与投入导向是否会对规模收益的结果产生影响。

2. 总结归纳 FG 模型和 ST 模型适合的应用场景，并思考一些实际应用中的案例。

3. 请采用 MATLAB 编程复现本章的模型。

第5章 公共权重 DEA 模型

传统的 DEA 模式允许 DMU 使用对自身最有利的权重来衡量最大的效率得分。然而，这种权重选择的灵活性可能会带来效率结果不具可比性和效率区分能力不足的问题。本章将介绍一类基于公共权重 DEA 模型的 DMU 排序方法，即采取一组公共权重，使得所有 DMU 都在同一评价标准下进行相对效率评价，从而使得效率评价结果更公平可信。最后，几种公共权重 DEA 模型被用于评价柔性制造系统。本章内容主要来源于 Hatami-Marbini 等（2015）、Saati 等（2012）和 Kiani Mavi 等（2013）。

5.1 公共权重 DEA 模型方法介绍

由 Charnes 等（1978）提出的最早的 DEA 模型——CCR 模型并不需要确定投入和产出的先验权重集。它是一种用于评价 DMU 相对效率的非参数技术。DEA 框架中，在各单元产出与投入之比不能大于 1 的约束下，通过使被评价 DMU 加权产出之和与加权投入之和最大化来确定投入和产出的权重。投入产出之比的最大值定义为效率值。如果 DMU 的效率值等于 1，我们可以将其视为 DEA 有效，否则视为 DMU 无效。通常，有效的 DMU 被认为比无效的 DMU 表现更好。从传统的 CCR 模型中可以看出，它允许每个 DMU 用对自己最有利的权重来衡量其效率。换句话说，每个 DMU 选择最有利的加权方案，以追求自己的最大效率。一方面，不同 DMU 的效率值可能是参照不同的基准得出的，基准的不同有可能引发对效率结果可比性的担忧。另一方面，允许灵活选择权重将导致多个 DMU 被评价为有效，降低了模型的效率区分能力。

学界解决上述问题的主流方法大致分为两类，一类是交叉效率方法，可以使用与所有 DMU 相关联的交叉效率分数来对 DMU 进行排序。交叉效率 DEA 相关内容可查阅本书第 8 章。但 Kao 和 Hung（2005）则认为这种方法存在缺陷，他们指出它不能利用投入和产出中包含的信息，并且很可能没有一个 DMU 在使用平均权重时是有效的。另一类则是本章将详细介绍的公共权重 DEA 模型方法。获取公共权重的方法居多，例如，Ganley 和 Cubbin（1992）根据最大化 DMU 效率之和提出了确定公共权重的 DEA 模型。Roll 等（1991）、Roll 和 Golany（1993）从不同角度提出了一系列获得共同权重集的方法，如通过无界 DEA 模型得到的不同权重集取平均值，这使所有 DMU 的平均效率最大化，也使 DEA 有效单元数量最大化。Sinuany-Stern 和 Friedman（1998）构造了一个非线性判别分析，以获得所有 DMU 的公共权重。Kao 和 Hung（2005）首先计算了标准的 DEA 模型，得到每个 DMU 要达到的目标，然后根据效率值向量与目标之间的距离最小，选择一组共同的权重。Liu 和 Peng（2008）搜索了一个共同的集合权重来评价每个高效 DMU 的绝对效率，从而对所有高效 DMU 给出一个完整的排名。Jahanshahloo

等（2010）提出了两种方法，通过比较理想线和特殊线来获得有效 DMU 排序的公共权重集。上述公共权重获取方法并未一一列举，读者可根据所需进一步探讨其他方法。Contreras（2020）系统归类了公共权重 DEA 方法，并将其按不同类型梳理为三种主要类别，读者有兴趣可详细查阅。

5.2　不同导向的公共权重 DEA 模型

5.2.1　基于多目标规划的公共权重 DEA 模型

DEA 处理具有多个投入和产出的 DMU 时，允许每个 DMU 选择最有利的权重以使其效率得分最大化。因此，得到的效率分数是每个 DMU 可达到的最佳效率水平。DMU_o 的 CCR 比率模型为

$$
\begin{aligned}
\max \quad & \frac{\sum_{r=1}^{s} u_r y_{ro}}{\sum_{i=1}^{m} v_i x_{io}} \\
\text{s.t.} \quad & \frac{\sum_{r=1}^{s} u_r y_{rj}}{\sum_{i=1}^{m} v_i x_{ij}} \leqslant 1, \qquad j=1,2,\cdots n \\
& u_r, v_i \geqslant \varepsilon > 0, \quad r=1,2,\cdots,s, \quad i=1,2,\cdots,m
\end{aligned}
\tag{5.1}
$$

ε 是一个正的非阿基米德无穷小量，它能保证所有权重为正数，从而使得评价指标均起作用。ε 的求解可以运用 Amin 和 Toloo（2004）的方法，即

$$
\varepsilon = \min\left\{ b^{-1}, q \right\}
\tag{5.2}
$$

其中，$b = \max\left\{ \sum_{i=1}^{m} x_{ij} : j=1,2,\cdots,n \right\}$；$q = \min\left\{ \dfrac{\sum_{i=1}^{m} x_{ij}}{\sum_{r=1}^{s} y_{rj}} : j=1,2,\cdots,n \right\}$。

模型式（5.1）的相对效率是通过为 DMU 的投入和产出分配权重来确定的，以最大化其自身的产出加权和与投入加权和的比率。投入和产出的权重的唯一基本假设是正的。DEA 分数的计算通过求解每个 DMU 的线性规划来获得一组单独的内生权重。由于管理或市场原因、技术或经济需要，个别权重之间的差异可能是不可接受的。Charnes 等（1997）注意到在 DEA 模型中控制权重是必要的，主要有以下四个原因：第一，某些投入和（或）产出在绩效分析中可能完全被忽略，因为与这些投入和（或）产出相关的权重为 0（或 ε）；第二，模型式（5.1）没有考虑决策者的意见；第三，决策者对给定因素的相对重要性有强烈偏好；第四，因子的数量比 DMU 的数量更多。因此，DEA 模型式（5.1）可能对所有 DMU 的识别能力较弱。为了解决上述问题，可以使用公共权重模

型为所有 DMU 赋予公共权重来获取最高效率。Hatami-Marbini 等（2015）给出了一个基于多目标规划的公共权重模型：

$$\max \left\{ \frac{\sum\limits_{r=1}^{s} u_r y_{r1}}{\sum\limits_{i=1}^{m} v_i x_{i1}}, \frac{\sum\limits_{r=1}^{s} u_r y_{r2}}{\sum\limits_{i=1}^{m} v_i x_{i2}}, \cdots, \frac{\sum\limits_{r=1}^{s} u_r y_{rn}}{\sum\limits_{i=1}^{m} v_i x_{in}} \right\}$$

$$\text{s.t.} \quad \frac{\sum\limits_{r=1}^{s} u_r y_{rj}}{\sum\limits_{i=1}^{m} v_i x_{ij}} \leqslant 1, \qquad j=1,2,\cdots,n \tag{5.3}$$

$$u_r, v_i \geqslant \varepsilon, \quad r=1,2,\cdots,s, \quad i=1,2,\cdots,m$$

在模型式（5.3）中，$\dfrac{\sum\limits_{r=1}^{s} u_r y_{rj}}{\sum\limits_{i=1}^{m} v_i x_{ij}}$ 是第 j 个目标函数，该目标函数应尽可能接近单位 1（即完全技术效率）。以 $s_j = \sum\limits_{i=1}^{m} v_i^* x_{ij} - \sum\limits_{r=1}^{s} u_r^* y_{rj}$ 定义一个基于公共权重的投入和产出间的"虚拟差距"，则模型式（5.3）多目标规划可以转化为单目标规划：

$$\min \sum_{j=1}^{n} s_j$$

$$\text{s.t.} \quad \frac{\sum\limits_{r=1}^{s} u_r y_{rj} + s_j}{\sum\limits_{i=1}^{m} v_i x_{ij}} = 1, \qquad j=1,2,\cdots,n \tag{5.4}$$

$$u_r, v_i, s_j \geqslant \varepsilon, \quad r=1,2,\cdots,s, \quad i=1,2,\cdots,m$$

模型式（5.4）可以进一步转化为线性形式：

$$\min \sum_{j=1}^{n} s_j$$

$$\text{s.t.} \quad \sum_{r=1}^{s} u_r y_{rj} - \sum_{i=1}^{m} v_i x_{ij} + s_j = 0, \qquad j=1,2,\cdots,n \tag{5.5}$$

$$u_r, v_i, s_j \geqslant \varepsilon, \quad r=1,2,\cdots,s, \quad i=1,2,\cdots,m$$

设模型式（5.5）取得最优解时的公共权重为 u_r^* 和 v_i^*，则 DMU$_k$ 的效率可以表示为

$$\theta_k = \frac{\sum\limits_{r=1}^{s} u_r^* y_{rk}}{\sum\limits_{i=1}^{m} v_i^* x_{ik}} = 1 - \frac{s_k}{\sum\limits_{i=1}^{m} v_i^* x_{ik}} \tag{5.6}$$

当且仅当 $s_k = 0$ 时，$\theta_k = 1$，则 DMU$_k$ 为 DEA 有效。在使用公共权重 DEA 模型进

行效率评价时，仅需求解一次模型式（5.5），此后将所得公共权重代入模型式（5.6）即可求解出所有 DMU 的效率值。

【例 5.1】假设 5 个 DMU，每个 DMU 存在 1 个投入和 2 个产出，数据如表 5.1 所示。

表 5.1　例 5.1 数据

DMU	(I) x_1	(O) y_1	(O) y_2
A	1	2	4.8
B	1	4	5
C	1	4	4
D	1	5	3
E	1	5	2

根据模型式（5.2）可以计算出 $\varepsilon = 0.1111$。CCR 模型求解过程从略，本节仅展示模型式（5.5）和式（5.6）的求解过程，即

$$\min \quad 0v_1 + 0u_1 + 0u_2 + 1s_1 + 1s_2 + 1s_3 + 1s_4 + 1s_5$$
$$\begin{aligned} \text{s.t.} \quad & -1v_1 + 2u_1 + 4.8u_2 + 1s_1 + 0s_2 + 0s_3 + 0s_4 + 0s_5 = 0 \\ & -1v_1 + 4u_1 + 5u_2 + 0s_1 + 1s_2 + 0s_3 + 0s_4 + 0s_5 = 0 \\ & -1v_1 + 4u_1 + 4u_2 + 0s_1 + 0s_2 + 1s_3 + 0s_4 + 0s_5 = 0 \\ & -1v_1 + 5u_1 + 3u_2 + 0s_1 + 0s_2 + 0_3 + 1s_4 + 0s_5 = 0 \\ & -1v_1 + 5u_1 + 2u_2 + 0s_1 + 0s_2 + 0_3 + 0s_4 + 1s_5 = 0 \\ & v_1, u_1, u_2, s_1, s_2, s_3, s_4, s_5 \geqslant 0.1111 \end{aligned}$$

$$(5.7)$$

最终可以求得取得最优解时的公共权重为 $\left(v_1^*, u_1^*, u_2^*\right) = (1.1111, 0.1111, 0.1111)$。由此可计算出所有 DMU 的效率，如表 5.2 所示。

表 5.2　例 5.1 所有 DMU 的效率

DMU	模型式（5.1）DMU 的效率	模型式（5.6）DMU 的效率
A	0.7556	0.6800
B	1.0000	0.9000
C	0.8889	0.8000
D	0.8889	0.8000
E	0.7778	0.7000

5.2.2　基于投入产出权重边界约束的公共权重 DEA 模型

Saati 等（2012）提出的模型是将投入和产出的权重限制条件（绝对权重边界）引入约束条件中，CRS 情形下的 CCR 模型简化形式为

$$\max \frac{\sum_{r=1}^{s} u_r y_{ro}}{\sum_{i=1}^{m} v_i x_{io}}$$

$$\text{s.t.} \quad \frac{\sum_{r=1}^{s} u_r y_{rj}}{\sum_{i=1}^{m} v_i x_{ij}} \leqslant 1, \qquad j=1,2,\cdots n \tag{5.8}$$

$$U_r^{\mathrm{l}} \leqslant u_r \leqslant U_r^{\mathrm{u}}, \quad r=1,2,\cdots,s$$

$$V_i^{\mathrm{l}} \leqslant v_i \leqslant V_i^{\mathrm{u}}, \quad i=1,2,\cdots,m$$

$$u_r, v_i \geqslant 0$$

线性形式为

$$\max \quad \sum_{r=1}^{s} u_r y_{ro}$$

$$\text{s.t.} \quad \sum_{i=1}^{m} v_i x_{io} = 1$$

$$\sum_{r=1}^{s} u_r y_{rj} - \sum_{i=1}^{m} v_i x_{ij} \leqslant 0, \quad j=1,2,\cdots n \tag{5.9}$$

$$U_r^{\mathrm{l}} \leqslant u_r \leqslant U_r^{\mathrm{u}}, \qquad r=1,2,\cdots,s$$

$$V_i^{\mathrm{l}} \leqslant v_i \leqslant V_i^{\mathrm{u}}, \qquad i=1,2,\cdots,m$$

$$u_r, v_i \geqslant 0$$

其中，U_r^{l} 和 U_r^{u} 分别是产出权重的下界和上界；V_i^{l} 和 V_i^{u} 分别是投入权重的下界和上界，它们都是正数。该模型是在确定的公共边界内确定最有利的内生投入和产出权重。换句话说，限制权重可能反映了评估者或组织的偏好，但在定义权重限制时需要仔细分析。这样做既能保证对结果的经济解释，又能避免模型式（5.9）出现不可行性的情况，同时也能为绩效评价中的外生临时干预提供合理依据。此外，使用权重限制还有一个优势，就是可以增强模型的判别能力。

接下来，可以通过模型式（5.10）和式（5.11）分别获得产出和投入权重的上界：

$$\max \quad u_r$$

$$\text{s.t.} \quad \sum_{i=1}^{m} v_i x_{ij} \leqslant 1$$

$$\sum_{r=1}^{s} u_r y_{rj} - \sum_{i=1}^{m} v_i x_{ij} \leqslant 0, \quad j=1,2,\cdots n \tag{5.10}$$

$$u_r \geqslant 0, \qquad r=1,2,\cdots,s$$

$$v_i \geqslant 0, \qquad i=1,2,\cdots,m$$

$$\max \quad v_i$$

$$\text{s.t.} \quad \sum_{i=1}^{m} v_i x_{ij} \leqslant 1$$

$$\sum_{r=1}^{s} u_r y_{rj} - \sum_{i=1}^{m} v_i x_{ij} \leqslant 0, \quad j=1,2,\cdots n$$
$$u_r \geqslant 0, \qquad\qquad r=1,2,\cdots,s \qquad\qquad (5.11)$$
$$v_i \geqslant 0, \qquad\qquad i=1,2,\cdots,m$$

也能够使用式（5.12）确定产出和投入权重的上界：

$$U_r^{\mathrm{u}} = \left(\max_{j=1,2,\cdots,n} \left\{ y_{rj} \right\} \right)^{-1}, \quad r=1,2,\cdots,s$$
$$V_i^{\mathrm{u}} = \left(\max_{j=1,2,\cdots,n} \left\{ x_{ij} \right\} \right)^{-1}, \quad i=1,2,\cdots,m \qquad\qquad (5.12)$$

为了得到公共权重，模型式（5.13）利用了权重边界的中心值：

$$\begin{aligned} \max \quad & \phi \\ \text{s.t.} \quad & \sum_{r=1}^{s} u_r y_{rj} - \sum_{i=1}^{m} v_i x_{ij} \leqslant 0, \quad j=1,2,\cdots n \\ & U_r^1 + \phi \left(U_r^{\mathrm{u}} - U_r^1 \right) \leqslant u_r \leqslant U_r^{\mathrm{u}} - \phi \left(U_r^{\mathrm{u}} - U_r^1 \right), \quad r=1,2,\cdots,s \\ & V_i^1 + \phi \left(V_i^{\mathrm{u}} - V_i^1 \right) \leqslant v_i \leqslant V_i^{\mathrm{u}} - \phi \left(V_i^{\mathrm{u}} - V_i^1 \right), \quad i=1,2,\cdots,m \end{aligned} \qquad (5.13)$$

模型式（5.13）根据中心值方法在投入和产出权重上定义了一组有界约束。ϕ 的取值为 $0 \sim 0.5$。如果 $\phi=0$，则 $U_r^1 \leqslant u_r \leqslant U_r^{\mathrm{u}}$，$V_i^1 \leqslant v_i \leqslant V_i^{\mathrm{u}}$；如果 $\phi=0.5$，则 $u_r = \left(U_r^{\mathrm{u}} + U_r^1 \right)/2$，$v_i = \left(V_i^{\mathrm{u}} - V_i^1 \right)/2$。基于此，所有权重都位于各自边界的中间。假设模型式（5.13）中的 U_r^1 和 V_i^1 等于 0，U_r^{u} 和 V_i^{u} 由式（5.12）计算所得，则模型式（5.13）可简化为

$$\begin{aligned} \max \quad & \phi \\ \text{s.t.} \quad & \sum_{r=1}^{s} u_r y_{rj} - \sum_{i=1}^{m} v_i x_{ij} \leqslant 0, \quad j=1,2,\cdots n \\ & \phi U_r^{\mathrm{u}} \leqslant u_r \leqslant (1-\phi) U_r^{\mathrm{u}}, \quad r=1,2,\cdots,s \\ & \phi V_i^{\mathrm{u}} \leqslant v_i \leqslant (1-\phi) V_i^{\mathrm{u}}, \quad i=1,2,\cdots,m \end{aligned} \qquad (5.14)$$

此后，可以通过模型式（5.14）确定公共权重，任意一个 DMU$_j$ 的效率可通过模型式（5.15）求得

$$e_j = \frac{\sum\limits_{r=1}^{s} u_r^* y_{rj}}{\sum\limits_{i=1}^{m} v_i^* x_{ij}}, \quad j=1,2,\cdots,n \qquad\qquad (5.15)$$

【例 5.2】使用例 5.1 的数据，对 Saati 等（2012）的基于投入产出权重边界约束的公共权重 DEA 模型进行算例演示。

第一步：通过等模型式（5.12）求得

$$\max\left\{y_{rj}\right\}=\{5,5\}$$
$$U_1^u=\frac{1}{5}=0.2,U_2^u=\frac{1}{5}=0.2$$
$$\max\left\{x_{ij}\right\}=1$$
$$V_1^u=\frac{1}{1}=1$$

(5.16)

第二步：根据模型式（5.14）确定公共权重

$$\max\quad 0v_1+0u_1+0u_2+1\phi$$
$$\text{s.t.}\quad -1v_1+2u_1+4.8u_2+0\phi\leqslant0$$
$$-1v_1+4u_1+5u_2+0\phi\leqslant0$$
$$-1v_1+4u_1+4u_2+0\phi\leqslant0$$
$$-1v_1+5u_1+3u_2+0\phi\leqslant0$$
$$-1v_1+5u_1+2u_2+0\phi\leqslant0$$
$$0v_1-1u_1-0u_2+0.2\phi\leqslant0$$
$$0v_1-0u_1-1u_2+0.2\phi\leqslant0$$
$$0v_1+1u_1+0u_2+0.2\phi\leqslant0.2$$
$$0v_1+0u_1+1u_2+0.2\phi\leqslant0.2$$
$$-1v_1+0u_1+0u_2+\phi\leqslant0$$
$$1v_1+0u_1+0u_2+\phi\leqslant1$$

(5.17)

可求得 $\left(v_1^*,u_1^*,u_2^*\right)=(0.6429,0.0714,0.0714)$ 。

第三步：将 $\left(v_1^*,u_1^*,u_2^*\right)=(0.6429,0.0714,0.0714)$ 代入模型式（5.15）求得所有 DMU 的效率，如表 5.3 所示。

表 5.3　例 5.2 所有 DMU 的效率

DMU	模型式（5.15）DMU 的效率
A	0.7556
B	1.0000
C	0.8889
D	0.8889
E	0.7778

5.2.3　基于虚拟的理想 DMU 的公共权重 DEA 模型

Kiani Mavi 等（2013）提出了一个基于虚拟的理想 DMU 的公共权重 DEA 模型。该

方法的思路是选择每一行投入矩阵的最小数据作为虚拟理想 DMU 的投入,选择每一行产出矩阵的最大数据作为虚拟理想 DMU 的产出,从而构造一个理想的 DMU 作为参考点。假设理想的 DMU 表示为 $\overline{\mathrm{DMU}}=(\overline{\boldsymbol{X}},\overline{\boldsymbol{Y}})$,其中, $\overline{x}_i=\min\left\{x_{ij}\,|\,j=1,2,\cdots,n\right\}(i=1,2,\cdots,m)$, $\overline{y}_r=\max\left\{y_{rj}\,|\,j=1,2,\cdots,n\right\}(r=1,2,\cdots,s)$ 。理想 DMU 必定位于有效前沿面之上,其效率值为 1。因此,给定一组权重 $\left(v_i',u_r'\right)$,DMU_A 将与理想 DMU 在横轴和纵轴上形成一个虚拟差距(图 5.1),分别定义为 $\varDelta_A^{\mathrm{I}}=\sum_{i=1}^m v_i x_{iA}-\sum_{i=1}^m v_i x_{\min}$, $\varDelta_A^{\mathrm{R}}=\sum_{r=1}^s u_r y_{\max}-\sum_{r=1}^s u_r y_{rA}$ 。当然,有多个 DMU 存在,我们的目的是确定一组最优的权重 $\left(v_i^*,u_r^*\right)$,使得所有 DMU 与 $\overline{\mathrm{DMU}}$ 的虚拟差距的和最小,也就是 $\min\sum_{j=1}^n\left(\varDelta_A^{\mathrm{I}}+\varDelta_A^{\mathrm{R}}\right)$ 。

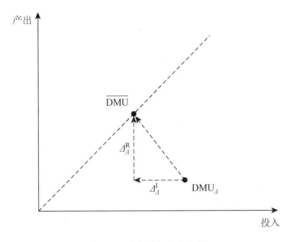

图 5.1　虚拟差距示意图

Kiani Mavi 等(2013)给出的线性表达式为

$$\begin{aligned}
\min\quad & \sum_{j=1}^n\left(\sum_{i=1}^m v_i x_{ij}-\sum_{i=1}^m v_i x_{\min}\right)+\sum_{j=1}^n\left(\sum_{r=1}^s u_r y_{\max}-\sum_{r=1}^s u_r y_{rj}\right)\\
\mathrm{s.t.}\quad & \sum_{i=1}^m v_i x_{ij}-\sum_{r=1}^s u_r y_{rj}\geqslant 0,\quad j=1,2,\cdots,n\\
& \sum_{i=1}^m v_i x_{\min}=1,\qquad\qquad i=1,2,\cdots,m\\
& \sum_{r=1}^s u_r y_{\max}=1,\qquad\qquad r=1,2,\cdots,s\\
& v_i,u_r>0
\end{aligned}\tag{5.18}$$

通过求解模型式(5.18)可以获得一组公共权重 $\left(v_i^*,u_r^*\right)$,将其代入模型式(5.19)即可求解所有 DMU 的效率。

$$e_j = \frac{\sum\limits_{r=1}^{s} u_r^* y_{rj}}{\sum\limits_{i=1}^{m} v_i^* x_{ij}}, \quad j = 1, 2, \cdots, n \tag{5.19}$$

【例5.3】假设有10个DMU，每个DMU存在2个投入和2个产出，数据如表5.4所示。

表5.4　例5.3数据

DMU	(I) x_1	(I) x_2	(O) y_1	(O) y_2
A	20	11	8	30
B	11	40	21	20
C	32	30	34	40
D	21	30	18	50
E	20	11	6	17
F	12	43	23	58
G	7	45	28	30
H	31	45	40	20
I	19	22	27	23
J	32	11	38	45

第一步：首先确定投入的最小值及产出的最大值，$x_{1\min} = 7$，$x_{2\min} = 11$，$y_{1\max} = 40$，$y_{2\max} = 58$。

第二步：根据模型式（5.18）求解公共权重，由于算例演算公式内容冗长，此处未展示，读者可根据公式自行写出形如模型式（5.17）的表达式。最终求解得到 $\left(v_1^*, v_2^*, u_1^*, u_2^*\right) = (0, 0.909, 0.0250, 0)$。

第三步：将公共权重代入 $e_j = \dfrac{\sum\limits_{r=1}^{s} u_r^* y_{rj}}{\sum\limits_{i=1}^{m} v_i^* x_{ij}}, j = 1, 2, \cdots, n$，求得所有DMU的效率，其结果如表5.5所示。

表5.5　例5.3所有DMU的效率

DMU	模型式（5.18）DMU的效率
A	0.2000
B	0.1444
C	0.3117
D	0.1650
E	0.1500
F	0.1471

DMU	模型式（5.18）DMU 的效率
G	0.1711
H	0.2444
I	0.3375
J	0.9500

5.3　公共权重 DEA 模型在银行评价中的应用

如表 5.6 所示，以伊朗的 20 家银行分支机构为对象。每个银行有 2 个投入：X_1 人员数量和 X_2 计算机总数；2 个产出：Y_1 保单数量和 Y_2 收入，数据来源于 Kiani Mavi 等（2013）。

表 5.6　伊朗的 20 家银行分支机构投入产出数据

银行编号	X_1	X_2	Y_1	Y_2
1	96	86	30	145
2	75	88	0.001	175
3	77	85	11	113
4	91	93	10	128
5	89	83	9	101
6	102	97	7	82
7	96	90	47	154
8	85	92	11	54
9	106	84	43	179
10	107	95	9	117
11	94	78	81	37
12	78	89	11	124
13	102	107	30	185
14	82	92	28	51
15	77	92	6	28
16	89	85	15	85
17	84	104	15	109
18	94	91	13	72
19	97	95	13	129
20	82	100	29	150

使用本章的模型计算所有银行的效率，结果如表 5.7 所示。

表 5.7　效率评价结果

银行编号	模型式 (5.6)	模型式 (5.15)	模型式 (5.18)
1	0.8259	0.6785	0.7109
2	0.9391	0.6210	0.8385
3	0.6668	0.4931	0.5605
4	0.6499	0.4741	0.5803
5	0.5508	0.4088	0.5131
6	0.3857	0.2848	0.3564
7	0.9310	0.8127	0.7214
8	0.3195	0.2585	0.2475
9	0.9955	0.8439	0.8985
10	0.5355	0.3939	0.5193
11	0.5863	0.7465	0.2000
12	0.7058	0.5165	0.5874
13	0.8930	0.7016	0.7290
14	0.3959	0.3821	0.2337
15	0.1762	0.1427	0.1283
16	0.4958	0.3964	0.4216
17	0.5790	0.4407	0.4419
18	0.3967	0.3179	0.3336
19	0.6391	0.4780	0.5725
20	0.8625	0.6872	0.6324

习　　题

1. 公共权重 DEA 的核心要义是什么？它们具有什么特点？

2. 比较分析本章提出的模型的异同点。

3. 还有哪些求取公共权重的方法？请归纳并分类总结当前学界的主要方法。

4. 请思考公共权重 DEA 的应用领域有哪些。

5. 尝试采用 MATLAB 对上述模型进行编程并验证相关算例及应用。

第6章 SBM 模型

DEA 中有两种类型的模型：径向模型和非径向模型。以 CCR 和 BCC 为代表的径向模型要求投入或产出按等比例缩小或放大，以使 DMU 达到有效。以基于松弛测算（slack based measure，SBM）模型为代表的非径向模型将投入或产出的松弛变量直接放入目标函数中，不再要求投入或产出的同比例变化。本章主要介绍 SBM 模型及其扩展模型，内容主要参考 Tone（2001）。

6.1 SBM 模型方法介绍

DEA 中有两种类型的模型：径向模型和非径向模型。径向模型（如 CCR 和 BCC 模型）假设投入或产出同比例变化。因此，径向模型的效率值反映了投入（或产出）最大减少（或扩大）的比例。然而，在现实中，DMU 并不一定要求所有的投入（或产出）都按比例变化。另外，径向模型在效率评价的过程中忽略了投入和产出的松弛变量。也就是说，虽然径向模型得到了投入（或产出）最大减少（或扩大）的比率，但投入和产出往往还存在可以继续改进的非径向松弛值。如果这些松弛值在评价效率方面具有重要作用，那么径向模型的效率值存在高估问题。

基于非径向视角的 SBM 模型摒弃了投入和产出的同比例变化假设，直接将松弛变量引入目标函数中以优化投入和产出。SBM 模型具有两个特点：一是效率值不受投入产出单位影响；二是效率值与松弛值存在单调递减关系。

6.2 不同导向的 SBM 模型

6.2.1 松弛变量的定义

DMU 的生产可能集为

$$P = \left\{ (\boldsymbol{x}, \boldsymbol{y}) \middle| \boldsymbol{x} \geqslant \sum_{j=1}^{n} \lambda_j \boldsymbol{x}_j, \boldsymbol{0} \leqslant \boldsymbol{y} \leqslant \sum_{j=1}^{n} \lambda_j \boldsymbol{y}_j, \boldsymbol{\lambda} \geqslant \boldsymbol{0} \right\} \tag{6.1}$$

式（6.1）中的不等式可以通过引入松弛变量转化为等式，即

$$\boldsymbol{x} = \sum_{j=1}^{n} \lambda_j \boldsymbol{x}_j + \boldsymbol{s}^-$$

$$\boldsymbol{y} = \sum_{j=1}^{n} \lambda_j \boldsymbol{y}_j - \boldsymbol{s}^+ \tag{6.2}$$

$$\boldsymbol{s}^- \geqslant \boldsymbol{0}, \quad \boldsymbol{s}^+ \geqslant \boldsymbol{0}$$

其中，$\boldsymbol{s}^{-} = \left(s_1^{-}, s_2^{-}, \cdots, s_m^{-}\right)^{\mathrm{T}} \in \mathbf{R}^m$ 和 $\boldsymbol{s}^{+} = \left(s_1^{+}, s_2^{+}, \cdots, s_s^{+}\right)^{\mathrm{T}} \in \mathbf{R}^s$ 分别是投入松弛变量和产出松弛变量。

6.2.2 投入导向型 SBM 模型

CRS 假设下，投入导向型模型（SBM$_{\mathrm{I}}$）如下：

$$\rho_{\mathrm{I}} = \min 1 - \frac{1}{m} \sum_{i=1}^{m} \frac{s_i^{-}}{x_{io}}$$

$$\text{s.t.} \quad x_{io} = \sum_{j=1}^{n} x_{ij} \lambda_j + s_i^{-}, \quad i = 1, \cdots, m$$

$$y_{ro} = \sum_{j=1}^{n} y_{rj} \lambda_j - s_r^{+}, \quad r = 1, \cdots, s \tag{6.3}$$

$$\lambda_j \geqslant 0, s_i^{-} \geqslant 0, s_r^{+} \geqslant 0$$

其中，ρ_{I} 是 $\mathrm{DMU}_o = (\boldsymbol{x}_o, \boldsymbol{y}_o)$ 在投入导向型 SBM 模型下求得的效率。令模型式（6.3）的最优解为 $\left(\boldsymbol{\lambda}^{*}, \boldsymbol{s}^{-*}, \boldsymbol{s}^{+*}\right)$，如果 $\rho_{\mathrm{I}}^{*} = 1$，则 $\mathrm{DMU}_o = (\boldsymbol{x}_o, \boldsymbol{y}_o)$ 称为 SBM 投入有效。这意味着 $\boldsymbol{s}^{-*} = \boldsymbol{0}$，即所有投入松弛均为零。然而，产出松弛可能为非零。$\mathrm{DMU}_o = (\boldsymbol{x}_o, \boldsymbol{y}_o)$ 在 SBM$_{\mathrm{I}}$ 模型下的投影为

$$(\bar{\boldsymbol{x}}_o, \bar{\boldsymbol{y}}_o)_{\mathrm{I}} = \left(\boldsymbol{x}_o - \boldsymbol{s}^{-*}, \boldsymbol{y}_o + \boldsymbol{s}^{+*}\right) \tag{6.4}$$

【例 6.1】假设有 4 个 DMU，每个 DMU 存在 2 个投入和 2 个产出，数据如表 6.1 所示。

表 6.1　例 6.1 数据

DMU	(I) x_1	(I) x_2	(O) y_1	(O) y_2
A	4	3	1	2
B	14	6	2	6
C	24	3	3	12
D	20	2	2	6

根据投入导向型 SBM 模型，DMU_B 的效率计算如下：

$$\rho_{\mathrm{I}}^{B} = \min 1 - \frac{1}{2}\left(\frac{s_1^{-}}{14} + \frac{s_2^{-}}{6}\right)$$

$$\text{s.t.} \quad 14 = 4\lambda_1 + 14\lambda_2 + 24\lambda_3 + 20\lambda_4 + s_1^{-}$$

$$6 = 3\lambda_1 + 6\lambda_2 + 3\lambda_3 + 2\lambda_4 + s_2^{-}$$

$$2 = 1\lambda_1 + 2\lambda_2 + 3\lambda_3 + 2\lambda_4 - s_1^{+} \tag{6.5}$$

$$6 = 2\lambda_1 + 6\lambda_2 + 12\lambda_3 + 6\lambda_4 - s_2^{+}$$

$$\lambda_1, \lambda_2, \lambda_3, \lambda_4 \geqslant 0$$

$$s_1^{-}, s_2^{-}, s_1^{+}, s_2^{+} \geqslant 0$$

求解式（6.5）可得到 DMU_B 的效率值为 0.75，投入松弛值为（0, 3），产出松弛值为（0, 1）。

同样的过程重复 6 次，得到所有 DMU 的效率和松弛结果，如表 6.2 所示。

表 6.2　例 6.1 的投入导向型 SBM 模型结果

DMU	模型式（6.3）的效率	s_1^-	s_2^-	s_1^+	s_2^+
A	1.0000	0.0000	0.0000	0.0000	0.0000
B	0.7500	0.0000	3.0000	0.0000	1.0000
C	1.0000	0.0000	0.0000	0.0000	0.0000
D	0.9000	4.0000	0.0000	0.0000	2.0000

DMU_A 和 DMU_C 被认为是 SBM 投入有效的，DMU_B 和 DMU_D 被认为是 SBM 投入无效的。无效的 DMU 的投影分别为（14, 3, 2, 7）和（16, 2, 2, 8）。

6.2.3　产出导向型 SBM 模型

CRS 假设下，产出导向型模型（SBM_O）为

$$\frac{1}{\rho_o} = \max 1 + \frac{1}{s}\sum_{r=1}^{s}\frac{s_r^+}{y_{ro}}$$

$$\text{s.t.}\quad x_{io} = \sum_{j=1}^{n}\lambda_j x_{ij} + s_i^-,\quad i = 1,\cdots,m \tag{6.6}$$

$$y_{ro} = \sum_{j=1}^{n}\lambda_j y_{rj} - s_r^+,\quad r = 1,\cdots,s$$

$$\lambda_j \geqslant 0, s_i^- \geqslant 0, s_r^+ \geqslant 0$$

令式（6.6）的最优解为 $\left(\boldsymbol{\lambda}^*, \boldsymbol{s}^{-*}, \boldsymbol{s}^{+*}\right)$，如果 $\dfrac{1}{\rho_o^*} = 1$ 成立，则 $DMU_o = (\boldsymbol{x}_o, \boldsymbol{y}_o)$ 称为 SBM 产出有效。这意味着 $\boldsymbol{s}^{+*} = \boldsymbol{0}$，即所有产出松弛均为零。然而，投入松弛可能为非零。

$DMU_o = (\boldsymbol{x}_o, \boldsymbol{y}_o)$ 在 SBM_O 模型下的投影定义为

$$\left(\overline{\boldsymbol{x}}_o, \overline{\boldsymbol{y}}_o\right)_O = \left(\boldsymbol{x}_o - \boldsymbol{s}^{-*}, \boldsymbol{y}_o + \boldsymbol{s}^{+*}\right) \tag{6.7}$$

6.2.4　无导向型 SBM 模型

模型式（6.3）和式（6.6）从投入或产出视角评价了 DMU 的效率。现实中需要同时对投入和产出进行优化，此种情形下的模型称为无导向或双向 SBM：

$$\rho_o = \min \frac{1 - (1/m)\sum_{i=1}^{m}\left(s_i^- / x_{io}\right)}{1 + (1/s)\sum_{r=1}^{s}\left(s_r^+ / y_{ro}\right)}$$

$$\text{s.t.} \quad x_{io} = \sum_{j=1}^{n}\lambda_j x_{ij} + s_i^-, \quad i=1,\cdots,m \qquad (6.8)$$

$$y_{ro} = \sum_{j=1}^{n}\lambda_j y_{rj} - s_r^+, \quad r=1,\cdots,s$$

$$\lambda_j \geqslant 0, s_i^- \geqslant 0, s_r^+ \geqslant 0$$

如果 $\rho_o^* = 1$，则 $\text{DMU}_o = (\boldsymbol{x}_o, \boldsymbol{y}_o)$ 称为 SBM 有效。这意味着 $\boldsymbol{s}^{-*} = \boldsymbol{0}$ 且 $\boldsymbol{s}^{+*} = \boldsymbol{0}$，即所有投入松弛和产出松弛均为零。

模型式（6.8）为非线性，通过 Charnes-Cooper 变换可转化为线性模型，步骤如下。

步骤 1：令 $\dfrac{1}{1 + (1/s)\sum_{r=1}^{s}\left(s_r^+ / y_{ro}\right)} = t$，则 $ts_r^+ = S_r^+ (r=1,2,\cdots,s)$、$ts_i^- = S_i^- (i=1,2,\cdots,m)$ 和 $t\lambda_j = \mu_j (j=1,2,\cdots,n)$。

步骤 2：基于步骤 1，模型式（6.8）转化为

$$\delta_o = \min t - \frac{1}{m}\sum_{i=1}^{m}\left(S_i^- / x_{io}\right)$$

$$\text{s.t.} \quad t + \frac{1}{s}\sum_{r=1}^{s}\left(S_r^+ / y_{ro}\right) = 1$$

$$tx_{io} = \sum_{j=1}^{n}\mu_j x_{ij} + S_i^-, \quad i=1,\cdots,m \qquad (6.9)$$

$$ty_{ro} = \sum_{j=1}^{n}\mu_j y_{rj} - S_r^+, \quad r=1,\cdots,s$$

$$t \geqslant 0, \mu_j \geqslant 0, S_i^- \geqslant 0, S_r^+ \geqslant 0$$

步骤 3：令模型式（6.9）的最优解为 $\left(\delta^*, t^*, \mu_j^*, S_i^{-*}, S_r^{+*}\right)$，则可以得到模型式（6.8）的最优解：

$$\rho_o^* = \delta_o^*, \quad \lambda_j^* = \frac{\mu_j^*}{t^*}, \quad s_i^{-*} = \frac{S_i^{-*}}{t^*}, \quad s_r^{+*} = \frac{S_r^{+*}}{t^*} \qquad (6.10)$$

$\text{DMU}_o = (\boldsymbol{x}_o, \boldsymbol{y}_o)$ 在无导向 SBM 模型下的投影定义为

$$(\overline{\boldsymbol{x}}_o, \overline{\boldsymbol{y}}_o) = \left(\boldsymbol{x}_o - \boldsymbol{s}^{-*}, \boldsymbol{y}_o + \boldsymbol{s}^{+*}\right) \qquad (6.11)$$

【例 6.2】假设有 6 个 DMU，每个 DMU 存在 2 个投入和 2 个产出，数据如表 6.3 所示。

表 6.3 例 6.2 数据

DMU	(I) x_1	(I) x_2	(O) y_1	(O) y_2
A	4	3	1	2
B	14	6	2	6

续表

DMU	（I）x_1	（I）x_2	（O）y_1	（O）y_2
C	24	3	3	12
D	20	2	2	6
E	48	4	4	16
F	50	7.5	5	30

将 DMU_B 和其他 DMU 的数据代入模型式（6.9），得到

$$\rho^B = \min t - \frac{1}{2}\left(\frac{S_1^-}{14} + \frac{S_2^-}{6}\right)$$

$$\text{s.t.} \quad t + \frac{1}{2}\left(\frac{S_1^+}{2} + \frac{S_2^+}{6}\right) = 1$$

$$14t = 4\mu_1 + 14\mu_2 + 24\mu_3 + 20\mu_4 + 48\mu_5 + 50\mu_6 + S_1^-$$

$$6t = 3\mu_1 + 6\mu_2 + 3\mu_3 + 2\mu_4 + 4\mu_5 + 7.5\mu_6 + S_2^-$$

$$2t = 1\mu_1 + 2\mu_2 + 3\mu_3 + 2\mu_4 + 4\mu_5 + 5\mu_6 - S_1^+ \qquad (6.12)$$

$$6t = 2\mu_1 + 6\mu_2 + 12\mu_3 + 6\mu_4 + 16\mu_5 + 30\mu_6 - S_2^+$$

$$t \geqslant 0$$

$$\mu_1, \mu_2, \mu_3, \mu_4, \mu_5, \mu_6 \geqslant 0$$

$$S_1^-, S_2^-, S_1^+, S_2^+ \geqslant 0$$

求解式（6.12）得到 DMU_B 的最优解 $(\delta^*, t^*, S_i^{-*}, S_r^{+*}) = (0.6923, 0.9231, 0, 2.7629, 0,$ $0.9231)$，则 DMU_B 在模型式（6.8）下的最优解为

$$\rho_o^* = 0.6923, \; s_1^{-*} = \frac{S_1^{-*}}{t^*} = \frac{0}{0.9231} = 0, \; s_2^{-*} = \frac{S_2^{-*}}{t^*} = \frac{2.7692}{0.9231} = 3$$

$$s_1^{+*} = \frac{S_1^{+*}}{t^*} = \frac{0}{0.9231} = 0, \quad s_2^{+*} = \frac{S_2^{+*}}{t^*} = \frac{0.9231}{0.9231} = 1 \qquad (6.13)$$

同理，可以计算得到所有 DMU 的最优解。表 6.4 为例 6.2 的 6 个 DMU 在模型式（6.9）下的最优解。

表 6.4　例 6.2 在模型式（6.9）下的最优解

DMU	模型式（6.9）的效率	S_1^-	S_2^-	S_1^+	S_2^+	t
A	1.0000	0.0000	0.0000	0.0000	0.0000	1.0000
B	0.6923	0.0000	2.7692	0.0000	0.9231	0.9231
C	1.0000	0.0000	0.0000	0.0000	0.0000	1.0000
D	0.7714	3.4286	0.0000	0.0000	1.7143	0.8571
E	0.8333	16.0000	0.0000	0.0000	0.0000	1.0000
F	1.0000	0.0000	0.0000	0.0000	0.0000	1.0000

基于式（6.10），6 个 DMU 在模型式（6.8）下的最优解如表 6.5 所示。

表 6.5   例 6.2 在模型式（6.8）下的最优解

DMU	模型式（6.8）的效率	S_1^-	S_2^-	S_1^+	S_2^+
A	1.0000	0.0000	0.0000	0.0000	0.0000
B	0.6923	0.0000	3.0000	0.0000	1.0000
C	1.0000	0.0000	0.0000	0.0000	0.0000
D	0.7714	4.0000	0.0000	0.0000	2.0000
E	0.8333	16.0000	0.0000	0.0000	0.0000
F	1.0000	0.0000	0.0000	0.0000	0.0000

6.2.5   加权 SBM 模型

在模型式（6.8）的目标函数中，根据投入和产出指标的相对重要性，赋予投入和产出松弛的权重后，加权 SBM 模型为

$$\rho_o = \min \frac{1 - (1/m)\sum_{i=1}^{m}\left(w_i^- s_i^- / x_{io}\right)}{1 + (1/s)\sum_{r=1}^{s}\left(w_r^+ s_r^+ / y_{ro}\right)}$$

$$\text{s.t.} \quad x_{io} = \sum_{j=1}^{n}\lambda_j x_{ij} + s_i^-, \quad i = 1,\cdots,m \qquad (6.14)$$

$$y_{ro} = \sum_{j=1}^{n}\lambda_j y_{rj} - s_r^+, \quad r = 1,\cdots,s$$

$$\lambda_j \geqslant 0, s_i^- \geqslant 0, s_r^+ \geqslant 0$$

其中，$\sum_{i=1}^{m} w_i^- = m$；$\sum_{r=1}^{m} w_r^+ = s$。权重应该反映出决策者对投入产出指标重视的程度。如果 $w_i^- = \frac{1}{m}$ 且 $w_r^+ = \frac{1}{s}$，此时加权 SBM 模型即为 6.2.4 节中的无导向 SBM 模型。基于无导向型 SBM 的线性化步骤，模型式（6.14）可以转化为线性模型后求解。

【例 6.3】假设有 6 个 DMU，每个 DMU 存在 2 个投入和 2 个产出，数据如表 6.6 所示。

表 6.6   例 6.3 数据

DMU	(I) x_1	(I) x_2	(O) y_1	(O) y_2
A	4	10	5	2
B	14	7	2	4
C	24	9	3	4
D	20	12	3	4
E	22	17	4	5
F	24	16	3	4

假设投入权重为（1.2，0.8），产出权重为（1，1），则 DMU_F 的效率计算如下：

$$\rho_o = \min \frac{1 - \dfrac{1}{2}\left(\dfrac{1.2s_1^-}{24} + \dfrac{0.8s_2^-}{16}\right)}{1 + \dfrac{1}{2}\left(\dfrac{s_1^+}{3} + \dfrac{s_2^+}{4}\right)}$$

$$\begin{aligned}
\text{s.t.} \quad & 24 = 4\lambda_1 + 14\lambda_2 + 24\lambda_3 + 20\lambda_4 + 22\lambda_5 + 24\lambda_6 + s_1^- \\
& 16 = 10\lambda_1 + 7\lambda_2 + 9\lambda_3 + 12\lambda_4 + 17\lambda_5 + 16\lambda_6 + s_2^- \\
& 3 = 5\lambda_1 + 2\lambda_2 + 3\lambda_3 + 3\lambda_4 + 4\lambda_5 + 3\lambda_6 - s_1^+ \\
& 4 = 2\lambda_1 + 4\lambda_2 + 4\lambda_3 + 4\lambda_4 + 5\lambda_5 + 4\lambda_6 - s_2^+ \\
& \lambda_1, \lambda_2, \lambda_3, \lambda_4, \lambda_5, \lambda_6 \geqslant 0 \\
& s_1^-, s_2^-, s_1^+, s_2^+ \geqslant 0
\end{aligned} \tag{6.15}$$

式（6.15）可以转化为线性形式：

$$\rho_F = \min t - \frac{1}{2}\left(\frac{1.2S_1^-}{24} + \frac{0.8S_2^-}{16}\right)$$

$$\begin{aligned}
\text{s.t.} \quad & t + \frac{1}{2}\left(\frac{S_1^+}{3} + \frac{S_2^+}{4}\right) = 1 \\
& 24t = 4\mu_1 + 14\mu_2 + 24\mu_3 + 20\mu_4 + 22\mu_5 + 24\mu_6 + S_1^- \\
& 16t = 10\mu_1 + 7\mu_2 + 9\mu_3 + 12\mu_4 + 17\mu_5 + 16\mu_6 + S_2^- \\
& 3t = 5\mu_1 + 2\mu_2 + 3\mu_3 + 3\mu_4 + 4\mu_5 + 3\mu_6 - S_1^+ \\
& 4t = 2\mu_1 + 4\mu_2 + 4\mu_3 + 4\mu_4 + 5\mu_5 + 4\mu_6 - S_2^+ \\
& \mu_1, \mu_2, \mu_3, \mu_4, \mu_5, \mu_6 \geqslant 0 \\
& t, S_1^-, S_2^-, S_1^+, S_2^+ \geqslant 0
\end{aligned} \tag{6.16}$$

求解式（6.16）得到 DMU_F 的效率为 0.3679。

假设产出权重为（1，1），投入权重分别从（0.2，1.8）、（0.4，1.6）变化至（1.8，0.2），所有 DMU 的效率变化结果如表 6.7 所示。

表 6.7　例 6.3 数据结果

w_1^- 权重		0.2	0.4	0.6	0.8	1	1.2	1.4	1.6	1.8
w_2^- 权重		1.8	1.6	1.4	1.2	1	0.8	0.6	0.4	0.2
效率变化	A	1.0000	1.0000	1.0000	1.0000	1.0000	1.0000	1.0000	1.0000	1.0000
	B	1.0000	1.0000	1.0000	1.0000	1.0000	1.0000	1.0000	1.0000	1.0000
	C	0.9159	0.8753	0.8315	0.7877	0.7438	0.7000	0.6562	0.6123	0.5685
	D	0.7120	0.6811	0.6503	0.6194	0.5886	0.5577	0.5269	0.4960	0.4651
	E	0.6649	0.6388	0.6127	0.5867	0.5606	0.5345	0.5084	0.4823	0.4562
	F	0.5358	0.5022	0.4686	0.4350	0.4015	0.3679	0.3343	0.3007	0.2672

随着 w_1^- 增加和 w_2^- 减少，DMU_C、DMU_D、DMU_E 和 DMU_F 的效率值逐渐降低，DMU_A 和 DMU_B 始终有效。

6.2.6 进一步扩展

现实中 DMU 可能存在负数的情形，如负利润，如何评价含有负数 DMU 的效率是一个有现实意义的问题。在 SBM 模型中，负数据对评价方案影响重大，因为 s_i^- / x_{io} 和（或）s_r^+ / y_{ro} 会失去作为松弛率的意义。根据实际情况，投入应该是正的，因为负向投入产生正向产出的情形在现实中不太可能存在。负产出数据在效率评价的过程中发挥着应有的作用。无导向 SBM 模型的目标函数为

$$\min \rho = \frac{1 - (1/m)\sum_{i=1}^{m} s_i^- / x_{io}}{1 + (1/s)\sum_{r=1}^{s} s_r^+ / y_{ro}} \tag{6.17}$$

假设 $y_{ro} < 0$，$\overline{y}_r^+$ 和 $\underline{y}_r^+$ 定义为

$$\overline{y}_r^+ = \max_{j=1,\cdots,n} \left\{ y_{rj} \big| y_{rj} > 0 \right\}$$
$$\underline{y}_r^+ = \min_{j=1,\cdots,n} \left\{ y_{rj} \big| y_{rj} > 0 \right\} \tag{6.18}$$

如果产出 r 没有正元素，定义 $\overline{y}_r^+ = \underline{y}_r^+ = 1$。

通过以下方法替换目标函数中的 s_r^+ / y_{ro}。

（1）如果 $\overline{y}_r^+ > \underline{y}_r^+$，$s_r^+ / y_{ro}$ 替换为

$$\frac{s_r^+}{\underline{y}_r^+ \left(\overline{y}_r^+ - \underline{y}_r^+ \right) / \overline{y}_r^+ - y_{ro}} \tag{6.19}$$

（2）如果 $\overline{y}_r^+ = \underline{y}_r^+$，$s_r^+ / y_{ro}$ 替换为

$$\frac{s_r^+}{\left(\underline{y}_r^+ \right)^2 / B \left(\overline{y}_r^+ - y_{ro} \right)} \tag{6.20}$$

其中，B 是一个大的正数，例如 $B = 1000$。

在任何情况下，分母为正并且严格小于 $\underline{y}_r^+$，它与距离 $\overline{y}_r^+ - y_{ro}$ 成反比。表 6.8 展示了一个算例，其中 DMU_E、DMU_F 和 DMU_G 具有负产出。根据式（6.18）得到

$$\overline{y}^+ = 3, \quad \underline{y}^+ = 1$$

表 6.8 负产出数据和结果

DMU	(I) x	(O) y	效率值	排名
A	1	3	1	1
B	1	2	0.6667	2
C	1	1	0.3333	3

DMU	(I) x	(O) y	效率值	排名
D	1	0	0.1818	4
E	1	−1	0.1111	5
F	1	−2	0.0741	6
G	1	−3	0.0526	7

依据式（6.19），存在非正产出的 DMU 在 SBM 目标函数中的分母为

$$D = \frac{1 \times 2}{3 - 0} = 0.6666 \quad E = \frac{1 \times 2}{3 - (-1)} = 0.5$$

$$F = \frac{1 \times 2}{3 - (-2)} = 0.4 \quad G = \frac{1 \times 2}{3 - (-3)} = 0.3333$$

基于 DMU_4 的参考基准，其他 DMU 的最优产出松弛分别为

$$s_D^{+*} = 3, \quad s_E^{+*} = 4, \quad s_F^{+*} = 5, \quad s_G^{+*} = 6$$

6.3 无导向型 SBM 模型在柔性制造系统案例中的应用

如表 6.9 所示，每个柔性制造系统有 2 个投入（X_1 和 X_2）和 4 个产出（Y_1、Y_2、Y_3、Y_4）。投入分别为年运营总成本和厂房面积。产出分别是利润提高率（%）、次品减少量（10个）、工作延缓减少率（%）和产量增长率（%）。

表 6.9 柔性制造系统的数据

DMU	X_1	X_2	Y_1	Y_2	Y_3	Y_4
1	17.02	5.0	42	45.3	14.2	30.1
2	16.46	4.5	39	40.1	13.0	29.8
3	11.76	6.0	26	39.6	13.8	24.5
4	10.52	4.0	22	36.0	11.3	25.0
5	9.50	3.8	21	34.2	12.0	20.4
6	4.79	5.4	10	20.1	5.0	16.5
7	6.21	6.2	14	26.5	7.0	19.7
8	11.12	6.0	25	35.9	9.0	24.7
9	3.67	8.0	4	17.4	0.1	18.1
10	8.93	7.0	16	34.3	6.5	20.6
11	17.74	7.1	43	45.6	14.0	31.1
12	14.85	6.2	27	38.7	13.8	25.4

表 6.10 给出了所有柔性制造系统使用 CCR 和无导向 SBM 模型的评价结果。CCR 和

无导向 SBM 模型都发现 7 个有效的 DMU，其中无导向 SBM 模型求解出的无效系统的效率值低于 CCR 效率值。CCR 模型为径向模型，在求解的过程中要求所有的投入同比例减少。无导向 SBM 基于投入产出的视角，使用不同的比率减少投入，同时增加产出，因此得到异于 CCR 模型的结果。

表 6.10　柔性制造系统最终效率评价结果

DMU	CCR	排序	无导向 SBM	排序
1	1	1	1	1
2	1	1	1	1
3	0.9824	9	0.8544	8
4	1	1	1	1
5	1	1	1	1
6	1	1	1	1
7	1	1	1	1
8	0.9614	10	0.8076	10
9	1	1	1	1
10	0.9536	11	0.7141	12
11	0.9831	8	0.8289	9
12	0.8012	12	0.7514	11

表 6.11 给出了所有系统投入和产出的指标的松弛值，基于式（6.11），进一步得到所有 DMU 的投影，如表 6.12 所示。

表 6.11　柔性制造系统投入和产出的松弛值

DMU	X_1 松弛值	X_2 松弛值	Y_1 松弛值	Y_2 松弛值	Y_3 松弛值	Y_4 松弛值
1	0.0000	0.0000	0.0000	0.0000	0.0000	0.0000
2	0.0000	0.0000	0.0000	0.0000	0.0000	0.0000
3	0.0000	1.2977	0.0000	2.7206	1.0477	0.7468
4	0.0000	0.0000	0.0000	0.0000	0.0000	0.0000
5	0.0000	0.0000	0.0000	0.0000	0.0000	0.0000
6	0.0000	0.0000	0.0000	0.0000	0.0000	0.0000
7	0.0000	0.0000	0.0000	0.0000	0.0000	0.0000
8	0.0000	0.9111	0.0000	3.6956	4.2649	0.0000
9	0.0000	0.0000	0.0000	0.0000	0.0000	0.0000
10	0.0000	1.4983	3.8816	0.0000	4.3416	1.8813
11	0.0000	1.5676	0.0000	4.4508	2.0960	1.4177
12	1.9195	1.0278	1.5832	7.8498	2.5332	2.3665

表 6.12　柔性制造系统投入和产出的投影

DMU	X_1 投影	X_2 投影	Y_1 投影	Y_2 投影	Y_3 投影	Y_4 投影
1	17.0200	5.0000	42.0000	45.3000	14.2000	30.1000
2	16.4600	4.5000	39.0000	40.1000	13.0000	29.8000
3	11.7600	4.7023	26.0000	42.3206	14.8477	25.2468
4	10.5200	4.0000	22.0000	36.0000	11.3000	25.0000
5	9.5000	3.8000	21.0000	34.2000	12.0000	20.4000
6	4.7900	5.4000	10.0000	20.1000	5.0000	16.5000
7	6.2100	6.2000	14.0000	26.5000	7.0000	19.7000
8	11.1200	5.0889	25.0000	39.5956	13.2649	24.7000
9	3.6700	8.0000	4.0000	17.4000	0.1000	18.1000
10	8.9300	5.5017	19.8816	34.3000	10.8416	22.4813
11	17.7400	5.5324	43.0000	50.0508	16.0960	32.5177
12	12.9305	5.1722	28.5832	46.5498	16.3332	27.7665

习　　题

1. 投入导向 SBM 模型和产出导向 SBM 模型是否一定会得到相同的效率结果？为什么？

2. 如果无导向 SBM 模型考虑 VRS 的假设，得到的效率值与考虑 CRS 模型相比，哪个值大？为什么？

3. 表 6.13 列出了 5 个 DMU，每个 DMU 有 3 个投入（X_1、X_2 和 X_3）和 3 个产出（Y_1、Y_2 和 Y_3），请用无导向 SBM 模型计算这些 DMU 的效率值。

表 6.13　5 个 DMU 投入产出数据

数据	X_1	X_2	X_3	Y_1	Y_2	Y_3
DMU$_1$	7	5	7	6	5	3
DMU$_2$	5	6	6	5	4	8
DMU$_3$	3	5	6	5	5	9
DMU$_4$	5	8	5	7	7	5
DMU$_5$	6	6	7	5	5	4

4. 在表 6.13 中，如果决策者比较重视 Y_1 的优化结果，希望尽可能增加该指标，那么在使用加权 SBM 模型时，如何对产出进行赋权？

5. 请给出加权 SBM 模型的线性转化过程。

第 7 章　超效率 DEA 模型

传统 DEA 模型能够为无效 DMU 分配一个效率值，从而获得无效 DMU 的排名。然而，对于效率值为 1 的有效 DMU 却无法进一步分类或排序。超效率 DEA 模型是解决有效 DMU 排序问题的方法之一。本章将首先介绍超效率 DEA 模型的结构和原理，再针对不可行情况提出超效率 DEA 模型的改进，最后结合评价中国省级环境效率排名的案例进行演算。本章内容主要参考 Andersen 和 Petersen（1993）、Mehrabian 等（1999）和 Tone（2002）。

7.1　超效率 DEA 方法概述

经典的 CCR 和 BCC 模型仅能将 DMU 区分为有效和无效两类，而对于有效 DMU 并不能进一步区分和排序。Andersen 和 Petersen（1993）首次提出了一个超效率 DEA 模型，提高了有效 DMU 的辨别能力。超效率 DEA 模型和普通 DEA 模型的主要区别在于约束条件中是否包含被评价的 DMU。基于约束条件的变化，超效率 DEA 模型允许 DMU 的效率值大于 1，而原本无效的 DMU 依然保持无效。然而，Andersen 和 Petersen（1993）的模型存在非可行解的情况。具体而言，CRS 条件下的超效率模型不存在非可行解的问题，而 VRS 条件下的超效率模型存在非可行解的问题（Lee et al.，2011）。Seiford 和 Zhu（1999a）提供了超效率模型不可行的充分必要条件，并进一步证明了 VRS 情况下的超效率模型必然会存在非可行解。而后，Tone（2002）在 SBM 模型的基础上提出超效率 SBM 模型解决有效 DMU 排序问题。该方法与 Andersen 和 Petersen（1993）的方法的主要区别在于是否考虑松弛变量的存在。当 DMU 的数量与用于评价的标准数量相比较少时，超效率 SBM 方法也特别适用。本节给出的超效率 DEA 模型均是在 CRS 情形下的模型。如需考察 VRS 情形下的超效率 DEA 模型，在约束条件中增加 $\sum_{j=1}^{n} \lambda_j = 1$ 即可。

7.2　超效率 DEA 基本模型

7.2.1　AP-超效率 DEA 模型

Anderson 和 Peterson（1993）引入了 AP-超效率 DEA 模型用于 DMU 的超效率评价。由于传统 DEA 模型得出的有效 DMU 之间没有可比性，因此，超效率得分有助于更好地区分有效 DMU。根据超效率得分，可以对有效 DMU 进行排名。本节给出投入导向的 AP-超效率 DEA 模型：

$$\min \ \theta$$

$$\text{s.t.} \quad \sum_{j=1, j\neq p}^{n} \lambda_j x_{ij} \leqslant \theta x_{ip}, \quad i=1,\cdots,m$$

$$\sum_{j=1, j\neq p}^{n} \lambda_j y_{rj} \geqslant y_{rp}, \quad r=1,\cdots,s \tag{7.1}$$

$$\lambda_j \geqslant 0, \qquad\qquad j=1,\cdots,n$$

其中，假设有 n 个 DMU，$\text{DMU}_j(j=1,\cdots,n)$ 能够使用 $\boldsymbol{x}_j$ 生产 $\boldsymbol{y}_j$，待估参数是 (λ_j,θ)。θ 为 $\text{DMU}_p=(\boldsymbol{x}_p,\boldsymbol{y}_p)$ 在投入导向型的 AP-超效率 DEA 模型下求得的效率。令模型式（7.1）的最优解为 θ^*，如果 $\theta^* \geqslant 1$，则 $\text{DMU}_p=(\boldsymbol{x}_p,\boldsymbol{y}_p)$ 是有效的。

【**例 7.1**】假设有 10 个 DMU，每个 DMU 存在 2 个投入和 2 个产出，数据如表 7.1 所示。

表 7.1　例 7.1 数据

DMU	(I) x_1	(I) x_2	(O) y_1	(O) y_2
A	20	11	8	30
B	11	40	21	20
C	32	30	34	40
D	21	30	18	50
E	20	11	6	17
F	12	43	23	58
G	7	45	28	30
H	31	45	40	20
I	19	22	27	23
J	32	11	38	45

根据投入导向型的 AP-超效率 DEA 模型，DMU_A 的效率计算如下：

$$\min \ 0\lambda_1 + 0\lambda_2 + 0\lambda_3 + 0\lambda_4 + 0\lambda_5 + 0\lambda_6 + 0\lambda_7 + 0\lambda_8 + 0\lambda_9 + 0\lambda_{10} + 1\theta$$

$$\text{s.t.} \quad 0\lambda_1 + 11\lambda_2 + 32\lambda_3 + 21\lambda_4 + 20\lambda_5 + 12\lambda_6 + 7\lambda_7 + 31\lambda_8 + 19\lambda_9 + 32\lambda_{10} - 20\theta \leqslant 0$$

$$0\lambda_1 + 40\lambda_2 + 30\lambda_3 + 30\lambda_4 + 11\lambda_5 + 43\lambda_6 + 45\lambda_7 + 45\lambda_8 + 22\lambda_9 + 11\lambda_{10} - 11\theta \leqslant 0$$

$$-0\lambda_1 - 21\lambda_2 - 34\lambda_3 - 18\lambda_4 - 6\lambda_5 - 23\lambda_6 - 28\lambda_7 - 40\lambda_8 - 27\lambda_9 - 38\lambda_{10} + 0\theta \leqslant -8$$

$$-0\lambda_1 - 20\lambda_2 - 40\lambda_3 - 50\lambda_4 - 17\lambda_5 - 58\lambda_6 - 30\lambda_7 - 20\lambda_8 - 23\lambda_9 - 45\lambda_{10} + 0\theta \leqslant -30$$

$$\lambda_1, \lambda_2, \lambda_3, \lambda_4, \lambda_5, \lambda_6, \lambda_7, \lambda_8, \lambda_9, \lambda_{10} \geqslant 0$$

$$\tag{7.2}$$

DMU_B 的效率计算如下：

$$\min \quad 0\lambda_1 + 0\lambda_2 + 0\lambda_3 + 0\lambda_4 + 0\lambda_5 + 0\lambda_6 + 0\lambda_7 + 0\lambda_8 + 0\lambda_9 + 0\lambda_{10} + 1\theta$$

$$\text{s.t.} \quad 20\lambda_1 + 0\lambda_2 + 32\lambda_3 + 21\lambda_4 + 20\lambda_5 + 12\lambda_6 + 7\lambda_7 + 31\lambda_8 + 19\lambda_9 + 32\lambda_{10} - 11\theta \leqslant 0$$

$$11\lambda_1 + 0\lambda_2 + 30\lambda_3 + 30\lambda_4 + 11\lambda_5 + 43\lambda_6 + 45\lambda_7 + 45\lambda_8 + 22\lambda_9 + 11\lambda_{10} - 40\theta \leqslant 0$$

$$-8\lambda_1 - 0\lambda_2 - 34\lambda_3 - 18\lambda_4 - 6\lambda_5 - 23\lambda_6 - 28\lambda_7 - 40\lambda_8 - 27\lambda_9 - 38\lambda_{10} + 0\theta \leqslant -21$$

$$-30\lambda_1 - 0\lambda_2 - 40\lambda_3 - 50\lambda_4 - 17\lambda_5 - 58\lambda_6 - 30\lambda_7 - 20\lambda_8 - 23\lambda_9 - 45\lambda_{10} + 0\theta \leqslant -20$$

$$\lambda_1, \lambda_2, \lambda_3, \lambda_4, \lambda_5, \lambda_6, \lambda_7, \lambda_8, \lambda_9, \lambda_{10} \geqslant 0$$

$$(7.3)$$

同样，根据模型式（7.1）能够写出 DMU_C、DMU_D、DMU_E、DMU_F、DMU_G、DMU_H、DMU_I、DMU_J 的线性规划表达式，所有 DMU 的效率结果如表 7.2 所示。

表 7.2　例 7.1 的投入导向型的 AP-超效率 DEA 模型结果

DMU	效率值	排名	DMU	效率值	排名
A	0.9234	5	F	1.5096	3
B	0.7046	9	G	2.0870	2
C	0.7313	8	H	0.7592	7
D	0.9323	4	I	0.9087	6
E	0.5233	10	J	3.0367	1

DMU_F、DMU_G、DMU_J 是有效的，其中 DMU_J 的效率值最大，其次是 DMU_G，再次是 DMU_F。

7.2.2　MAJ-超效率 DEA 模型

AP-超效率 DEA 模型为有效 DMU 排序提出了一种改进的效率度量方法，但是当一个DMU 的某些投入值相对较小（0 或接近 0）时，这种排序可能会失效且不稳定。Mehrabian 等（1999）提出一种 MAJ-超效率 DEA 模型，克服了存在无可行解的情况，能够更好地区分 DMU。本节给出投入导向的 MAJ-超效率 DEA 模型：

$$\min \quad 1 + w_p$$

$$\text{s.t.} \quad \sum_{j=1, j \neq p} \lambda_j x_{ij} \leqslant x_{ip} + w_p, \quad i = 1, \cdots, m$$

$$\sum_{j=1, j \neq p}^{n} \lambda_j y_{rj} \geqslant y_{rp}, \qquad r = 1, \cdots, s$$

$$\lambda_j \geqslant 0, \qquad\qquad j = 1, \cdots, n; j \neq p$$

$$(7.4)$$

实际使用模型式（7.4）时，投入约束常采用 $\sum\limits_{j=1, j \neq p} \lambda_j x_{ij} \leqslant x_{ip} + w_p x_{ik_i}$ $(i = 1, 2, \cdots, m)$，其中，$x_{ik_i} = \max\limits_{j=1,2,\cdots,n} x_{ij}$。

【**例 7.2**】假设有 5 个 DMU，每个 DMU 存在 2 个投入和 2 个产出。我们考虑 DMU_A 具有 3 种不同投入情况，记为 A_1、A_2、A_3，数据如表 7.3 所示。

表 7.3　例 7.2 数据

DMU	(I) x_1	(I) x_2	(O) y_1	(O) y_2
A_1	2	8	1	2
A_2	0	8	1	2
A_3	1	8	1	2
B	5	5	1	1
C	10	4	2	1
D	10	6	2	1
E	2	12	1	2

通过 AP-超效率 DEA 模型和 MAJ-超效率 DEA 模型分别计算 DMU_{A_1}，DMU_{A_2}，DMU_{A_3} 和其他 DMU 的效率值。根据 MAJ-超效率 DEA 模型，DMU_{A_1} 的效率计算如下：

$$
\begin{aligned}
\min \quad & 1+0\lambda_1 +0\lambda_2 +0\lambda_3 +0\lambda_4 +0\lambda_5 +w_1 \\
\text{s.t.} \quad & 0\lambda_1 +5\lambda_2 +10\lambda_3 +10\lambda_4 +2\lambda_5 -10w_1 \leqslant 2 \\
& 0\lambda_1 +5\lambda_2 +4\lambda_3 +6\lambda_4 +12\lambda_5 -12w_1 \leqslant 8 \\
& -0\lambda_1 -1\lambda_2 -2\lambda_3 -2\lambda_4 -2\lambda_5 +0w_1 \leqslant -1 \\
& -0\lambda_1 -1\lambda_2 -1\lambda_3 -1\lambda_4 -2\lambda_5 +0w_1 \leqslant -2 \\
& \lambda_1 ,\lambda_2 ,\lambda_3 ,\lambda_4 ,\lambda_5 \geqslant 0
\end{aligned}
\tag{7.5}
$$

所有效率估计结果汇总于表 7.4 中。

表 7.4　例 7.2 估计结果对比

DMU	AP-超效率 DEA 模型结果	MAJ-超效率 DEA 模型结果
A_1	1.4706	1.2759
A_2	无可行解	1.3103
A_3	2.0000	1.2931

注：B、C、D、E 的结果未展示。

由于 DMU_{A_2} 的第一个投入为 0，使用 AP-超效率 DEA 模型时出现了不可行问题。DMU_{A_3} 的第一个投入相对较小，导致 AP-超效率 DEA 模型的效率值偏大。MAJ-超效率 DEA 模型能够解决 AP-超效率 DEA 模型无可行解的问题。

7.2.3　超效率 SBM 模型

Tone（2002）在 SBM 模型的基础上探讨了解决有效 DMU 排序的问题，提出了超效率 SBM 模型。不同于 AP 与 MAJ 模型，超效率 SBM 模型仅适用于有效 DMU。超效率

SBM 模型的求解思路是首先通过 SBM 模型区分有效 DMU 和无效 DMU，然后通过超效率 SBM 模型仅对有效 DMU 求解。也就是说，无效 DMU 的效率值仍然是 SBM 模型的求解值。

SBM 模型本节不再赘述，详见第 6 章内容。本节主要介绍非导向超效率 SBM 模型。对于一个 SBM 有效的 DMU_p，Tone（2002）提出超效率 SBM 模型来确定它的超效率：

$$\min \ \delta = \frac{(1/m)\sum_{i=1}^{m} \overline{x}_i \Big/ x_{ip}}{(1/s)\sum_{r=1}^{s} \overline{y}_r \Big/ y_{rp}}$$

$$\text{s.t.} \quad \overline{x}_{ip} \geqslant \sum_{j=1, j\neq p}^{n} \lambda_j x_{ij}, \qquad i = 1,\cdots,m$$

$$\overline{y}_{rp} \leqslant \sum_{j=1, j\neq p}^{n} \lambda_j y_{rj}, \qquad r = 1,\cdots,s \qquad (7.6)$$

$$\lambda_j \geqslant 0, \quad j = 1,\cdots,n, \quad j \neq p$$

$$\overline{x}_{ip} \geqslant x_{ip}$$

$$\overline{y}_{rp} \leqslant y_{rp}$$

DMU_p 在模型式（7.6）中的投影值是 $(\overline{x}, \overline{y})$，即模型的最优解，是由除 DMU_p 以外的其他 DMU 构成的生产可能集中距离前沿面最近的点。通过等价变换，将模型式（7.6）转变为形如模型式（7.7）的形式，即含有松弛变量的规划式。

使用 $x_{ip} + s_i^-$ 和 $y_{rp} - s_r^+$ 分别替换 $\overline{x}_{ip}$ 和 $\overline{y}_{rp}$，则

$$\min \ \delta = \frac{(1/m)\sum_{i=1}^{m}(x_{ip}+s_i^-)\Big/ x_{ip}}{(1/s)\sum_{r=1}^{s}(y_{rp}-s_r^+)\Big/ y_{rp}} = \frac{1+(1/m)\sum_{i=1}^{m} s_i^- \Big/ x_{ip}}{1-(1/s)\sum_{r=1}^{s} s_r^+ \Big/ y_{rp}}$$

$$\text{s.t.} \quad \sum_{j=1, j\neq p}^{n} \lambda_j x_{ij} - s_i^- \leqslant x_{ip}, \quad i = 1,\cdots,m \qquad (7.7)$$

$$\sum_{j=1, j\neq p}^{n} \lambda_j y_{rj} + s_r^+ \geqslant y_{rp}, \quad r = 1,\cdots,s$$

$$\lambda_j, s_i^-, s_r^+ \geqslant 0, \quad j = 1,\cdots,n, \quad j \neq p$$

模型式（7.7）是一个非线性规划式，为了便于求解，通过以下步骤将其转化为线性规划式。

步骤 1：令 $\dfrac{1}{1-(1/s)\sum_{r=1}^{s} s_r^+ / y_{rp}} = t$，则有 $ts_r^+ = S_r^+ (r=1,\cdots,s)$，$ts_i^- = S_i^- (i=1,\cdots,m)$ 和 $t\lambda_j = \mu_j (j=1,\cdots,n)$。

步骤 2：基于步骤 1，模型式（7.7）转化为

$$\min \quad \delta = t + (1/m)\sum_{i=1}^{m} S_i^- \big/ x_{ip}$$

$$\text{s.t.} \quad \sum_{j=1,j\neq p}^{n} \mu_j x_{ij} - S_i^- \leqslant t x_{ip} \qquad i = 1, \cdots, m$$

$$\sum_{j=1,j\neq p}^{n} \mu_j y_{rj} + S_r^+ \geqslant t y_{rp} \qquad r = 1, \cdots, s \tag{7.8}$$

$$t - (1/s)\sum_{r=1}^{s} S_r^+ \big/ y_{rp} = 1$$

$$\lambda_j, s_i^-, s_r^+ \geqslant 0, \quad j = 1, \cdots, n, \quad t > 0, \quad j \neq p$$

步骤 3：令模型式（7.8）的最优解为 $\left(\delta^*, t^*, \mu_j^*, S_i^{-*}, S_r^{+*}\right)$，则可以得到模型式（7.7）的最优解：

$$\rho_k^* = \delta_k^*, \quad \lambda_j^* = \frac{\mu_j^*}{t^*}, \quad s_i^{-*} = \frac{S_i^{-*}}{t^*}, \quad s_r^{+*} = \frac{S_r^{+*}}{t^*} \tag{7.9}$$

【例 7.3】假设有 10 个 DMU，每个 DMU 存在 2 个投入和 2 个产出，数据如表 7.5 所示。

表 7.5　例 7.3 数据

DMU	(I) x_1	(I) x_2	(O) y_1	(O) y_2
A	4	3	2	3
B	6	3	2	3
C	8	1	6	2
D	8	1	6	1
E	2	4	1	4

首先，我们通过 SBM 模型［见模型式（6.8）］区分出有效 DMU 和无效 DMU。SBM 模型结果如表 7.6 所示，可以发现 DMU_C 和 DMU_E 是有效 DMU。

表 7.6　SBM 模型与超效率 SBM 模型结果

DMU	SBM 模型结果	超效率 SBM 模型结果	最终结果
A	0.7980	—	0.7980
B	0.5682	—	0.5682
C	1	1.3333	1.3333
D	0.6667	—	0.6667
E	1	1.4545	1.4545

据此，我们再通过超效率 SBM 模型求解 DMU_C 和 DMU_E 的效率值。

对于 DMU_C，效率值计算如下：

$$\min \quad \delta = t + \frac{1}{2}\left(\frac{S_1^-}{8} + \frac{S_2^-}{1}\right)$$

$$\begin{aligned}
\text{s.t.} \quad & 4u_1 + 6u_2 + 0u_3 + 8u_4 + 2u_5 - S_1^- - 8t \leqslant 0 \\
& 3u_1 + 3u_2 + 0u_3 + 1u_4 + 4u_5 - S_2^- - 1t \leqslant 0 \\
& -2u_1 - 2u_2 - 0u_3 - 6u_4 - 1u_5 - S_1^+ + 6t \leqslant 0 \\
& -3u_1 - 3u_2 - 0u_3 - 1u_4 - 4u_5 - S_2^+ + 2t \leqslant 0 \\
& t - \frac{1}{2}\left(\frac{S_1^+}{6} + \frac{S_2^+}{2}\right) = 1 \\
& u_1, u_2, u_3, u_4, u_5, S_1^-, S_2^-, S_1^+, S_2^+ \geqslant 0, t > 0
\end{aligned}$$

（7.10）

DMU_C 相关参数求解如表 7.7 所示。

表 7.7　DMU_C 相关参数解

DMU	模型式（7.10）效率	S_1^-	S_2^-	S_1^+	S_2^+	t
	1.3333	0.0000	0.0000	0.0000	1.3333	1.3333
C	模型式（6.8）效率	s_1^-	s_2^-	s_1^+	s_2^+	
	1.3333	0.0000	0.0000	0.0000	1.0000	

对于 DMU_E，效率值计算如下：

$$\min \quad \delta = t + \frac{1}{2}\left(\frac{S_1^-}{2} + \frac{S_2^-}{4}\right)$$

$$\begin{aligned}
\text{s.t.} \quad & 4u_1 + 6u_2 + 8u_3 + 8u_4 + 0u_5 - S_1^- - 2t \leqslant 0 \\
& 3u_1 + 3u_2 + 1u_3 + 1u_4 + 0u_5 - S_2^- - 4t \leqslant 0 \\
& -2u_1 - 2u_2 - 6u_3 - 6u_4 - 0u_5 - S_1^+ + 1t \leqslant 0 \\
& -3u_1 - 3u_2 - 2u_3 - 1u_4 - 0u_5 - S_2^+ + 4t \leqslant 0 \\
& t - \frac{1}{2}\left(\frac{S_1^+}{1} + \frac{S_2^+}{4}\right) = 1 \\
& u_1, u_2, u_3, u_4, u_5, S_1^-, S_2^-, S_1^+, S_2^+ \geqslant 0, t > 0
\end{aligned}$$

（7.11）

DMU_E 相关参数求解如表 7.8 所示。

表 7.8　DMU_E 相关参数解

DMU	模型式（7.10）效率	S_1^-	S_2^-	S_1^+	S_2^+	t
	1.4545	0.0000	0.0000	0.0000	3.6364	1.4545
E	模型式（6.8）效率	s_1^-	s_2^-	s_1^+	s_2^+	
	1.4545	0.0000	0.0000	0.0000	2.5001	

7.2.4　进一步扩展

在实际生产活动中，期望产出往往伴随着非期望产出。减少非期望产出将导致期望产出的减少（Halkos and Polemis，2018）。因此，忽略非期望产出的存在会导致有偏差的估计结果（Halkos and Petrou，2019）。具有非期望产出的超效率 SBM 模型被广泛应用于效率评价领域。根据超效率 SBM 模型可以推导出具有非期望产出超效率 SBM 模型的表达式：

$$\min \quad \delta = \frac{1 + \dfrac{1}{m}\sum\limits_{i=1}^{m}\dfrac{s_i^-}{x_{ip}}}{1 - \dfrac{1}{s+r}\left(\sum\limits_{z=1}^{s}\dfrac{s_z^+}{y_{zp}^g} + \sum\limits_{l=1}^{r}\dfrac{s_l^{b-}}{y_{lp}^b}\right)}$$

$$
\begin{aligned}
\text{s.t.} \quad & \sum_{j=1,j\neq p}^{n} \lambda_j x_{ij} - s_i^- \leqslant x_{ip}, && i = 1,\cdots,m \\
& \sum_{j=1,j\neq p}^{n} \lambda_j y_{zj}^g + s_z^+ \geqslant y_{zp}, && z = 1,\cdots,s \\
& \sum_{j=1,j\neq p}^{n} \lambda_j y_{lj}^b - s_l^{b-} \leqslant y_{lp}^b, && l = 1,\cdots,r \\
& 1 - \frac{1}{s+r}\left(\sum_{z=1}^{s}\frac{s_z^+}{y_{zp}^g} + \sum_{l=1}^{r}\frac{s_l^{b-}}{y_{lp}^b}\right) > 0 \\
& \lambda_j, s_i^-, s_z^+, s_l^{b-} \geqslant 0, \quad j = 1,\cdots,n, \quad j \neq p
\end{aligned}
$$

（7.12）

其中，y_{zj}^g 是期望产出；y_{lj}^b 是非期望产出。在求解过程中，参考 7.2.3 节内容将模型式（7.12）转化为线性规划求解。其中增加的约束条件 $1 - \dfrac{1}{s+r}\left(\sum\limits_{z=1}^{s}\dfrac{s_z^+}{y_{zp}^g} + \sum\limits_{l=1}^{r}\dfrac{s_l^{b-}}{y_{lp}^b}\right) > 0$ 可以在线性转换过程中消除。

7.3　具有非期望产出的超效率 SBM 模型在评价中国省级环境效率中的应用

如表 7.9 所示 [由于缺乏西藏、香港、澳门、台湾的相关数据，因此以 2019 年中国 30 个省（自治区、直辖市）为研究对象]，每个省份有 3 个投入：能源消耗、固定投资总额、就业人数；1 个期望产出：GDP；1 个非期望产出：CO_2 排放总量。

表 7.9　2019 年中国 30 个省（自治区、直辖市）投入产出数据

省（自治区、直辖市）	能源消耗	固定投资总额	就业人口	GDP	CO_2 排放总量
北京	7360.00	7745.09	1273.00	35371.28	7061.18
天津	8241.00	12122.73	896.56	14104.28	13771.73

续表

省（自治区、直辖市）	能源消耗	固定投资总额	就业人口	GDP	CO$_2$排放总量
河北	32545.00	37359.02	4182.50	35104.52	59343.03
山西	20859.00	6892.95	1762.00	17026.68	170004.44
内蒙古	25346.00	11079.53	1272.00	17212.53	97278.73
辽宁	23749.00	6938.63	2238.43	24909.45	62802.82
吉林	7132.00	11285.40	1456.43	11726.82	19776.54
黑龙江	11614.00	11454.81	1776.90	13612.68	34114.00
上海	11696.00	8012.22	1376.20	38155.32	15949.73
江苏	32526.00	55899.53	4903.20	99631.52	63658.20
浙江	22393.00	36702.86	3771.00	62351.74	41914.66
安徽	13870.00	35631.85	4384.00	37113.98	39896.25
福建	13718.00	31164.02	2210.00	42395.00	27597.34
江西	9665.00	26746.32	2278.00	24757.50	18617.71
山东	41390.00	52638.89	5561.00	71067.53	124470.52
河南	22300.00	51949.28	6562.00	54259.20	46399.83
湖北	17316.00	39128.68	3375.00	45828.31	28236.24
湖南	16001.00	37941.44	3666.48	39752.12	24206.18
广东	34142.00	46093.28	6995.00	107671.07	56898.04
广西	11270.00	24668.30	2853.20	21237.14	22659.00
海南	2264.00	3277.63	536.11	5308.93	6609.67
重庆	8889.00	19872.58	1668.16	23605.77	12566.61
四川	20791.00	38979.03	4889.00	46615.82	27655.71
贵州	10423.00	17880.55	1888.00	16769.34	28923.56
云南	12158.00	22825.04	2990.38	23223.75	17211.30
陕西	13478.00	26878.93	2114.00	25793.17	61159.47
甘肃	7818.00	5833.30	1333.00	8718.30	18544.14
青海	4235.00	4390.71	330.20	2965.95	4528.02
宁夏	7648.00	2773.10	385.30	3748.48	25189.87
新疆	18490.00	9043.72	1330.12	13597.11	51930.52

使用具有非期望产出的超效率 SBM 模型评价 2019 年中国 30 个省（自治区、直辖市）环境效率的结果如表 7.10 所示。

表 7.10　中国 30 个省（自治区、直辖市）环境效率评价结果

省（自治区、直辖市）	效率值	排名	省（自治区、直辖市）	效率值	排名	省（自治区、直辖市）	效率值	排名
北京	**1.3536**	**1**	浙江	0.3814	6	海南	0.2815	11
天津	0.2807	12	安徽	0.2581	15	重庆	0.3357	7

续表

省（自治区、直辖市）	效率值	排名	省（自治区、直辖市）	效率值	排名	省（自治区、直辖市）	效率值	排名
河北	0.1694	28	福建	0.4038	5	四川	0.2682	14
山西	0.2368	19	江西	0.2747	13	贵州	0.1987	24
内蒙古	0.2178	21	山东	0.2571	16	云南	0.2197	20
辽宁	0.3206	9	河南	0.2488	17	陕西	0.2395	18
吉林	0.1988	23	湖北	0.3228	8	甘肃	0.1823	26
黑龙江	0.1780	27	湖南	0.2836	10	青海	0.1433	30
上海	**1.0142**	**2**	广东	0.4377	3	宁夏	0.1679	29
江苏	0.4363	4	广西	0.2011	22	新疆	0.1923	25

表 7.10 给出了 30 个省（自治区、直辖市）的环境效率评价结果，北京和上海是仅有的两个有效 DMU，其中北京的环境效率高于上海的环境效率。

习 题

1. 对比分析 AP-超效率模型、MAJ-超效率模型和超效率 SBM 模型的区别。

2. 如果无导向超效率 SBM 模型考虑 VRS 的假设，得到的效率值与考虑 CRS 模型相比，哪个值大？为什么？

3. 推导模型式（7.12）的表达式。

4. 参考 7.2.3 节内容尝试编写具有非期望产出的超效率 SBM 模型的 MATLAB 程序，验证 7.3 节中国 30 个省（自治区、直辖市）环境效率的评价结果。

5. 如果决策者希望尽可能增加某一指标，那么应该如何对超效率 DEA 模型进行赋权？

第8章 交叉效率 DEA 模型

作为 DEA 方法的一种拓展形式,交叉效率评价方法不仅可以对所有 DMU 进行充分排序,而且可以在不需要对权重约束施加事先信息的情况下,避免 DEA 权重不现实的问题。本章主要介绍交叉效率 DEA 基本模型及其扩展模型,内容主要参考 Liang 等 (2008)。

8.1 交叉效率 DEA 方法概述

传统的 DEA 方法基于自评思想,即每个 DMU 都会选择符合自己偏好的权重达到自身效率最大化。其缺陷在于可能会有很多 DMU 被评价为有效,这些有效的 DMU 不能够被充分排序。另外,每个 DMU 都选择对自己最有利的权重方案,使得 DMU 之间缺乏可比性。为克服上述问题,一些 DEA 拓展方法被提了出来,其中最具代表性的是交叉效率 DEA 方法。交叉效率 DEA 方法的主要原理是利用 DMU 之间的自评和他评体系来代替自我评价体系,然后将每个 DMU 的自评和他评值综合成最终的评价值。该方法的主要优点有两个:避免传统自评 DEA 模型中不合理的权重现象;从全局最优的角度对所有的 DMU 进行完全排序。因此,交叉效率方法在 DMU 效率评价和排序方面得到了极大应用。

传统 DEA 模型可能存在多重最优解,从而导致对应的交叉效率值可能不唯一,这已经成为影响交叉效率 DEA 方法有效性的一个重要因素。为解决该问题,学者提出了利众型策略或压它型策略的交叉效率 DEA 方法。这两种策略在一定程度上可以解决交叉效率的不唯一性问题,但是依然存在诸多缺陷,首先,引入的某些二次目标是非线性的,从而使计算难以进行;其次,在某些情况下,引入二次目标之后依然存在多解的情况;最后,在什么情况下运用利众型策略或压它型策略至今没有一个准则,从而使得在两种策略之间做出正确的选择变得非常困难。针对这些缺陷,学者提出了经典的基于偏移量的交叉效率 DEA 方法,对已有方法进行了改进和补充。

8.2 交叉效率 DEA 基本模型

定义有 n 个 DMU,每个 DMU 利用 m 种不同的投入来得到 s 种不同的产出。$\text{DMU}_j(j=1,2,\cdots,n)$ 的第 i 种投入和第 r 种产出分别记作 $x_{ij}(i=1,\cdots,m)$ 和 $y_{rj}(r=1,\cdots,s)$。对于任意的被评价单元 $\text{DMU}_d(d=1,2,\cdots,n)$,其在 CCR 模型下的效率值 E_{dd} 可以通过求解以下的线性规划问题得到:

$$\max \ E_{dd} = \sum_{r=1}^{s} \mu_{rd} y_{rd}$$

$$\text{s.t.} \quad \sum_{i=1}^{m} \omega_{id} x_{id} = 1 \tag{8.1}$$

$$\sum_{r=1}^{s} \mu_{rd} y_{rj} - \sum_{i=1}^{m} \omega_{id} x_{ij} \leqslant 0, \quad j = 1, \cdots, n$$

$$\mu_{rd}, \omega_{id} \geqslant 0, \quad r = 1, \cdots, s; i = 1, \cdots, m$$

其中，ω_{id} 和 μ_{rd} 分别是 DMU_d 的第 i 个投入权重和第 r 个产出权重。

DMU_j 的交叉效率可以利用模型式（8.1）中的 DMU_d 权重计算得到：

$$E_{dj} = \frac{\sum_{r=1}^{s} \mu_{rd}^{*} y_{rj}}{\sum_{i=1}^{m} \omega_{id}^{*} x_{ij}}, d, \quad j = 1, 2, \cdots, n \tag{8.2}$$

其中，有*标记的参数是模型式（8.1）的最优解。

如表 8.1 交叉效率矩阵 $\boldsymbol{E}$ 所示，矩阵中的元素 E_{dj} 是 DMU_j 利用 DMU_d 的权重所获得的效率值，对角线上的元素表示 DMU_d 进行自评的效率值。

表 8.1　传统交叉效率矩阵

DMU	被评价单元				
	1	2	3	...	n
1	E_{11}	E_{12}	E_{13}	...	E_{1n}
2	E_{21}	E_{22}	E_{23}	...	E_{2n}
3	E_{31}	E_{32}	E_{33}	...	E_{3n}
$\vdots$	$\vdots$	$\vdots$	$\vdots$		$\vdots$
n	E_{n1}	E_{n2}	E_{n3}	...	E_{nn}
平均交叉效率	$\overline{E}_1$	$\overline{E}_2$	$\overline{E}_3$	...	$\overline{E}_n$

对于 $\text{DMU}_j (j = 1, 2, \cdots, n)$，所有 $E_{dj}(d = 1, 2, \cdots, n)$ 的平均值，即 $\overline{E}_j = \dfrac{1}{n} \sum_{d=1}^{n} E_{dj}$ 表示 DMU_j 的交叉效率值。

实际上，模型式（8.1）的最优权重经常是不唯一的，因此由式（8.2）定义的交叉效率可以说是随意产生的，不同的计算软件也许会得到不同的交叉效率值。为了解决这个弊端，学者在交叉效率评价方法中引入不同的二次目标，进而提出了一系列基于偏移量视角的交叉效率模型。

8.3　基于最小化理想点偏移量之和的交叉效率模型

8.3.1　偏移量模型

通过引入偏移量，CCR 模型的等价模型为

$$\min \quad \alpha_d$$

$$\text{s.t.} \quad \sum_{i=1}^{m} \omega_{id} x_{id} = 1$$

$$\sum_{r=1}^{s} \mu_{rd} y_{rj} - \sum_{i=1}^{m} \omega_{id} x_{ij} + \alpha_j = 0, \quad j = 1, \cdots, n \quad (8.3)$$

$$\mu_{rd}, \omega_{id}, \alpha_j \geq 0, \quad r = 1, \cdots, s; i = 1, \cdots, m; j = 1, \cdots, n$$

其中，$\alpha_d (d = 1, 2, \cdots, n)$ 是 DMU$_d$ 的偏移量；$\alpha_j (j = 1, 2, \cdots, n)$ 是第 j 个 DMU 的偏移量。在模型式（8.3）中，当且仅当 $\alpha_d^* = 0$ 时，DMU$_d$ 是有效的；如果 DMU$_d$ 是非有效的，则其效率值为 $1 - \alpha_d^*$（α_d 可以看作一种"非有效"的测度）。

定义模型式（8.3）中的偏移量 α_j 为 DMU$_j$ 的 d-非有效度，8.3.2 节、8.4 节和 8.5 节所提出的三种不同的二次目标均是在偏移量模型的基础上进行讨论的。

8.3.2　基于偏移量之和最小化的交叉效率模型

理想点是使所有 DMU 都有效的投入产出权重组合 $(\boldsymbol{\mu}, \boldsymbol{\omega})$，即满足 $\dfrac{\sum\limits_{r=1}^{s} \mu_r^d y_{rj}}{\sum\limits_{i=1}^{m} \omega_i^d x_{ij}} = 1$ $(j = 1, \cdots, n)$ 或 $\sum\limits_{r=1}^{s} \mu_r^d y_{rj} - \sum\limits_{i=1}^{m} \omega_i^d x_{ij} = 0$ $(j = 1, \cdots, n)$。一般来说，该理想点在现实中可能不存在。在理想点不存在的情况下，一个合理的目标是将 α_j 视为目标达到量，对于 DMU$_d (d = 1, \cdots, n)$，确定一组权重应满足以下条件：该组权重是被评价单元 DMU$_d$ 自评时的最优权重，并且同时要最小化 $\sum\limits_{j=1}^{n} \alpha_j$。因此，理想点模型可以表述为以下目标函数问题：

$$\min \quad \sum_{j=1}^{n} \alpha_j'$$

$$\text{s.t.} \quad \sum_{r=1}^{s} \mu_r^d y_{rj} - \sum_{i=1}^{m} \omega_i^d x_{ij} + \alpha_j' = 0, \quad j = 1, \cdots, n$$

$$\sum_{i=1}^{m} \omega_i^d x_{id} = 1 \quad (8.4)$$

$$\sum_{r=1}^{s} \mu_r^d y_{rd} = 1 - \alpha_d^*$$

$$\mu_r^d, \omega_i^d, \alpha_j' \geq 0, \quad r = 1, \cdots, s; i = 1, \cdots, m; j = 1, \cdots, n$$

在模型式（8.4）中，最小化 DMU$_j$ 的 d-非有效度 $\alpha'_j(j=1,\cdots,n)$ 的本质是所有 DMU 均试图最大化各自的效率。该模型尤其适用于由一系列独立单元组成的系统整体评价问题，如一条由设计、研发、制造和产品分销等独立单元组成的供应链，且供应链上的每个单元不但考虑自己的效率评价问题，而且希望系统整体效率越大越好。当 DMU 处在合作的环境中，利用模型式（8.5）中的二次目标对交叉效率评价的方法很适宜。

在上述模型中，当被评价单元 DMU$_d$ 发生变化，即约束中的 $x_{id}(i=1,\cdots,m)$、$y_{rd}(r=1,\cdots,s)$ 和 α_d^* 发生变化时，可以得到不同的最优值 ω_i^d 和 μ_r^d，从而得到 n 组最优权重向量 $\boldsymbol{W}_d^* = (\omega_1^{d*},\cdots,\omega_m^{d*},\mu_1^{d*},\cdots,\mu_s^{d*})$，$d=1,2,\cdots,n$。DMU$_j(j=1,2,\cdots,n)$ 利用 $\boldsymbol{W}_d^*$ 的交叉效率计算方法为

$$E_j(\boldsymbol{W}_d^*) = \frac{\sum_{r=1}^{s} \mu_r^{d*} y_{rj}}{\sum_{i=1}^{m} \omega_i^{d*} x_{ij}}, \quad d,j=1,2,\cdots,n \tag{8.5}$$

对于 DMU$_j(j=1,2,\cdots,n)$，所有 $E_j(\boldsymbol{W}_d^*)(d=1,2,\cdots,n)$ 的平均值，即

$$\overline{E_j} = \frac{1}{n}\sum_{d=1}^{n} E_j(\boldsymbol{W}_d^*), \quad j=1,2,\cdots,n \tag{8.6}$$

称为 DMU$_j$ 的新交叉效率值。

【**例 8.1**】表 8.2 列出了 5 个 DMU，每个 DMU 有 3 个投入（X_1、X_2 和 X_3）和 3 个产出（Y_1、Y_2 和 Y_3）。

表 8.2　5 个 DMU 投入产出数据

数据	DMU$_1$	DMU$_2$	DMU$_3$	DMU$_4$	DMU$_5$
X_1	5	5	4	5	6
X_2	5	6	6	8	6
X_3	7	6	6	5	7
Y_1	5	5	5	6	5
Y_2	5	4	5	4	5
Y_3	4	5	4	5	4

表 8.3 的第二列为模型式（8.3）求出的各个 DMU 的非有效值，第三列为 CCR 效率值，最后一列排序结果显示模型式（8.3）对 4 个 DMU 的评价为有效的。

表 8.3　各 DMU 效率和排序结果

DMU	非有效值	CCR 效率值	排序
1	0.0000	1	1
2	0.0000	1	1
3	0.0000	1	1
4	0.0000	1	1
5	0.0769	0.9231	5

对于 DMU_5，其求解计算 DMU 的交叉效率值的权重公式为

$$\min \sum_{j=1}^{n} \alpha'_j$$

$$\text{s.t.} \quad \sum_{r=1}^{s} \mu_r^5 y_{rj} - \sum_{i=1}^{m} \omega_i^5 x_{ij} + \alpha'_j = 0, \quad j = 1, \cdots, n$$

$$\sum_{i=1}^{m} \omega_i^5 x_{i5} = 1$$

$$\sum_{r=1}^{s} \mu_r^5 y_{r5} = 1 - 0.0769$$

$$\mu_r^5, \omega_i^5, \alpha'_j \geqslant 0, \quad r = 1, \cdots, s; i = 1, \cdots, m; j = 1, \cdots, n$$

将第二列非有效值代入模型式（8.4），计算 5 次后得到的交叉效率结果如表 8.4 所示。

表 8.4　模型式（8.4）的效率和排序结果

DMU	非有效值	CCR 效率值	排序	模型式（8.4）的效率值	排序
1	0.0000	1	1	1.0000	1
2	0.0000	1	1	0.9856	4
3	0.0000	1	1	1.0000	1
4	0.0000	1	1	0.9950	3
5	0.0769	0.9231	5	0.9231	5

8.4　基于最小化最大化 *d*-非有效度的交叉效率模型

为了利用一组公共权重来区分所有的有效单元，Troutt（1997）提出了一种最大化最小效率比值的 DEA 模型。实际上，我们可以考虑相同的二次目标来解决交叉效率不唯一的问题，从而得到以下目标规划问题：

$$\min (\max \alpha'_j)$$

$$\text{s.t.} \quad \sum_{r=1}^{s} \mu_r^d y_{rj} - \sum_{i=1}^{m} \omega_i^d x_{ij} + \alpha'_j = 0, \quad j = 1, \cdots, n$$

$$\sum_{i=1}^{m} \omega_i^d x_{id} = 1 \tag{8.7}$$

$$\sum_{r=1}^{s} \mu_r^d y_{rd} = 1 - \alpha_d^*$$

$$\mu_r^d, \omega_i^d, \alpha'_j \geqslant 0, \quad r = 1, \cdots, s; i = 1, \cdots, m; j = 1, \cdots, n$$

模型式（8.7）可以等价表达为

$$\min\ \theta$$

$$\text{s.t.}\ \sum_{r=1}^{s}\mu_r^d y_{rj} - \sum_{i=1}^{m}\omega_i^d x_{ij} + \alpha_j' = 0,\quad j=1,\cdots,n$$

$$\sum_{i=1}^{m}\omega_i^d x_{id} = 1 \tag{8.8}$$

$$\sum_{r=1}^{s}\mu_r^d y_{rd} = 1 - \alpha_d^*$$

$$\theta - \alpha_j' \geqslant 0,\quad j=1,\cdots,n$$

$$\mu_r^d,\omega_i^d,\alpha_j' \geqslant 0,\quad r=1,\cdots,s; i=1,\cdots,m; j=1,\cdots,n$$

在模型式（8.7）中，最小化最大化 d-非有效度等同于 Troutt（1997）中最大化 n 个效率值中最小值的原则。求解上述模型可以产生一组使表现最差的 DMU 获得尽可能高的效率值的权重，经过这样处理之后，其他 DMU 所得到的效率值会更加接近。一般来说，让表现最差的 DMU 得到尽可能高的效率值会使其他表现较好单元的效率值降低，因此会使所有 DMU 效率值之间的差异变小。该准则适用于存在合作因素的环境中，如处于中央集权下的若干地位平等子单元（如单一总公司掌控下的若干分支机构）的效率评价问题。

通过求解模型式（8.8）可得到所有 DMU 的权重，再使用式（8.5）和式（8.6），可得到所有 DMU 最终效率值。仍然采用表 8.3 的数据，对于 DMU_5，其求解计算 DMU 的交叉效率值的权重公式为

$$\min\ \theta$$

$$\text{s.t.}\ \sum_{r=1}^{s}\mu_r^5 y_{rj} - \sum_{i=1}^{m}\omega_i^5 x_{ij} + \alpha_j' = 0,\quad j=1,\cdots,5$$

$$\sum_{i=1}^{m}\omega_i^5 x_{i5} = 1$$

$$\sum_{r=1}^{s}\mu_r^5 y_{rd} = 1 - 0.0769$$

$$\theta - \alpha_1' \geqslant 0, \theta - \alpha_2' \geqslant 0, \theta - \alpha_3' \geqslant 0, \theta - \alpha_4' \geqslant 0, \theta - \alpha_5' \geqslant 0$$

$$\mu_r^d,\omega_i^d,\alpha_j' \geqslant 0,\quad r=1,\cdots,3; i=1,\cdots,3; j=1,\cdots,5$$

得到的效率和排序结果如表 8.5 所示。

表 8.5　模型式（8.8）的效率和排序结果

DMU	非有效值	模型式（8.8）的效率值	排序
1	0.0000	1.0000	1
2	0.0000	0.9801	3
3	0.0000	1.0000	1
4	0.0000	0.9695	4
5	0.0769	0.9231	5

8.5　基于最小化平均绝对离差的交叉效率模型

模型式（8.9）的目标函数为最小化所有DMU效率之间的差距。

$$\min \ \frac{1}{n} \sum_{j=1}^{n} |\ \alpha_j' - \overline{\alpha'}\ |$$

$$\text{s.t.} \ \sum_{r=1}^{s} \mu_r^d y_{rj} - \sum_{i=1}^{m} \omega_i^d x_{ij} + \alpha_j' = 0, \quad j=1,\cdots,n$$

$$\sum_{i=1}^{m} \omega_i^d x_{id} = 1 \qquad\qquad\qquad (8.9)$$

$$\sum_{r=1}^{s} \mu_r^d y_{rd} = 1 - \alpha_d^*$$

$$\mu_r^d, \omega_i^d, \alpha_j' \geqslant 0, \quad r=1,\cdots,s; i=1,\cdots,m; j=1,\cdots,n$$

其中，$\overline{\alpha'} = \dfrac{1}{n}\sum_{j=1}^{n} \alpha_j'$。

模型式（8.9）中的目标函数是计算一组数据的平均绝对离差，即各个数据点到平均值的绝对离差的平均值。因此，最小化目标函数的目的在于减少各个DMU效率值之间的差异，一定程度上体现了公平的原则。

上述非线性规划模型可以进行线性化，令 $a_j' = \dfrac{1}{2}(|\alpha_j' - \overline{\alpha'}| + \alpha_j' - \overline{\alpha'})$，$b_j' = \dfrac{1}{2}\left[|\alpha_j' - \overline{\alpha'}| - (\alpha_j' - \overline{\alpha'})\right]$，则模型式（8.9）可以转化为下列线性规划问题：

$$\min \ \frac{1}{n} \sum_{j=1}^{n} (a_j' + b_j')$$

$$\text{s.t.} \ \sum_{r=1}^{s} \mu_r^d y_{rj} - \sum_{i=1}^{m} \omega_i^d x_{ij} + \alpha_j' = 0, \quad j=1,\cdots,n$$

$$\sum_{i=1}^{m} \omega_i^d x_{id} = 1 \qquad\qquad\qquad (8.10)$$

$$\sum_{r=1}^{s} \mu_r^d y_{rd} = 1 - \alpha_d^*$$

$$a_j' - b_j' = \alpha_j' - \frac{1}{n} \sum_{j=1}^{n} \alpha_j', \quad j=1,\cdots,n$$

$$\mu_r^d, \omega_i^d, a_j', b_j', \alpha_j' \geqslant 0, \quad r=1,\cdots,s; i=1,\cdots,m; j=1,\cdots,n$$

模型式（8.8）和式（8.10）的目的都是选择一组权重（$\boldsymbol{\mu}^d, \boldsymbol{\omega}^d$）使各DMU的$d$-非有效度尽可能相似，后一个模型则更加直接地使所有DMU的效率值接近。在很多情况下，该准则可以被运用到与8.3节相同的环境中去，只是该准则更加可能会使所有DMU尽可能地接近有效状态，所以在资源分配的实际问题中，利用模型式（8.10）来进行效率评价可能会使资源的再分配数量最少。

通过求解模型式（8.10）可得到所有 DMU 的权重，再使用式（8.5）和式（8.6），可得到所有 DMU 最终效率值。

8.6　交叉效率 DEA 在护理之家实例的应用

Sexton 等（1986）考虑了 6 个护理之家的案例，某年的投入/产出数据如表 8.6 所示，其中，投入和产出变量定义如下。

投入 1（x_1）：职工（护士和医师等）每天工作时长；

投入 2（x_2）：每天供给量；

产出 1（y_1）：每天享受医疗保险制度的患者数；

产出 2（y_2）：每天自费的患者数。

表 8.6　护理之家数据

DMU	投入 1（x_1）	投入 2（x_2）	产出 1（y_1）	产出 2（y_2）
1	1.50	0.20	1.40	0.35
2	4.00	0.70	1.40	2.10
3	3.20	1.20	4.20	1.05
4	5.20	2.0	2.80	4.20
5	3.50	1.20	1.90	2.50
6	3.20	0.70	1.40	1.50

表 8.7 列出了运算结果。其中第 2 列列出了 CCR 效率值，第 3～第 5 列分别列出了基于模型式（8.4）、式（8.8）和式（8.10）得到的交叉效率值，可以发现模型式（8.4）和式（8.10）得到的结果相同。模型式（8.4）实际上是利众型策略的一种形式，这说明在这个案例中，利众型策略在一定程度上使所有的交叉效率值尽可能接近。

表 8.7　护理之家实例结果

DMU	CCR 效率值	模型式（8.4）交叉效率	模型式（8.8）交叉效率	模型式（8.10）交叉效率
1	1	1	1	1
2	1	0.9547	0.9617	0.9547
3	1	0.8864	0.8759	0.8864
4	1	1	1	1
5	0.9775	0.9742	0.9748	0.9742
6	0.8675	0.8465	0.8499	0.8465

习　题

1. 交叉效率基本模型有何优缺点？

2. 模型式（8.3）为什么和 CCR 模型等价？

3. 模型式（8.5）为什么可以转化为模型式（8.6）？

4. 表 8.8 列出了 7 个 DMU 投入和产出数据，每个 DMU 有 3 个投入和 3 个产出，请用基于最小化理想点偏移量之和的交叉效率模型和最小化平均绝对离差的交叉效率模型计算出交叉效率结果。

表 8.8　7 个 DMU 数据

DMU	X_1	X_2	X_3	Y_1	Y_2	Y_3
1	12	400	20	60	35	17
2	19	750	70	139	41	40
3	42	1500	70	225	68	75
4	15	600	100	90	12	17
5	45	2000	250	253	145	130
6	19	730	50	132	45	45
7	41	2350	600	305	159	97

5. 表 8.9 中有 5 个 DMU，每个 DMU 有 3 个投入（X_1、X_2 和 X_3）和 2 个产出（Y_1 和 Y_2），请使用基于最小化最大化 d-非有效度的交叉效率模型确定所有 DMU 的交叉效率矩阵。

表 8.9　5 个 DMU 的投入产出数据

DMU	X_1	X_2	X_3	Y_1	Y_2
1	7	7	7	4	4
2	5	9	7	7	7
3	4	6	5	5	7
4	5	9	8	6	2
5	6	8	5	3	6

第9章 Cobb-Douglas 型 DEA 模型

传统的 DEA 模型对于生产函数的形式并没有严格的限制，因此在实际利用的场景中会带来诸多不便。Cobb-Douglas（C-D）函数在解释要素的边际产量、边际替代率、产出弹性、替代弹性、技术进步等方面都有优良的性质，在宏观和微观经济领域中得到了广泛的应用。因此，研究有效前沿面以 C-D 函数为基本形式的 DEA 模型具有必要性。本章首先介绍 C-D 型函数对应投入、产出形式以及生产可能集，其次推导出与此相关的 DEA 模型，最后介绍 C-D 型 DEA 模型在中国能源经济效率评价中的作用。本章内容主要参考 Charnes 等（1983）和盛昭瀚等（1996）。

9.1 Cobb-Douglas 生产函数

数据包络分析（DEA）的非参数技术已被广泛用于组织单元效率评价，与回归分析不同，它允许多个产出，并且不需要先验的函数形式规范。然而在实际应用中，选择不适当的变量或忽略投入产出的函数关系可能会导致失真，因此需要有正确的模型规范作为指导。Cobb-Douglas 生产函数最早由 Cobb 和 Douglas 提出。因其具有明确的经济意义，一经提出便得到了广泛的应用。它的基本模型为

$$Q = AL^{\alpha} K^{\beta} \tag{9.1}$$

其中，Q 是产出；L 是劳动力；K 是资金；A 是技术系数；α 和 β 分别是 L 和 K 的产出弹性。

本章以 C-D 函数的形式建立其有效前沿面，并在相应的投入、产出形式和生产可能集的基础上逐步建立了产出导向 C-D 型 DEA 模型和投入导向 C-D 型 DEA 模型，并给出了判断 C-D 型 DEA 模型有效性的方法。本章给出的 C-D 型 DEA 模型均是在 CRS 下的讨论，如需 VRS 下的 C-D 型 DEA 模型，在约束条件中增加 $\sum_{j=1}^{n} \lambda_j = 1$ 即可。

9.2 C-D 型 DEA 模型

9.2.1 投入导向 C-D 型 DEA 模型

C-D 函数形式有效前沿面对应的生产可能集为

$$T = \left\{ (\boldsymbol{x}, \boldsymbol{y}) \mid 0 < \prod_{j=1}^{n} x_{ij}^{\lambda_j} \leqslant x_i, i = 1, 2, \cdots, m, \prod_{j=1}^{n} y_{rj}^{\lambda_j} \geqslant y_r > 0, r = 1, 2, \cdots, s, \lambda_j \geqslant 0 \right\} \tag{9.2}$$

其中

$$\boldsymbol{x} = (x_1, x_2, \cdots, x_m)^{\mathrm{T}}, \boldsymbol{y} = (y_1, y_2, \cdots, y_s)^{\mathrm{T}}$$

现记

$$\hat{\boldsymbol{x}}_i = \ln \boldsymbol{x}_i, \hat{x}_{ij} = \ln x_{ij}, \hat{\boldsymbol{y}}_r = \ln \boldsymbol{y}_r, \hat{y}_{rj} = \ln y_{rj}$$

$$\hat{\boldsymbol{x}} = (\hat{x}_1, \hat{x}_2, \cdots, \hat{x}_m)^{\mathrm{T}}, \hat{\boldsymbol{y}} = (\hat{y}_1, \hat{y}_2, \cdots, \hat{y}_s)^{\mathrm{T}}$$

因此，生产可能集可以表述为

$$\hat{T} = \left\{ (\hat{\boldsymbol{x}}, \hat{\boldsymbol{y}}) \mid \sum_{j=1}^n \lambda_j \hat{x}_{ij} \leqslant \hat{x}_i, i = 1, 2, \cdots, m, \sum_{j=1}^n \lambda_j \hat{y}_{rj} \geqslant \hat{y}_r, r = 1, 2, \cdots, s, \lambda_j \geqslant 0 \right\} \quad (9.3)$$

显然，经由 T 到 $\hat{T}$ 只进行了一次对数变换，二者是等价的。

【例 9.1】假设有 4 个 DMU，每个 DMU 具有 2 个投入指标和 1 个产出指标，相应的投入/产出数据由表 9.1 给出。

表 9.1 C-D 型生产函数的投入/产出数据

DMU	投入 1	投入 2	产出
1	3	3	1
2	5	1	1
3	3	3	5
4	1	5	5

考虑到实际的生产过程，假设生产函数为 C-D 型，设为

$$z = A x_1^{\mu_1} x_2^{\mu_2}$$

以 DMU_1 为例，判断其有效性的方法就是在现有的投入条件下，寻找产出的下确界，若该下确界的值小于现有的产出值，则 DMU_1 是有效的，反之则是无效的。具体的约束为

$$\min \ z = A \cdot 3^{\mu_1} \cdot 3^{\mu_2}$$
$$\text{s.t.} \quad A \cdot 3^{\mu_1} \cdot 3^{\mu_2} \geqslant 1$$
$$A \cdot 5^{\mu_1} \cdot 1^{\mu_2} \geqslant 1$$
$$A \cdot 3^{\mu_1} \cdot 3^{\mu_2} \geqslant 5$$
$$A \cdot 1^{\mu_1} \cdot 5^{\mu_2} \geqslant 5$$
$$\mu_1 \geqslant 0, \mu_2 \geqslant 0$$

令 $\hat{z} = \ln z, \hat{A} = \ln A$，上述模型可以改写为

$$\min \ \hat{z} = \hat{A} + \mu_1 \ln 3 + \mu_2 \ln 3$$
$$\text{s.t.} \quad \hat{A} + \mu_1 \ln 3 + \mu_2 \ln 3 \geqslant \ln 1$$
$$\hat{A} + \mu_1 \ln 5 + \mu_2 \ln 1 \geqslant \ln 1$$
$$\hat{A} + \mu_1 \ln 3 + \mu_2 \ln 3 \geqslant \ln 5$$
$$\hat{A} + \mu_1 \ln 1 + \mu_2 \ln 5 \geqslant \ln 5$$
$$\mu_1 \geqslant 0, \mu_2 \geqslant 0$$

解此线性规划，得

$$\hat{z}^* = \ln 5 \text{ 或 } z^* = 5$$

对比原产出数据，可以发现 DMU_1 是有效的。

对于生产可能集式（9.3），投入导向 C-D 型 DEA 模型为

$$\min \quad \theta$$

$$\text{s.t.} \quad \prod_{j=1}^{n} x_{ij}^{\lambda_j} \leqslant \theta x_{io}, \quad i=1,2,\cdots,m$$

$$\prod_{j=1}^{n} y_{rj}^{\lambda_j} \geqslant y_{ro}, r=1,2,\cdots,s \tag{9.4}$$

$$\lambda_j \geqslant 0, \quad j=1,2,\cdots,n$$

在规划式（9.4）的基础上，引入系数 $\eta_{ro} \geqslant 0 \ (r=1,\cdots,s)$ 和 $\xi_{io} \geqslant 1 \ (i=1,\cdots,m)$，使得

$$\xi_{io} \prod_{j=1}^{n} x_{ij}^{\lambda_j} = \theta x_{io}, \quad i=1,2,\cdots,m$$

$$\prod_{j=1}^{n} y_{ij}^{\lambda_j} = \eta_{ro} y_{ro}, \quad r=1,2,\cdots,s \tag{9.5}$$

对式（9.5）取自然对数，得到投入导向具有非阿基米德无穷小量的 C-D 型 DEA 模型：

$$\min \quad \hat{\theta} - \varepsilon \left(\sum_{i=1}^{m} \hat{\xi}_{io} + \sum_{r=1}^{s} \hat{\eta}_{ro} \right)$$

$$\text{s.t.} \quad \sum_{j=1}^{n} \lambda_j \hat{x}_{ij} + \hat{\xi}_{io} = \hat{\theta} + \hat{x}_{io}, \quad i=1,2,\cdots,m$$

$$\sum_{j=1}^{n} \lambda_j \hat{y}_{rj} - \hat{\eta}_{ro} = \hat{y}_{ro}, \quad r=1,2,\cdots,s \tag{9.6}$$

$$\lambda_j \geqslant 0, \quad j=1,2,\cdots,n$$

$$\hat{\eta}_{ro} \geqslant 0$$

设 ε 为非阿基米德无穷小量，符号 "^" 表示自然对数值。

若线性规划式（9.5）的最优解为 $\hat{\theta}_o^*$，且满足 $\exp\left(\hat{\theta}_o^*\right) \triangleq \theta_o^* = 1$，则 DMU_o 为 C-D 型 DEA 有效。

【例 9.2】假设有 4 个 DMU，每个 DMU 具有 2 个投入指标和 1 个产出指标，相应的投入/产出数据由表 9.2 给出。

表 9.2　DMU 的投入/产出数据

DMU	投入 1	投入 2	产出
1	e^3	e^2	e^1
2	e^3	e^5	e^2
3	e^1	e^2	e^1
4	e^4	e^3	e^2

注：e 表示自然常数。

考察 DMU_1 所对应的线性规划，取 $\varepsilon = 10^{-5}$，

$$\min \ \hat{\theta} - \varepsilon(\hat{\xi}_{11} + \hat{\xi}_{21} + \hat{\eta}_{11})$$

$$\begin{aligned}
\text{s.t.} \quad & 3\lambda_1 + 3\lambda_2 + \lambda_3 + 4\lambda_4 + \hat{\xi}_{11} = \hat{\theta} + 3 \\
& 2\lambda_1 + 5\lambda_2 + 2\lambda_3 + 3\lambda_4 + \hat{\xi}_{21} = \hat{\theta} + 2 \\
& \lambda_1 + 2\lambda_2 + \lambda_3 + 2\lambda_4 - \hat{\eta}_{11} = 1 \\
& \lambda_1 \geqslant 0, \lambda_2 \geqslant 0, \lambda_3 \geqslant 0, \lambda_4 \geqslant 0, \hat{\eta}_{11} \geqslant 0
\end{aligned}$$

该线性规划的最优解为

$$\hat{\theta}^* = -0.5, \exp(\hat{\theta}^*) \neq 1$$

因此，DMU_1 为非 DEA 有效。

类似地，对 DMU_2、DMU_3、DMU_4 进行检验，可知仅有 DMU_3 为 DEA 有效。

9.2.2 产出导向 C-D 型 DEA 模型

进一步地，从产出侧考虑，可以得到产出导向 C-D 型 DEA 模型：

$$\max \ \varphi$$

$$\begin{aligned}
\text{s.t.} \quad & \prod_{j=1}^{n} x_{ij}^{\lambda_j} \leqslant x_{io}, \quad i = 1, 2, \cdots, m \\
& \prod_{j=1}^{n} y_{rj}^{\lambda_j} \geqslant \varphi y_{ro}, \quad r = 1, 2, \cdots, s \\
& \lambda_j \geqslant 0, \quad j = 1, 2, \cdots, n
\end{aligned} \tag{9.7}$$

引入系数 $\eta_{ro} \geqslant 1 \ (r = 1, \cdots, s)$ 和 $\xi_{io} \geqslant 0 \ (i = 1, \cdots, m)$，使得

$$\begin{aligned}
& \xi_{io} \prod_{j=1}^{n} x_{ij}^{\lambda_j} = x_{io}, \quad i = 1, 2, \cdots, m \\
& \prod_{j=1}^{n} y_{ij}^{\lambda_j} = \eta_{ro} \varphi y_{ro}, \quad r = 1, 2, \cdots, s
\end{aligned} \tag{9.8}$$

对式（9.8）取自然对数，得到产出导向具有非阿基米德无穷小量的 C-D 型 DEA 模型：

$$\max \ \hat{\varphi} + \varepsilon\left(\sum_{i=1}^{m} \hat{\xi}_{io} + \sum_{r=1}^{s} \hat{\eta}_{ro} \right)$$

$$\begin{aligned}
\text{s.t.} \quad & \sum_{j=1}^{n} \lambda_j \hat{x}_{ij} + \hat{\xi}_{io} = \hat{x}_{io}, \quad i = 1, 2, \cdots, m \\
& \sum_{j=1}^{n} \lambda_j \hat{y}_{rj} - \hat{\eta}_{ro} = \hat{y}_{ro} + \varphi, \quad r = 1, 2, \cdots, s \\
& \lambda_j \geqslant 0, \quad j = 1, 2, \cdots, n \\
& \hat{\xi}_{io} \geqslant 0
\end{aligned} \tag{9.9}$$

设 ε 为非阿基米德无穷小量，符号"﹀"表示自然对数值。

若线性规划式（9.9）的最优解为 $\hat{\varphi}_o^*$，且满足 $\exp(\hat{\varphi}_o^*) \triangleq \varphi_o^* = 1$，则 DMU$_o$ 为 C-D 型 DEA 有效。

【例 9.3】假设有 4 个 DMU，每个 DMU 具有 2 个投入指标和 1 个产出指标，相应的投入/产出数据由表 9.3 给出。

表 9.3　DMU 的投入/产出数据

DMU	投入 1	投入 2	产出
1	e^1	e^2	e^4
2	e^3	e^3	e^6
3	e^2	e^4	e^1
4	e^4	e^3	e^2

注：e 表示自然常数。

考察 DMU$_1$ 所对应的线性规划，取 $\varepsilon = 10^{-5}$，

$$\max \quad \hat{\varphi} + \varepsilon(\hat{\xi}_{11} + \hat{\xi}_{21} + \hat{\eta}_{11})$$
$$\text{s.t.} \quad \lambda_1 + 3\lambda_2 + 2\lambda_3 + 4\lambda_4 + \hat{\xi}_{11} = 1$$
$$2\lambda_1 + 3\lambda_2 + 4\lambda_3 + 3\lambda_4 + \hat{\xi}_{21} = 2$$
$$4\lambda_1 + 6\lambda_2 + \lambda_3 + 2\lambda_4 - \hat{\eta}_{11} = \hat{\varphi} + 4$$
$$\lambda_1 \geqslant 0, \lambda_2 \geqslant 0, \lambda_3 \geqslant 0, \lambda_4 \geqslant 0, \hat{\xi}_{11}, \hat{\xi}_{21} \geqslant 0$$

该线性规划的最优解为

$$\hat{\varphi}^* = 0, \exp(\hat{\theta}^*) = 1$$

因此，DMU$_1$ 为 DEA 有效。

类似地，对 DMU$_2$、DMU$_3$、DMU$_4$ 进行检验，可知仅有 DMU$_1$ 为 DEA 有效。

9.2.3　基于投入、产出导向的 C-D 型的加性 DEA 模型

在线性规划式（9.6）和式（9.9）的基础上只考虑松弛值，便可以得到 C-D 型的加性 DEA 模型：

$$\max \quad \left(\sum_{i=1}^{m} \hat{\xi}_{io} + \sum_{r=1}^{s} \hat{\eta}_{ro} \right)$$
$$\text{s.t.} \quad \sum_{j=1}^{n} \lambda_j \hat{x}_{ij} + \hat{\xi}_{io} = \hat{x}_{io}, \quad i = 1, 2, \cdots, m$$
$$\sum_{j=1}^{n} \lambda_j \hat{y}_{rj} - \hat{\eta}_{ro} = \hat{y}_{ro}, \quad r = 1, 2, \cdots, s \qquad (9.10)$$
$$\lambda_j \geqslant 0, \quad j = 1, 2, \cdots, n$$
$$\hat{\eta}_{ro} \geqslant 0$$

使用原始的投入/产出数据可以直观地表示为

$$\max \left(\sum_{i=1}^{m} \ln \xi_{io} + \sum_{r=1}^{s} \ln \eta_{ro} \right)$$

$$\text{s.t.} \quad \sum_{j=1}^{n} \lambda_j \ln x_{ij} + \ln \xi_{io} = \ln x_{io}, \quad i=1,2,\cdots,m$$

$$\sum_{j=1}^{n} \lambda_j \ln y_{ij} - \ln \eta_{ro} = \ln x_{ro}, \quad r=1,2,\cdots,s \qquad (9.11)$$

$$\lambda_j \geqslant 0, \quad j=1,2,\cdots,n$$

9.3 C-D 型 DEA 模型在能源经济全要素效率评价中的作用

本节将 C-D 型 DEA 模型应用于中国能源经济全要素效率评价中。假定在其他因素不变的情况下，分别探索能源生产以及能源消费和经济发展水平之间的关系。其中经济发展水平用 GDP 衡量，采用扩展的 C-D 生产函数描述生产过程，在生产函数中资本 K 和劳动力 L 分别采用全社会固定投资总额和就业人数衡量，并增加一个投入要素，即能源消耗 E，用 GDP 作为唯一的产出量建立扩展的 C-D 生产函数模型如下：

$$GDP = AL^{\alpha} K^{\beta} E^{\chi}$$

由于缺乏西藏、香港、澳门、台湾的相关数据，本节选取了中国 30 个省的 2019 年的各项数据，如表 9.4 所示。

表 9.4 中国 30 个省（自治区、直辖市）投入产出数据

省（自治区、直辖市）	能源消耗	全社会固定投资总额	就业人数	GDP
北京	7360.00	7745.09	1273.00	35371.28
天津	8241.00	12122.73	896.56	14104.28
河北	32545.00	37359.02	4182.50	35104.52
山西	20859.00	6892.95	1762.00	17026.68
内蒙古	25346.00	11079.53	1272.00	17212.53
辽宁	23749.00	6938.63	2238.43	24909.45
吉林	7132.00	11285.40	1456.43	11726.82
黑龙江	11614.00	11454.81	1776.90	13612.68
上海	11696.00	8012.22	1376.20	38155.32
江苏	32526.00	55899.53	4903.20	99631.52
浙江	22393.00	36702.86	3771.00	62351.74
安徽	13870.00	35631.85	4384.00	37113.98
福建	13718.00	31164.02	2210.00	42395.00
江西	9665.00	26746.32	2278.00	24757.50
山东	41390.00	52638.89	5561.00	71067.53

省（自治区、直辖市）	能源消耗	全社会固定投资总额	就业人数	GDP
河南	22300.00	51949.28	6562.00	54259.20
湖北	17316.00	39128.68	3375.00	45828.31
湖南	16001.00	37941.44	3666.48	39752.12
广东	34142.00	46093.28	6995.00	107671.07
广西	11270.00	24668.30	2853.20	21237.14
海南	2264.00	3277.63	536.11	5308.93
重庆	8889.00	19872.58	1668.16	23605.77
四川	20791.00	38979.03	4889.00	46615.82
贵州	10423.00	17880.55	1888.00	16769.34
云南	12158.00	22825.04	2990.38	23223.75
陕西	13478.00	26878.93	2114.00	25793.17
甘肃	7818.00	5833.30	1333.00	8718.30
青海	4235.00	4390.71	330.20	2965.95
宁夏	7648.00	2773.10	385.30	3748.48
新疆	18490.00	9043.72	1330.12	13597.11

使用 C-D 型 DEA 模型对 2019 年中国 30 个省（自治区、直辖市）能源经济全要素效率的评价结果如表 9.5 所示。

表 9.5　2019 年中国 30 个省（自治区、直辖市）能源经济全要素效率

省（自治区、直辖市）	效率值	排名	省（自治区、直辖市）	效率值	排名	省（自治区、直辖市）	效率值	排名
北京	1.0000	1	浙江	0.5322	16	海南	0.6507	8
天津	0.7580	4	安徽	0.5528	14	重庆	0.5871	10
河北	0.3028	30	福建	0.6518	7	四川	0.4476	22
山西	0.5845	11	江西	0.5623	12	贵州	0.4051	26
内蒙古	0.6121	9	山东	0.3686	29	云南	0.4233	23
辽宁	0.8029	3	河南	0.4748	21	陕西	0.4854	20
吉林	0.4114	25	湖北	0.5297	17	甘肃	0.3914	27
黑龙江	0.3733	28	湖南	0.5080	18	青海	0.7100	6
上海	1.0000	1	广东	0.5554	13	宁夏	0.7139	5
江苏	0.5457	15	广西	0.4233	24	新疆	0.4983	19

表 9.5 给出了所有省（自治区、直辖市）的能源经济全要素效率的评价结果，仅有北京和上海两个直辖市的能源经济全要素效率为 C-D 型 DEA 有效。

习　　题

1. 利用产出导向 C-D 型 DEA 模型评价表 9.2 中的 4 个 DMU。

2. 试说明在何种情形下，C-D 型 DEA 模型比传统的 CCR、BCC 模型更适用。

3. 表 9.6 列出了 5 个 DMU，每个 DMU 有 3 个投入和 1 个产出，请用投入导向 C-D 型 DEA 模型评价这 5 个 DMU 的效率值。

表 9.6　DMU 的投入/产出数据

DMU	投入 1	投入 2	投入 3	产出
1	e^1	e^1	e^2	e^6
2	e^1	e^2	e^1	e^2
3	e^2	e^1	e^3	e^1
4	e^3	e^2	e^1	e^3
5	e^4	e^3	e^2	e^1

注：e 表示自然常数。

4. 使用加性模型评价表 9.6 中的 5 个 DMU，总结得出的结果与题 3 的结果有什么区别和联系。

5. 请用 MATLAB 编程复现本章的模型评价结果。

第 10 章　Malmquist DEA 模型

传统的 DEA 模型是对效率进行静态分析，最常见的有 CCR 模型和在此基础上扩展的 BCC 模型。为了研究不同时期的效率变化，即考虑动态情形下 DEA 效率的演化，本章采用 Malmquist DEA 模型指数来研究不同时期 DMU 的效率演化。本章首先介绍三个经典 Malmquist DEA 模型：RD 模型、全局模型、含有非期望产出的 Malmquist DEA 模型，并对每个模型给出一个算例解释。最后，本章将 Malmquist DEA 模型实际运用到经济合作与发展组织（Organization for Economic Co-operation and Development，OECD）国家进行分析。本章的主要内容参考 Ray 和 Desli（1997）、Paster 和 Lovell（2005）、Chung 等（1997）。

10.1　Malmquist 指数分析方法介绍

DEA 模型不仅可以用于评价经济效率或绿色经济效率，还可以计算生产率指数（productivity index）。而学术界也经常把 DEA 模型计算的生产率指数作为全要素生产率或者绿色全要素生产率的替代指标。目前，DEA 模型中较为常见的生产率指数是 Malmquist 指数。Malmquist 指数分析法是一种动态分析法，量化地描述了不同时期的效率演化。同时，为了深入分析效率变化背后的原因，不同的 Malmquist DEA 模型提供了不同的分解方式。下面将对 Malmquist DEA 模型中的三种经典模型进行详细介绍。

10.2　Malmquist DEA 经典模型

假设存在 n 个 DMU，T 个时期，每个 DMU 在 t（$t=1,2,\cdots,T$）时期使用 m 种投入得到 s 种产出。$\boldsymbol{x}_j^t=(x_{1j}^t,x_{2j}^t,\cdots,x_{mj}^t)^{\mathrm{T}}$ 表示 DMU$_j$ 在 t（$t=1,2,\cdots,T$）时期的投入列向量；$\boldsymbol{y}_j^t=(y_{1j}^t,y_{2j}^t,\cdots,y_{sj}^t)^{\mathrm{T}}$ 表示 DMU$_j$ 在 t 时期的产出列向量。则 DMU$_j$ 在 t 时期的投入产出数据可以标记为（$\boldsymbol{x}_0^t,\boldsymbol{y}_0^t$）。Malmquist 指数用于衡量不同时期效率的演化。为了清晰地展示后续分解过程，其变量解释如下。

$E_{\mathrm{C}}^t(\boldsymbol{x}_0^t,\boldsymbol{y}_0^t)$：CRS 情况下，（$\boldsymbol{x}_0^t,\boldsymbol{y}_0^t$）在 t 时期的效率；

$E_{\mathrm{C}}^{t+1}(\boldsymbol{x}_0^t,\boldsymbol{y}_0^t)$：CRS 情况下，（$\boldsymbol{x}_0^t,\boldsymbol{y}_0^t$）在 $t+1$ 时期的效率；

$E_{\mathrm{C}}^t(\boldsymbol{x}_0^{t+1},\boldsymbol{y}_0^{t+1})$：CRS 情况下，（$\boldsymbol{x}_0^{t+1},\boldsymbol{y}_0^{t+1}$）在 t 时期的效率；

$E_{\mathrm{C}}^{t+1}(\boldsymbol{x}_0^{t+1},\boldsymbol{y}_0^{t+1})$：CRS 情况下，（$\boldsymbol{x}_0^{t+1},\boldsymbol{y}_0^{t+1}$）在 $t+1$ 时期的效率；

$E_{\mathrm{C}}^{\mathrm{G}}(\boldsymbol{x}_0^{t+1},\boldsymbol{y}_0^{t+1})$：CRS 情况下，（$\boldsymbol{x}_0^{t+1},\boldsymbol{y}_0^{t+1}$）在全局时期的效率；

$E_{\mathrm{C}}^{\mathrm{G}}(\boldsymbol{x}_0^t,\boldsymbol{y}_0^t)$：CRS 情况下，（$\boldsymbol{x}_0^t,\boldsymbol{y}_0^t$）在全局时期的效率；

$E_V^t(\boldsymbol{x}_0^t, \boldsymbol{y}_0^t)$：VRS 情况下，$(\boldsymbol{x}_0^t, \boldsymbol{y}_0^t)$在 t 时期的效率；

$E_V^{t+1}(\boldsymbol{x}_0^t, \boldsymbol{y}_0^t)$：VRS 情况下，$(\boldsymbol{x}_0^t, \boldsymbol{y}_0^t)$在 $t+1$ 时期的效率；

$E_V^t(\boldsymbol{x}_0^{t+1}, \boldsymbol{y}_0^{t+1})$：VRS 情况下，$(\boldsymbol{x}_0^{t+1}, \boldsymbol{y}_0^{t+1})$在 t 时期的效率；

$E_V^{t+1}(\boldsymbol{x}_0^{t+1}, \boldsymbol{y}_0^{t+1})$：VRS 情况下，$(\boldsymbol{x}_0^{t+1}, \boldsymbol{y}_0^{t+1})$在 $t+1$ 时期的效率。

10.2.1 RD 模型

Ray 和 Desli（1997）将 CRS 模型得出的 Malmquist 指数分解为纯技术效率变动（pure efficiency change，PECH）、纯技术变动（pure technical change，TECH）和规模效率变动（scale efficiency change，SECH）。将 RD 模型下 Malmquist 指数标记为 M_{RD} ，则

$$M_{RD} = PECH \times SECH \times TECH \qquad (10.1)$$

RD 模型将 Malmquist 指数（M_{RD}）分解为三个部分：PECH、SECH、TECH。其中：

$$PECH = \frac{E_V^{t+1}(\boldsymbol{x}_0^{t+1}, \boldsymbol{y}_0^{t+1})}{E_V^{t+1}(\boldsymbol{x}_0^t, \boldsymbol{y}_0^t)}$$

$$SECH = \sqrt{\frac{E_C^t(\boldsymbol{x}_0^{t+1}, \boldsymbol{y}_0^{t+1})\big/E_V^t(\boldsymbol{x}_0^{t+1}, \boldsymbol{y}_0^{t+1})}{E_C^t(\boldsymbol{x}_0^t, \boldsymbol{y}_0^t)\big/E_V^t(\boldsymbol{x}_0^t, \boldsymbol{y}_0^t)} \times \frac{E_C^{t+1}(\boldsymbol{x}_0^{t+1}, \boldsymbol{y}_0^{t+1})\big/E_V^{t+1}(\boldsymbol{x}_0^{t+1}, \boldsymbol{y}_0^{t+1})}{E_C^{t+1}(\boldsymbol{x}_0^t, \boldsymbol{y}_0^t)\big/E_V^{t+1}(\boldsymbol{x}_0^t, \boldsymbol{y}_0^t)}}$$

$$TECH = \sqrt{\frac{E_V^t(\boldsymbol{x}_0^{t+1}, \boldsymbol{y}_0^{t+1})}{E_V^{t+1}(\boldsymbol{x}_0^{t+1}, \boldsymbol{y}_0^{t+1})} \times \frac{E_V^t(\boldsymbol{x}_0^t, \boldsymbol{y}_0^t)}{E_V^{t+1}(\boldsymbol{x}_0^t, \boldsymbol{y}_0^t)}}$$

关于上述情形，有如下结果。

$M_{RD} > 1$：表示全要素生产率有上升趋势；

$M_{RD} = 1$：表示全要素生产率不变；

$M_{RD} < 1$：表示全要素生产率有下降趋势；

TECH > 1：表示技术进步；

TECH $= 1$：表示技术不变；

TECH < 1：表示技术退化；

PECH $\times$ SECH > 1：表示相对技术效率进步；

PECH $\times$ SECH $= 1$：表示相对技术效率不变；

PECH $\times$ SECH < 1：表示相对技术效率退化。

【例 10.1】假设有 5 个 DMU，每个 DMU 存在 2 个投入和 1 个产出，且存在两个时期。数据如表 10.1 所示。

表 10.1　例 10.1 数据

DMU	$t=1$			$t=2$		
	投入 1	投入 2	产出 1	投入 1	投入 2	产出 1
1	2	3	2	1	3	3
2	1	2	5	1	5	1
3	2	5	2	5	3	3

DMU	t = 1			t = 2		
	投入 1	投入 2	产出 1	投入 1	投入 2	产出 1
4	3	2	4	1	3	4
5	1	4	3	2	5	6

根据 CCR 模型和 BCC 模型，其 RD 模型下分解指数如表 10.2 所示。

表 10.2   例 10.1 结果

DMU	PECH	SECH	TECH	M_{RD}
1	1.000	1.837	0.667	1.225
2	0.500	0.231	0.707	0.082
3	1.667	1.732	0.645	1.862
4	0.667	1.000	0.816	0.544
5	1.000	1.095	1.000	1.095

如表 10.2 所示，DMU_1、DMU_3、DMU_5 全要素生产率有上升趋势；DMU_2、DMU_4 全要素生产率有下降趋势。

10.2.2   全局模型

Paster 和 Lovell（2005）构造了全局模型，并分解为技术效率变动（efficiency change，EC）和技术差距变动（best practice change，BPC），将全局模型下 Malmquist 指数标记为 M_G，则

$$M_G = EC \times BPC \tag{10.2}$$

全局模型将 Malmquist 指数（M_{RD}）分解为两个部分：EC、BPC。其中：

$$EC = \frac{E_C^{t+1}(\boldsymbol{x}_0^{t+1}, \boldsymbol{y}_0^{t+1})}{E_C^{t+1}(\boldsymbol{x}_0^t, \boldsymbol{y}_0^t)}$$

$$BPC = \frac{E_C^G(\boldsymbol{x}_0^{t+1}, \boldsymbol{y}_0^{t+1}) / E_C^t(\boldsymbol{x}_0^{t+1}, \boldsymbol{y}_0^{t+1})}{E_C^G(\boldsymbol{x}_0^t, \boldsymbol{y}_0^t) / E_C^t(\boldsymbol{x}_0^t, \boldsymbol{y}_0^t)}$$

关于上述情形，有如下结果：

EC＞1：表示技术效率进步；

EC＝1：表示技术效率不变；

EC＜1：表示技术效率退化。

BPC＞1：表示技术进步；

BPC＝1：表示技术不变；

BPC＜1：表示技术退化。

【例 10.2】假设有 4 个 DMU，每个 DMU 存在 3 个投入和 1 个产出，且存在 5 个时期。数据如表 10.3 所示。

表 10.3　例 10.2 数据

时期	DMU	X_1	X_2	X_3	Y_1
$t=1$	1	6.2	358.3	117.36	1821.9
	2	4.4	776.6	116.33	2292.7
	3	26.2	2756.9	303.35	5490.5
	4	15.4	1334.6	220.59	2485.1
$t=2$	1	5.7	477.9	119.25	2082.8
	2	4.2	1023.4	120.76	2661.9
	3	25	3559.4	303.21	6555.2
	4	14.4	1605.7	216.34	3141.9
$t=3$	1	5.2	380.8	123.38	2198.5
	2	3.81	1458.5	133.12	3533.9
	3	25.22	4705	316.85	7967.6
	4	13.47	1851.1	214.93	3919.8
$t=4$	1	5.2	407.9	120.41	2303.1
	2	4.35	2124.5	136.82	3622.1
	3	23.71	5893.9	319.94	7983.9
	4	10.53	2128.1	211.11	3518.9
$t=5$	1	5.1	514.7	124.15	2764
	2	4.8	2815	148.91	4410.9
	3	23.1	6571.2	344.67	9554
	4	12.6	2610.9	219.88	4658

根据 CCR 模型和 BCC 模型，其全局模型下分解指数如表 10.4 所示。

表 10.4　例 10.2 结果

时期	DMU	EC	BPC	M_{G}
$t=2$	1	1.000	0.914	0.914
	2	1.000	1.068	1.068
	3	1.068	1.057	1.129
	4	1.167	1.065	1.243
$t=3$	1	1.000	1.242	1.242
	2	1.000	1.134	1.134
	3	0.966	1.153	1.113
	4	1.099	1.108	1.218

续表

时期	DMU	EC	BPC	M_G
	1	1.000	1.000	1.000
	2	1.000	0.935	0.935
$t=4$	3	0.995	0.950	0.946
	4	0.944	0.933	0.882
	1	1.000	1.000	1.000
	2	1.000	1.070	1.070
$t=5$	3	0.994	1.111	1.104
	4	1.128	1.089	1.228

10.2.3　含有非期望产出的 Malmquist DEA 模型

Chung 等（1997）根据产出导向的方向距离函数在 Malmquist 指数的基础上推导出含有非期望产出的 Malmquist 指数。一般来说，将含有非期望产出的 Malmquist 指数称为 Malmquist Luenberger 指数，简称为 ML。本书参考 Oh（2010）直接使用非期望产出方向距离函数（directional distance function，DDF）计算的效率值套用 Malmquist 指数计算公式来计算 GML 指数。

$$\mathrm{GML} = \mathrm{EC}^\mathrm{b} \times \mathrm{BPC}^\mathrm{b} \tag{10.3}$$

Malmquist Luenberger 指数分解为两个部分：EC^b、BPC^b。其含义分别表示如下。

EC^b：表示带有非期望产出的技术效率变化；

BPC^b：表示带有非期望产出的技术差距变化。其中：

$$\mathrm{EC}^\mathrm{b} = \frac{1 + E_\mathrm{C}^t(\boldsymbol{x}_0^t, \boldsymbol{y}_0^t, \boldsymbol{b}_0^t)}{1 + E_\mathrm{C}^{t+1}(\boldsymbol{x}_0^{t+1}, \boldsymbol{y}_0^{t+1}, \boldsymbol{b}_0^{t+1})}$$

$$\mathrm{BPC}^\mathrm{b} = \frac{[1 + E_\mathrm{C}^\mathrm{G}(\boldsymbol{x}_0^t, \boldsymbol{y}_0^t, \boldsymbol{b}_0^t)] / [1 + E_\mathrm{C}^t(\boldsymbol{x}_0^t, \boldsymbol{y}_0^t, \boldsymbol{b}_0^t)]}{[1 + E_\mathrm{C}^\mathrm{G}(\boldsymbol{x}_0^{t+1}, \boldsymbol{y}_0^{t+1}, \boldsymbol{b}_0^{t+1})] / [1 + E_\mathrm{C}^{t+1}(\boldsymbol{x}_0^{t+1}, \boldsymbol{y}_0^{t+1}, \boldsymbol{b}_0^{t+1})]}$$

$\boldsymbol{b}_0^t$ 为 DMU_o 在 t 时期的非期望产出。

关于上述情形，有如下结果：

$\mathrm{EC}^\mathrm{b} > 1$：表示技术效率进步；

$\mathrm{EC}^\mathrm{b} = 1$：表示技术效率不变；

$\mathrm{EC}^\mathrm{b} < 1$：表示技术效率退化。

$\mathrm{BPC}^\mathrm{b} > 1$：表示技术进步；

$\mathrm{BPC}^\mathrm{b} = 1$：表示技术不变；

$\mathrm{BPC}^\mathrm{b} < 1$：表示技术退化。

10.3 Malmquist DEA 模型在 OECD 国家中的应用

如表 10.5 所示，以 30 个 OECD 国家为研究对象。每个国家有 3 个投入：劳动力、资本存量、能源消耗；1 个产出：GDP；2 个非期望产出：硫化物和二氧化碳排放量。

表 10.5 OECD 国家投入产出数据

DMU	GDP 当期	变化率/%	二氧化碳排放量 当期	变化率/%	硫化物 当期	变化率/%	能源消耗 当期	变化率/%	劳动力 当期	变化率/%	资本存量 当期	变化率/%
澳大利亚	437	3.59	313.8	0.95	2016.6	4.34	100.4	1.97	9.3	1.38	844.6	3.42
奥地利	198.8	2.07	60.8	1.63	45.1	−6.45	28.3	2.11	3.7	0.43	401.1	2.31
比利时	232.1	1.86	102.5	0.12	215.4	−6.85	55.1	1.46	4.2	0.43	442.4	2.3
加拿大	714.2	2.91	512	3.26	2523.4	−2.65	234.6	1.73	15.9	1.14	1407.5	2.82
丹麦	133.4	2.15	54.6	0.7	110.2	−13.2	20	1.15	2.9	0.06	251.9	2.11
芬兰	103.2	1.73	56.3	2.21	123.6	−6.94	32	1.94	2.6	0.1	240.8	−0.13
法国	1350.6	1.87	363	0.14	900.3	−7.4	249.7	1.34	26.1	0.72	2657.4	1.9
德国	1918.7	1.6	842.8	−1.5	1867.9	−17.36	346.8	−0.2	40.4	0.14	3967.6	1.38
希腊	140.9	2.77	82	2.17	521.1	1.23	25.3	2.29	4.6	1.14	270.4	1.82
冰岛	6.3	2.46	2	0.54	7.9	0	2.7	3.42	0.2	1.16	11.9	2.12
爱尔兰	73.3	6.71	36.8	2.44	150.9	−6.56	12.5	2.84	1.5	2.05	105.7	5.16
意大利	1212.5	1.4	412.1	1.09	1148.4	−9.45	162.3	1.54	25.1	0.34	2345.3	1.27
日本	2916.9	1.06	1150.6	1.07	938.8	−0.86	496.5	1.14	66.9	0.49	7721.8	2
韩国	622.9	5.45	370.6	4.87	664.9	−4.32	155.9	6.14	22.4	1.77	1451.3	7.14
卢森堡	16.9	4.71	9.2	0.01	7.6	−14.97	3.7	1.36	0.2	1.14	31.3	4.77
墨西哥	703.4	2.75	419	0.39	2726.1	−0.24	141.5	1.93	37.7	2.74	1022.6	3.2
荷兰	369.9	2.29	144.9	0.11	117.6	−8.45	73.8	1.49	7.2	0.58	687	2.05
新西兰	71	3.1	28.2	2.74	60.9	3.12	16.3	1.69	1.8	1.4	128.7	2.39
挪威	131.2	3.27	44.1	6.97	32.7	−6.27	24.5	1.79	2.3	0.81	285.6	1.59
葡萄牙	158.2	2.16	51.8	2.27	307.6	−3.54	22	2.87	5.1	0.63	279.2	3.79
西班牙	709.3	2.79	249.7	2.88	1739.9	−4.12	109.8	3.09	17.2	1.22	1359.3	3.21
瑞典	201.9	1.79	49.5	0.46	66.5	−6.87	50	0.55	4.8	0.41	369.3	1.03
瑞士	194.8	0.8	41.1	−0.44	26.1	−6.96	25.9	0.56	3.7	0.45	505.2	0.88
土耳其	340.5	2.96	183	3.16	1698.5	1.62	65.6	3.05	29.4	2.42	416.3	5.09
英国	1300.4	2.42	580.2	0.01	2110.4	−10.36	226.3	0.7	29	0.41	1976.4	2.58
美国	8493.6	2.96	5438	1.61	17126.9	−3.49	2136.1	1.3	139.6	1.17	13874.8	3.67
合计	875.1	2.68	446.1	1.53	1432.9	−5.27	185.3	1.89	19.4	0.95	1656	2.69

根据含有非期望产出的 Malmquist DEA 模型评价上述 30 个国家的 Malmquist 指数，结果如表 10.6 所示。

表 10.6　OECD 国家 Malmquist 指数

DMU	PC	EC	BPC
澳大利亚	1.0031	1	1.0031
奥地利	1.0041	0.9939	1.0102
比利时	0.994	0.9821	1.0121
加拿大	1.0129	1	1.0129
丹麦	1.0028	0.9974	1.0054
芬兰	1.0044	1	1.0044
法国	1.0077	1.0008	1.0069
德国	1.0061	1.0139	0.9923
希腊	1.0081	1.0044	1.0037
冰岛	1.0089	1.0051	1.0038
爱尔兰	0.9968	0.9985	0.9983
意大利	0.9973	0.9849	1.0126
日本	0.9977	0.9875	1.0103
韩国	1.0046	1	1.0046
卢森堡	0.9912	0.9946	0.9965
墨西哥	1.0126	0.9993	1.0133
荷兰	Zealand	1.0054	0.9966
新西兰	1.0118	1.0052	1.0066
挪威	0.9959	1	0.9959
葡萄牙	0.9944	0.9983	0.9961
西班牙	1.0074	1	1.0074
瑞典	1.0036	1	1.0036
瑞士	1.0024	0.9985	1.0039
土耳其	0.9925	1	0.9925
英国	0.9978	0.9966	1.0012
美国	0.9916	1	0.9916
平均	1.0024	0.9985	1.0039

习　题

1. 对比分析 RD 模型、全局模型和含有非期望产出的 Malmquist DEA 模型的区别。

2. 哪些现实场景可以应用到 Malmquist DEA 模型中？

3. 本章提及的三种 DEA 模型存在什么特点？

4. 参考 10.3 节内容尝试计算出 RD 模型下 OECD 国家的 Malmquist 指数评价结果。

第 11 章 考虑非期望产出的 DEA 环境绩效评价模型

在实际生产活动中，除了期望的目标产出物外，往往还存在诸如废水废气等伴随目标产出物一同产生的副产物，这些副产物对环境存在危害性，因此被称为非期望产出。随着 DEA 的发展，有学者提出了同时考虑组织生产效率与非期望产出对环境影响的 DEA 模型，该类效率评价方法被称为 DEA 环境效率评价。由于希望非期望产出越少越好，这与传统 DEA 方法中希望期望产出越大越好的设定矛盾，因此，在考虑非期望产出的环境绩效评价时，传统 DEA 模型已不再适用。为解决该问题，学者将环境因素纳入模型，提出了新的 DEA 环境效率评价方法。本章将对几种相关模型进行介绍和比较，最后，将模型应用到 OECD 的环境效率评价分析中。

11.1 DEA 环境绩效评价方法简介

本章主要对考虑非期望产出的 DEA 环境绩效评价模型进行介绍。通常而言，涉及非期望产出时，可使用以下三种方法进行环境绩效评价。第一种方法是通过数据变换，如借助线性变换或取倒数等方法，将非期望产出这一越小越好的值在数理上转化为越大越好的数，从而使其具有与期望产出同样的性质。这一方法虽然解决了非期望产出的数值问题，但其与实际生产逻辑并不相符，因此，有学者提出了第二种方法，即基于弱可处置性假设的 DEA 效率评价模型。与数据变换方法不同，第二种方法认为非期望产出的减少必须以牺牲期望产出为代价，因此对期望产出和非期望产出采用不同的处置方式，分别赋予期望产出强可处置、非期望产出弱可处置的特性，通过重新构建生产可能集，并在此基础上借助相应的径向模型和 SBM、RAM 等非径向模型对效率值进行评价。此外，基于非期望产出的弱可处置性和 DEA 方法的思想，也有学者提出了使用方向距离函数进行效率评价的方法，与传统径向方法相比，这一方法可对效率标杆方向进行选择，提高了模型的自由度，使其能够更大程度上满足不同情境下效率评价的需求。

11.2 DEA 环境绩效评价基本模型

11.2.1 基于数据变换的 DEA 环境绩效评价模型

数据变换法的本质是通过变量的转换使非期望产出转换成为和期望产出一样的单调递增指标，通常使用单调递减函数将非期望产出的数据集映射到另一个实数集中，使其单调递减的趋势转变成和期望产出一样的单调递增趋势。

第一种常见的转换方法是 Seiford 和 Zhu（2002）提出的加性变换（additive inverse）

模型。假设 $DMU_j(j=1,2,\cdots,n)$ 使用 m 个投入 $x_{ij}(i=1,2,\cdots,m)$ 同时生产出 s 个期望产出 $y_{rj}(r=1,2,\cdots,s)$ 与 q 个非期望产出 $z_{hj}(h=1,2,\cdots,q)$，使用加性变换模型对非期望产出进行转换的步骤如下。使用一个足够大的正数 w 减去非期望产出 z_j，得到转换后的非期望产出 $\bar{z}_j$：

$$\bar{z}_j = -z_j + w > 0 \tag{11.1}$$

在此基础上，可以选择合适的模型求解环境效率。例如，Seiford 等（2002）构建了产出导向的环境效率评价模型：

$$\theta_d^* = \max \theta \tag{11.2}$$

$$\text{s.t.} \quad \sum_{j=1}^n \lambda_j x_{ij} \leqslant x_{id}, \quad i=1,2,\cdots,m \tag{11.2a}$$

$$\sum_{j=1}^n \lambda_j y_{rj} \geqslant \theta y_{rd}, \quad r=1,2,\cdots,s \tag{11.2b}$$

$$\sum_{j=1}^n \lambda_j \bar{z}_{hj} \geqslant \theta \bar{z}_{hd}, \quad h=1,2,\cdots,q \tag{11.2c}$$

$$\lambda_j \geqslant 0, \quad j=1,2,\cdots,n \tag{11.2d}$$

其中，λ_j 是模型的决策变量，表示在进行效率评价时不同 DMU 所具有的权重向量。转换式（11.1）使得所有的非期望产出可以在模型式（11.2）中被作为期望产出处理。

第二种常见的转换方法是 Golany 和 Roll（1989）提出的乘性变换（multiplicative inverse）模型，即通过求非期望产出 z_j 的倒数来获得一个单调递增的变量指标 $\bar{z}_j$：

$$\bar{z}_j = 1/z_j \tag{11.3}$$

和前面的加性转换模型相同，我们可以把转换式（11.3）求得的变量指标 $\bar{z}_j$ 作为期望产出，代入模型式（11.2）中求解 DMU 的效率值。

Scheel（2001）将上述两种数据转换法进行了对比，发现两种方法之间存在着一种跟随关系（following relation），即在乘性变换模型中被识别为有效的 DMU，运用加性变换模型对其进行效率评价时，也一定为 DEA 有效。换句话说，在效率评价方面，乘性变换模型比加性变换模型更加严格，前者求得的有效 DMU 数量比后者更少。

下面给出一个简单的算例对两种数据转换法的应用加以说明，该算例选取了我国 12 个省份火力发电行业的相关数据，每个 DMU 具有 3 个投入（即能源消耗量、火电装机容量、劳动人口）、1 个期望产出（火电发电量），以及 1 个非期望产出（碳排放量），具体原始数据如表 11.1 所示。

表 11.1　　12 个 DMU 原始数据

DMU	能源消耗量	火电装机容量	劳动人口	火电发电量	碳排放量
1	7360	1135	9.6	443	551.89
2	8241	1639	4.2	647	992.50
3	32545	5021	18.7	2377	4903.78
4	20859	6687	15.8	2852	3235.61

续表

DMU	能源消耗量	火电装机容量	劳动人口	火电发电量	碳排放量
5	25346	8721	14.6	4564	4332.57
6	23749	3446	15.8	1395	2433.50
7	7132	1845	10.4	705	1010.16
8	11614	2253	14.5	887	1477.65
9	11696	2475	3.5	812	1219.25
10	32526	10050	14.3	4364	4519.00
11	22393	6212	11.1	2507	1757.73
12	13870	5521	10.4	2657	2452.62

表 11.2 是基于原始数据求解得出的两组效率值：第 2 列 θ_j^1 代表运用加性变换模型求得的 DMU 效率值，第 3 列 θ_j^2 代表运用乘性变换模型求得的效率值。

表 11.2　　两种数据变换模型的评价结果

DMU	θ_j^1	θ_j^2
1	1.0000	1.0000
2	1.0000	1.0000
3	1.1055	1.1022
4	1.2063	1.2211
5	1.0000	1.0000
6	1.2215	1.2667
7	1.0000	1.1444
8	1.1745	1.2539
9	1.0000	1.0000
10	1.0243	1.0243
11	1.1906	1.2411
12	1.0000	1.0000

根据模型式（11.2），$\theta_j - 1$ 代表在不改变投入水平的情况下，产出能够等比例增长以及非期望产出能够等比例减少的程度，即被评价 DMU 在所给定的方向上达到生产前沿面所需改进的比例，因此，θ_j 数值越大，DMU 的可改进比例 $\theta_j - 1$ 越大，即该 DMU 越无效；反之，若 $\theta_j = 1$，代表该 DMU 的产出值没有改进空间，即其自身已位于生产前沿面上，为有效 DMU。

由表 11.2 可知，在加性变换模型中有 6 个有效 DMU（DMU_1、DMU_2、DMU_5、DMU_7、DMU_9、DMU_{12}），在乘性变换模型中有 5 个有效 DMU（DMU_1、DMU_2、DMU_5、DMU_9、DMU_{12}）。乘性变换模型中的有效 DMU 数量少于加性变换模型，且乘性变换模型中的 5 个有效 DMU 在加性变换模型中也为 DEA 有效，这印证了前面所述的跟随关系。

观察无效 DMU，可以发现两种模型中 DMU_4 和 DMU_6 的值都排在前端，说明这两个 DMU 的无效率程度最大。计算可知，在给定当前投入的情况下，与生产前沿相比，DMU_4 的期望产出在加性变换模型、乘性变换模型中分别存在 20.63%、22.11% 的增加空间，而 DMU_6 的期望产出在加性变换模型、乘性变换模型中分别存在 22.15%、26.67% 的增加空间。

11.2.2　基于弱可处置性假设的 DEA 环境绩效评价模型

数据函数转化法无法给出实际的管理解释，也不能反映生产过程的实质。因此，学者将研究重点转向了非期望产出在生产活动中的实际性质，以重构生产可能集为出发点，提出新的 DEA 环境效率评价理论。

对于生产系统中的 DMU，生产可能集通常需要满足 1.3.2 节生产可能集与生产函数中所述的凸性公理、锥性公理、无效性公理和最小性公理。其中，无效性公理又称为强可处置性，该假设认为非期望产出的减少不会影响期望产出的产量，即非期望产出可以被自由处置。

强可处置性假设下的环境效率评价可以表示为

$$\min \quad \theta_d^{\text{Strong}} \tag{11.4}$$

$$\text{s.t.} \quad \sum_{j=1}^{n} \lambda_j x_{ij} \leqslant \theta_d^{\text{Strong}} x_{id}, \quad i = 1, 2, \cdots, m \tag{11.4a}$$

$$\sum_{j=1}^{n} \lambda_j y_{rj} \geqslant y_{rd}, \quad r = 1, 2, \cdots, s \tag{11.4b}$$

$$\sum_{j=1}^{n} \lambda_j \overline{z}_{hj} \geqslant \theta_d^{\text{Strong}} \overline{z}_{hd}, \quad h = 1, 2, \cdots, q \tag{11.4c}$$

$$\lambda_j \geqslant 0, \quad j = 1, 2, \cdots, n \tag{11.4d}$$

然而，Färe 等（1989）认为非期望产出具有弱可处置性（weak disposability）特征。具体而言，组织不能随意地减少非期望产出，若想要减少非期望产出则必然会伴随期望产出的减少。弱可处置性假设具体被定义为：若 $(x_j, y_j, z_j) \in T$，则 $(x_j, \theta y_j, \theta z_j) \in T$，$0 \leqslant \theta \leqslant 1$。

弱可处置性假设表明非期望产出的减少依靠期望产出的等比例的减少，即非期望产出的减少需要付出一些代价，如减少生产规模。

此外，Färe 等（1989）还指出非期望产出的弱可处置性需要满足零联合性（null-jointness），即若 $(y_j, z_j) \in T$ 且 $z_j = 0$，则必定有 $y_j = 0$ 成立。

零联合性反映了期望产出和非期望产出之间存在着密切的关系。非期望产出作为期望产出的一种副产品而存在，若完全消除污染物，生产也会随之停止，因此，期望产出的生产水平也会降低至 0。

基于上述性质，对非期望产出与期望产出分别采用不同的处置方式，即分别赋予期望产出强可处置性和非期望产出弱可处置性。在 CRS 情形下，考虑非期望产出弱可处置性的生产可能集 T^{CRS} 可表示为

$$T^{\text{CRS}} = \left\{ (x, y, z) \mid \sum_{j=1}^{n} \lambda_j x_j \leqslant x \right. \tag{11.5a}$$

$$\sum_{j=1}^{n} \lambda_j y_j \geqslant y \tag{11.5b}$$

$$\sum_{j=1}^{n} \lambda_j z_j = z \tag{11.5c}$$

$$\left. \lambda_j \geqslant 0 \right\} \tag{11.5d}$$

其中，不等式约束式（11.5a）和式（11.5b）表明投入和期望产出的强可处置性，等式约束式（11.5c）允许非期望产出被弱处理。强弱可处置性的区别在于产出不等比例的缩减是否是可行的。弱可处置性必须保证期望产出与非期望产出的同比例缩减，而强可处置性则对此不作要求。

基于上述生产可能集，Yang 和 Pollitt（2010）提出了模型式（11.6）对环境效率进行测度。

$$\min \quad \theta_d^{\text{Weak}} \tag{11.6}$$

$$\text{s.t.} \quad \sum_{j=1}^{n} \lambda_j x_{ij} \leqslant \theta_d^{\text{Weak}} x_{id}, \quad i = 1, 2, \cdots, m \tag{11.6a}$$

$$\sum_{j=1}^{n} \lambda_j y_{rj} \geqslant y_{rd}, \quad r = 1, 2, \cdots, s \tag{11.6b}$$

$$\sum_{j=1}^{n} \lambda_j \overline{z}_{hj} = \theta_d^{\text{Weak}} \overline{z}_{hd}, \quad h = 1, 2, \cdots, q \tag{11.6c}$$

$$\lambda_j \geqslant 0, \quad j = 1, 2, \cdots, n \tag{11.6d}$$

对比模型式（11.6）和模型式（11.4）可知，约束条件式（11.6c）相比于式（11.4c）更加严格，由此可推出：$\theta_d^{\text{Strong}} \leqslant \theta_d^{\text{Weak}}$。即强可处置性假设下的环境效率值总不高于弱可处置性假设下的环境效率值。

基于表 11.1 的算例，考虑非期望产出弱（强）可处置性 DEA 模型的计算结果如表 11.3 所示。

表 11.3　考虑非期望产出弱（强）可处置性 DEA 模型的计算结果

DMU	$\theta_{\text{Strong}}^{*}$	θ_{Weak}^{*}
1	0.7543	0.7543
2	0.7543	0.7710
3	0.9046	1.0000
4	0.8264	0.8264
5	1.0000	1.0000
6	0.7735	0.8071
7	0.7302	0.7376
8	0.7523	0.7769

DMU	$\theta^{*}_{\text{Strong}}$	θ^{*}_{Weak}
9	0.7422	1.0000
10	0.9762	1.0000
11	1.0000	1.0000
12	1.0000	1.0000

当 $\theta^{*}_{d}=1$ 时，表明投入和非期望产出均不可以进行等比例缩减，DMU_d 为 DEA 有效。表 11.3 表明 6 个 DMU（DMU_3，DMU_5，DMU_9，DMU_{10}，DMU_{11}，DMU_{12}）在弱可处置性假设下均实现了 DEA 有效。相比之下，仅有 3 个 DMU（DMU_5，DMU_{11}，DMU_{12}）在强可处置性假设下实现了 DEA 有效。此外，对比两列效率值可以发现，弱可处置性假设下的效率值（θ^{*}_{Weak}）总是大于等于强可处置性假设下的效率值（$\theta^{*}_{\text{Strong}}$），进一步验证了前面两种假设下环境效率值关系的结论。

前面提到的数据转换方法以及弱可处置性方法实质上都属于 DEA 径向测度的范畴，径向意味着在评价效率时要求投入或产出同比例变动，当存在非零松弛时，径向测度会高估 DMU 的效率，进而导致所有 DMU 之间的效率区别度较差。此外，上述方法依赖于测算角度的选择，不同导向（如产出导向和投入导向）的模型会对效率评价结果产生影响。

为此，Chang 等（2014）将非期望产出的弱可处置性与 SBM 模型相结合，同时从投入和产出角度进行测度，提出了非导向的 SBM 环境测度模型式（11.7）。SBM 模型将松弛变量直接放入目标函数中，一方面解决了投入产出松弛性和角度选择的问题，另一方面也解决了非期望产出存在情况下的效率评价问题。

$$\min \quad \theta_d = \frac{1 - \dfrac{1}{m}\displaystyle\sum_{i=1}^{m}\dfrac{s_i^{-}}{x_{id}}}{1 + \dfrac{1}{s+q}\left(\displaystyle\sum_{r=1}^{s}\dfrac{s_r^{+}}{y_{rd}} + \displaystyle\sum_{h=1}^{q}\dfrac{s_h^{-}}{z_{hd}}\right)} \tag{11.7}$$

$$\text{s.t.} \quad \sum_{j=1}^{n}\lambda_j x_{ij} + s_i^{-} = x_{id}, \quad i=1,\cdots,m \tag{11.7a}$$

$$\sum_{j=1}^{n}\lambda_j y_{rj} - s_r^{+} = y_{rd}, \quad r=1,\cdots,s \tag{11.7b}$$

$$\sum_{j=1}^{n}\lambda_j z_{hj} + s_h^{-} = \left(1 + \frac{1}{s}\sum_{r=1}^{s}\frac{s_r^{+}}{y_{rd}}\right)z_{hd}, \quad h=1,\cdots,q \tag{11.7c}$$

$$\lambda_j, s_i^{-}, s_r^{+}, s_h^{-} \geqslant 0, \quad \forall j,i,r,h \tag{11.7d}$$

当 $s_i^{-}=s_r^{+}=s_h^{-}=0$ 时，$\theta^{*}=1$ 表明 DMU 充分有效。若 $0\leqslant\theta^{*}<1$，表明 DMU 存在环境无效，可在投入产出上进行相应改进，这种改进幅度由松弛变量占各自投入产出的比

例来决定。具体而言，$\dfrac{1}{m}\sum\limits_{i=1}^{m}\dfrac{s_i^-}{x_{id}}$，$\dfrac{1}{s}\sum\limits_{r=1}^{s}\dfrac{s_r^+}{y_{rd}}$，$\dfrac{1}{q}\sum\limits_{h=1}^{q}\dfrac{s_h^-}{z_{hd}}$ 分别代表投入、期望产出、非期望产出的无效性指数，即投入产出可缩减（扩张）比例的平均值。

此外，模型式（11.7）与传统的 SBM 模型（即非期望产出强可处置性假设）的区别在于约束式（11.7c），约束式（11.7c）等式右侧假设非期望产出与期望产出松弛改进成比例增加，因此，约束式（11.7c）反映了非期望产出的弱可处置特征。

模型式（11.7）为非线性模型，令其中 $\Lambda_j = t\lambda_j$，$S_i^- = ts_i^-$，$S_r^+ = ts_r^+$，$S_h^- = ts_h^-$，可以通过 C-C 转换（Charnes et al.，1962）转换成等价线性模型式（11.8）进行求解。

$$\min\ \theta_d = t - \frac{1}{m}\sum_{i=1}^{m}\frac{S_i^-}{x_{id}} \tag{11.8}$$

$$\text{s.t.}\quad t + \frac{1}{s+q}\left(\sum_{r=1}^{s}\frac{S_r^+}{y_{rd}} + \sum_{h=1}^{q}\frac{S_h^-}{z_{hd}}\right) = 1 \tag{11.8a}$$

$$\sum_{j=1}^{n}\Lambda_j x_{ij} + S_i^- = tx_{id}\ ,\quad i = 1,\cdots,m \tag{11.8b}$$

$$\sum_{j=1}^{n}\Lambda_j y_{rj} - S_r^+ = ty_{rd}\ ,\quad r = 1,\cdots,s \tag{11.8c}$$

$$\sum_{j=1}^{n}\Lambda_j z_{hj} + S_h^- = tz_{hd} + \frac{1}{s}\sum_{r=1}^{s}\frac{S_r^+}{y_{rd}}z_{hd}\ ,\quad h = 1,\cdots,q \tag{11.8d}$$

$$\Lambda_j, S_i^-, S_r^+, S_h^- \geqslant 0\ ,\quad \forall j,i,r,h \tag{11.8e}$$

使用表 11.1 的算例来说明该模型，基于 SBM 模型的评价结果如表 11.4 所示。

表 11.4　SBM 模型的评价结果及投入产出松弛值

DMU	θ^*	s_i^-			s_r^+	s_h^-
1	0.3656	4899.82	288.51	8.18	0.00	131.59
2	0.4711	4647.91	402.70	2.13	0.00	378.69
3	0.4506	19344.42	478.97	11.10	0.00	2647.85
4	0.6631	5020.53	1237.33	6.68	0.00	528.39
5	1.0000	0.00	0.00	0.00	0.00	0.00
6	0.3752	16001.92	780.40	11.34	0.00	1109.69
7	0.4266	3216.81	497.87	8.14	0.00	341.25
8	0.3764	6688.08	558.10	11.66	0.00	636.06
9	0.4940	7186.59	923.41	0.90	0.00	448.79
10	0.8164	8290.69	1711.16	0.34	0.00	376.37
11	1.0000	0.00	0.00	0.00	0.00	0.00
12	1.0000	0.00	0.00	0.00	0.00	0.00

根据表 11.4，DMU_5、DMU_{11} 以及 DMU_{12} 三个 DMU 达到了 DEA 有效状态。相应地，它们的投入、期望产出以及非期望产出的松弛值均为 0。相比之下，无效 DMU 均存在松

弛值，以 DMU$_3$ 为例，其效率值为 0.4506，投入存在资源冗余。其中，能源消耗量、火电装机容量、劳动人口的冗余量分别为 19344.42、478.97、11.10，碳排放量的松弛值为 2647.8，说明 DMU$_3$ 可以通过进一步减少投入和非期望产出的松弛值提升效率值。

非径向模型中，除了 SBM 模型外，RAM 模型也可以解决投入产出松弛性问题以及角度选择问题。RAM 模型基于投入与产出相对于效率前沿投影的松弛程度来表征技术效率，允许投入要素和产出要素的自由变动。Chu 等（2021）将环境因素纳入基础 RAM 模型，提出了考虑非期望产出弱可处置性的环境效率评价模型。

$$\min \quad \theta_d = 1 - \frac{1}{m+s+q}\left(\sum_{i=1}^{m} \frac{\Delta x_{id}}{R_i^-} + \sum_{r=1}^{s} \frac{\Delta y_{rd}}{R_r^+} + \sum_{h=1}^{q} \frac{\Delta z_{hd}}{R_h^-} \right) \tag{11.9}$$

$$\text{s.t.} \quad \sum_{j=1}^{n} \lambda_j x_{ij} \leqslant x_{id} - \Delta x_{id} , \quad i = 1, \cdots, m \tag{11.9a}$$

$$\sum_{j=1}^{n} \lambda_j y_{rj} \geqslant y_{rd} + \Delta y_{rd} , \quad r = 1, \cdots, s \tag{11.9b}$$

$$\sum_{j=1}^{n} \lambda_j z_{hj} = z_{hd} - \Delta z_{hd} , \quad h = 1, \cdots, q \tag{11.9c}$$

$$\lambda_j, \Delta x_{id}, \Delta y_{rd}, \Delta z_{hd} \geqslant 0 , \quad \forall j, i, r, h \tag{11.9d}$$

其中，$R_i^- = \max_j\{x_{ij}\} - \min_j\{x_{ij}\}$；$R_r^+ = \max_j\{y_{rj}\} - \min_j\{y_{rj}\}$；$R_h^- = \max_j\{z_{hj}\} - \min_j\{z_{hj}\}$，松弛变量（$\Delta x_{id}, \Delta y_{rd}, \Delta z_{td}$）的调整区间（adjustment range）被界定为

$$0 \leqslant \Delta x_{id} = x_{id} - \sum_{j=1}^{n} \lambda_j x_{ij} \leqslant \frac{1}{(m+s+q)R_i^-} \tag{11.10}$$

$$0 \leqslant \Delta y_{rd} = y_{rd} - \sum_{j=1}^{n} \lambda_j y_{rj} \leqslant \frac{1}{(m+s+q)R_r^+} \tag{11.11}$$

$$0 \leqslant \Delta z_{hd} = z_{hd} - \sum_{j=1}^{n} \lambda_j z_{hj} \leqslant \frac{1}{(m+s+q)R_h^-} \tag{11.12}$$

在此基础上，环境效率值被定义为

$$\theta_d^* = 1 - \frac{1}{m+s+q}\left(\sum_{i=1}^{m} \frac{\Delta x_{id}}{R_i^-} + \sum_{r=1}^{s} \frac{\Delta y_{rd}}{R_r^+} + \sum_{h=1}^{q} \frac{\Delta z_{hd}}{R_h^-} \right) \tag{11.13}$$

当且仅当 $\theta_d^* = 1$，$\Delta x_{id} = \Delta y_{rd} = \Delta z_{hd} = 0$ 时，DMU$_d$ 为强有效 DMU，此时 DMU$_d$ 位于帕累托最优边界上。

基于算例 11.1，根据模型式（11.9）可得到基于 RAM 模型的环境效率评价结果，如表 11.5 所示。

表 11.5 RAM 模型的评价结果及投入产出松弛值

DMU	θ^*	Δx_1	Δx_2	Δx_3	Δy	Δz
1	0.8413	4899.82	288.51	8.18	0.00	131.35
2	0.9090	4647.91	402.70	2.13	0.00	378.31

续表

DMU	θ^*	Δx_1	Δx_2	Δx_3	Δy	Δz
3	0.5694	19344.42	478.97	11.10	0.00	2647.31
4	0.8206	5020.53	1237.33	6.68	0.00	528.23
5	1.0000	0.00	0.00	0.00	0.00	0.00
6	0.6564	16001.92	780.40	11.34	0.00	1109.24
7	0.8407	3216.81	497.87	8.14	0.00	340.91
8	0.7522	6688.08	558.10	11.66	0.00	635.63
9	0.8902	7186.59	923.41	0.90	0.00	448.42
10	0.8746	8290.69	1711.16	0.34	0.00	376.29
11	1.0000	0.00	0.00	0.00	0.00	0.00
12	1.0000	0.00	0.00	0.00	0.00	0.00

由表 11.5 可知，DMU_5、DMU_{11} 以及 DMU_{12} 在 RAM 环境效率测度中仍被识别为有效 DMU，其投入产出不存在松弛值，即资源实现了充分利用。而其余 9 个 DMU 均存在不同程度的资源冗余，可通过减少投入以及非期望产出提升环境效率值。例如，DMU_6 的效率提升潜力为 34.36%，可通过减少 16001.92、780.40、11.34 的能源消耗量、火电装机容量、劳动人口以及 1109.24 的碳排放量实现环境有效。另外，通过与表 11.4 中 SBM 模型的结果相比，可以发现，RAM 模型求得的效率值总是大于等于 SBM 模型求得的结果，且松弛值总是小于等于 SBM 模型的测算值。这是由于 RAM 模型对松弛值的范围进行了限制，故 RAM 模型最优松弛值不大于 SBM 模型的测算结果。松弛值越小，效率值越高，因此 RAM 模型的效率值要高于 SBM 求得的结果。

11.2.3　基于方向距离函数的 DEA 环境绩效评价模型

11.2.1 节和 11.2.2 节分别介绍了在存在非期望产出的情况下，进行 DEA 环境绩效评价的两种方法，即通过数据变换和对生产可能集使用弱可处置性进行处理。实际上，除上述两种方法外，基于 DEA 的环境绩效评价还可以借助 DDF 加以实现。

方向距离函数是由 Chung 等（1997）提出的一种基于 DEA 的效率测算方法，对于存在非期望产出的生产集合 $(x,y,z) \in T$，该方法会给定目标改进方向，并对待评价 DMU 在目标改进方向上所具有的效率进行计算，方向距离函数的一般定义为

$$\boldsymbol{D}_T(x,y,z;g) = \sup\left\{\beta : (x, y + \beta g_y, b - \beta g_z) \in T\right\} \tag{11.14}$$

其中，$g = (+g_y, -g_z)$ 是方向向量，在式（11.14）中，DMU 的改进方向为在给定投入不变的情况下，向增加期望产出同时减少非期望产出的方向改进。在这样的方向向量设定下所使用的方向距离函数也称为产出导向方向距离函数。

方向距离函数同样假设非期望产出具有弱可处置性，而对于方向距离函数值 β 的求解，可借助模型式（11.15）加以计算。

$$\beta^* = \max \beta \tag{11.15}$$

$$\text{s.t.} \quad \sum_{j=1}^{n} \lambda_j x_{ij} \leqslant x_{id}, \quad i = 1, 2, \cdots, m \tag{11.15a}$$

$$\sum_{j=1}^{n} \lambda_j y_{rj} \geqslant y_{rd} + \beta g_y, \quad r = 1, 2, \cdots, s \tag{11.15b}$$

$$\sum_{j=1}^{n} \lambda_j z_{hj} \geqslant z_{hj} - \beta g_z, \quad h = 1, 2, \cdots, q \tag{11.15c}$$

$$\lambda_j \geqslant 0, \quad j = 1, 2, \cdots, n \tag{11.15d}$$

其中，λ_j 是模型的决策变量，其表示在进行效率评价时，不同 DMU 所具有的权重向量。模型中的不等式约束式（11.15b）用以保证期望产出具有强可处置性，而约束式（11.15c）则用于保证非期望产出具有弱可处置性。

值得一提的是，在使用方向距离函数进行效率值评价时，方向向量的选取可根据被评价 DMU 的生产特性和评价目的进行。实际上，选取不同的方向向量，模型式（11.15）也会有不同的形式，进而表现出不同的意义。如当方向向量为 $g = (+g_x, 0, 0)$ 时，方向距离函数转化为考虑非期望产出的投入导向径向模型；同理，当 $g = (0, +g_y, -g_z)$ 时，方向距离函数转化为考虑非期望产出的产出导向径向模型；而当 $g = (+g_x, +g_y, -g_z)$ 时，方向距离函数转化为非导向径向模型。

使用模型式（11.15）对上述算例进行求解，可以得到各个 DMU 在方向向量为增加期望产出和减少非期望产出的方向时所对应的 β^* 值，如表 11.6 所示。

表 11.6　12 个 DMU 所对应的 β^* 值

DMU	β^*	DMU	β^*
1	0.1918	7	0.2463
2	0.2582	8	0.2874
3	0.0000	9	0.2508
4	0.1275	10	0.0000
5	0.0000	11	0.0000
6	0.2919	12	0.0000

β^* 值代表被评价 DMU 与最优参考点之间的效率差距值，即被评价 DMU 在所给定的方向上达到生产前沿面所需改进的比例，因此，该数值越大，则代表在给定方向下，DMU 的可改进比例越大，即该 DMU 越无效；反之，若 β^* 为 0，则代表该 DMU 不具备改进可能性，即其自身已位于生产前沿面上，为有效 DMU。具体而言，在该算例中，DMU_3、DMU_5、DMU_{10}、DMU_{11}、DMU_{12} 所对应的 β^* 值为 0，上述 5 个 DMU 为有效 DMU；而 DMU_6 的 β^* 值最大，为 0.2919，即代表在给定当前投入的情况下，与有效 DMU 相比，其期望产出存在 29.19% 的增加空间，而非期望产出则存在 29.19% 的减少空间。

11.3　DEA 环境绩效评价相关模型在 OECD 国家中的应用

一个国家的生产过程，消耗劳动力、能源、资本及其他的资源，同时生产出 GDP 和污染物，其中 CO_2 是主要的污染物。国家的生产系统及其投入、产出指标如图 11.1 所示。

图 11.1　国家的生产系统及其投入、产出指标

本节以 21 个 OECD 国家为研究对象，对各国的环境效率进行测量。选取劳动力（x_1）、能源供应量（x_2）和投资总额（x_3）作为投入，选取 GDP（y）作为期望产出，CO_2 排放量（z）作为非期望产出。本次案例研究的原始数据如表 11.7 所示。

表 11.7　21 个 OECD 国家投入产出指标的原始数据

DMU	国家	投入			期望产出	非期望产出
		x_1	x_2	x_3	y	z
1	澳大利亚	13535.4	131.002	321232	1430883	374.23
2	奥地利	4540.3	31.516	127678	510519	57.32
3	比利时	5084.6	50.321	152336	629599	82.73
4	加拿大	19896.6	283.67	422535	1796435	508.08
5	丹麦	3022.8	15.24	79080	354703	25.92
6	芬兰	2740.9	31.732	69531	289196	35.76
7	德国	43516.7	278.359	1015274	4696678	589.99
8	希腊	4630.4	19.691	36350	303987	48.02
9	荷兰	9337.6	69.333	226514	1043302	130.31
10	葡萄牙	5164.0	20.143	69120	359907	36.66
11	西班牙	22733.2	109.098	366215	1799155	194.51
12	法国	29345.8	218.281	745823	3252218	260.94
13	匈牙利	4658.4	26.253	88338	333034	43.84
14	爱尔兰	2430.8	13.209	198536	468295	31.97
15	意大利	25213.6	137.488	459980	2563594	274.23
16	日本	69022.5	384.754	1329562	5241928	989.57

DMU	国家	投入			期望产出	非期望产出
		x_1	x_2	x_3	y	z
17	新西兰	2861.4	19.673	51994	231483	30.79
18	瑞典	5522.1	44.837	145969	581192	32.3
19	瑞士	4933.8	23.209	162543	611617	33.24
20	英国	34060.8	153.92	533641	3076855	302.61
21	美国	160742.3	2037.919	4489254	21060474	4257.74

　　21 个 OECD 国家的环境效率评价结果如表 11.8 所示。第 3～第 8 列分别代表加性变换模型、乘性变换模型、CRS 下的弱可处置性模型、SBM 模型、RAM 模型以及方向距离函数对应的环境效率水平。这里为了便于比较，将加性变换模型、乘性变换模型、方向距离函数求解出的效率值转化至[0, 1]。

表 11.8　21 个 OECD 国家环境效率评价结果

序号	国家	θ_j^{Add}	θ_j^{Mul}	θ_j^{Weak}	θ_j^{SBM}	θ_j^{RAM}	θ_j^{DDF}
1	澳大利亚	0.8953	0.8818	1.0000	0.5787	0.9786	1.0000
2	奥地利	0.9080	0.9080	0.9181	0.6957	0.9972	0.9167
3	比利时	0.9733	0.9530	0.9736	0.7450	0.9968	0.9750
4	加拿大	0.7817	0.7736	1.0000	0.4835	0.9550	0.7870
5	丹麦	1.0000	1.0000	1.0000	1.0000	1.0000	1.0000
6	芬兰	1.0000	0.9010	0.8933	0.6044	0.9968	0.8882
7	德国	0.9499	0.9499	0.9707	0.7523	0.9796	0.9618
8	希腊	1.0000	1.0000	1.0000	1.0000	1.0000	1.0000
9	荷兰	0.9565	0.9565	0.9612	0.7365	0.9951	0.9622
10	葡萄牙	0.9244	0.9209	0.9337	0.7980	0.9975	0.9535
11	西班牙	0.8299	0.8283	0.8804	0.7484	0.9881	0.9128
12	法国	0.9265	0.9265	0.9560	0.8052	0.9881	0.9608
13	匈牙利	0.6516	0.6146	0.7132	0.5282	0.9950	0.7426
14	爱尔兰	1.0000	1.0000	1.0000	1.0000	1.0000	1.0000
15	意大利	1.0000	1.0000	1.0000	1.0000	1.0000	1.0000
16	日本	0.6316	0.6316	0.8557	0.5361	0.9176	0.6657
17	新西兰	1.0000	1.0000	0.7992	0.5911	0.9972	0.8095
18	瑞典	0.8476	0.8413	1.0000	1.0000	1.0000	1.0000
19	瑞士	1.0000	1.0000	1.0000	1.0000	1.0000	1.0000
20	英国	1.0000	1.0000	1.0000	1.0000	1.0000	1.0000
21	美国	1.0000	1.0000	1.0000	1.0000	1.0000	1.0000

从有效 DMU 的数量来看，OECD 的 21 个国家中，在 6 个模型中均被识别为 DEA 有效的国家只有 7 个，分别是丹麦、希腊、爱尔兰、意大利、瑞士、英国、美国，这意味着大多数国家的能源效率比较低。

从 DMU 的效率水平来看，21 个国家中表现最差的是日本，该国在所有模型中的效率值都排在尾端。另外，匈牙利和加拿大的多项效率值排名也都排在尾端，说明它们的无效率程度仅次于日本。

通过对比多个模型的效率值，可以发现，在前 5 种效率值中，SBM 模型求得的效率值总是最小，因为相比于数据变换模型和弱可处置性模型这两种径向测度方法，SBM 模型考虑了松弛值对于效率值的影响，规避了径向测度由于没有考虑松弛值而高估效率值这一缺点；而相比于对松弛值加以约束的 RAM 模型，SBM 模型并没有对松弛值的范围加以限制，所以有可能计算得出更大的松弛值，进而得到更小的效率值。

下面，我们借助 SBM 模型对环境绩效最差的几个国家进行具体分析。SBM 模型的松弛值如表 11.9 所示。以日本为例，其效率提升潜力为 46.39%。具体而言，日本的劳动力、能源供应量以及 CO_2 排放量分别需要减少 26061.30、178.39、677.58 才能实现环境有效。对于匈牙利来说，其效率提升潜力为 47.18%，为达到环境有效，匈牙利的劳动力、能源供应量以及 CO_2 排放量分别需要减少 1970.08、13.60、26.27。而对于加拿大来说，其效率提升潜力为 51.65%，该国的劳动力、能源供应量、投资总额以及 CO_2 排放量分别需要减少 4587.27、206.49、22025.05、377.55 才能实现环境有效。

表 11.9 SBM 模型下各国投入产出松弛值情况

序号	国家	投入松弛值			期望产出松弛值	非期望产出松弛值
		s_1^-	s_2^-	s_3^-	s^+	s^-
1	澳大利亚	1341.33	69.52	2220.81	0.00	270.39
2	奥地利	337.00	11.21	0.00	0.00	26.54
3	比利时	0.00	19.98	0.00	0.00	27.23
4	加拿大	4587.27	206.49	22025.05	0.00	377.55
5	丹麦	0.00	0.00	0.00	0.00	0.00
6	芬兰	330.11	19.90	0.00	0.00	17.32
7	德国	1852.91	72.02	0.00	0.00	230.92
8	希腊	0.00	0.00	0.00	0.00	0.00
9	荷兰	133.25	23.64	0.00	0.00	51.36
10	葡萄牙	1524.57	3.09	0.00	0.00	4.81
11	西班牙	5604.55	26.82	0.00	0.00	45.45
12	法国	1850.86	80.98	0.00	0.00	32.48
13	匈牙利	1970.08	13.60	0.00	0.00	26.27
14	爱尔兰	0.00	0.00	0.00	0.00	0.00
15	意大利	0.00	0.00	0.00	0.00	0.00

续表

序号	国家	投入松弛			期望产出松弛	非期望产出松弛
		s_1^-	s_2^-	s_3^-	s^+	s^-
16	日本	26061.30	178.39	0.00	0.00	677.58
17	新西兰	892.79	9.77	0.00	0.00	14.51
18	瑞典	0.00	0.00	0.00	0.00	0.00
19	瑞士	0.00	0.00	0.00	0.00	0.00
20	英国	0.00	0.00	0.00	0.00	0.00
21	美国	0.00	0.00	0.00	0.00	0.00

综上可知，21 个 OECD 国家中大多数国家的能源效率都不高，因而需要采取相应的措施来改善生产过程，提高能源效率值。

习　　题

1. 由于实际生产过程中的种种复杂性，很难做到对非期望产出实现完美的数据转换和处理。请思考如何根据实际情况选择出合适的数据转换方法。

2. 结合生产公理，推导生产 VRS 情形下的生产可能集，并考虑 VRS 情况下非期望产出弱可处置性的效率评价模型如何构建。

3. 本章给出了非导向的非期望产出 SBM 模型，思考如何构建投入导向和产出导向的非期望产出 SBM 模型。

4. 本章给出的方向距离函数模型均是基于 CRS 生产假设的，请思考在 VRS 的情况下，如何建立方向距离函数模型。

5. 方向距离函数得出的效率值大小与方向向量的取值有关，思考如何进行相关的数据处理以得到标准的效率值。

6. 与其他传统 DEA 方法类似，方向距离函数也会存在松弛变量，请思考如何建立模型才能够消除可能存在的松弛变量。

第12章　考虑自由处置和管理处置情形下的 DEA 模型

长期以来，学者对非期望产出的处理特性进行了深入探讨，提出了非期望产出的强处置性和弱处置性概念，这些概念主导了大多数的 DEA 效率评价。然而，不同于强处置性和弱处置性概念，Sueyoshi 和 Goto（2012a）基于创新和节能理念，提出了非期望产出的自由处置（natural disposability）和管理处置（managerial disposability）概念，在此基础上提出了自由处置和管理处置情形下的径向和非径向效率评价模型，并将该方法拓展到区域环境效率和工业环境效率应用分析等方面。本章的主要内容参考 Sueyoshi 和 Goto（2010，2012a，2012b）。

12.1　自由处置和管理处置方法介绍

非期望产出是指决策者的非偏好产出，具有经济负外部性，例如工业生产活动中的废气、废水等。自由处置和管理处置意指从不同的角度来处理非期望产出。

假设 DMU_j（$j=1,\cdots,n$）使用 m 个投入 $\boldsymbol{x}_j=(x_{1j},x_{2j},\cdots,x_{mj})^{\mathrm{T}}$ 生产 s 个期望产出 $\boldsymbol{y}_j^{\mathrm{g}}=\left(y_{1j}^{\mathrm{g}},y_{2j}^{\mathrm{g}},\cdots,y_{sj}^{\mathrm{g}}\right)^{\mathrm{T}}$ 和 h 个非期望产出 $\boldsymbol{y}_j^{\mathrm{b}}=\left(y_{1j}^{\mathrm{b}},y_{2j}^{\mathrm{b}},\cdots,y_{hj}^{\mathrm{b}}\right)^{\mathrm{T}}$。

自由处置：决策者为了适应环境规制，采取降低投入的方式来降低非期望产出，并尽可能地增加期望产出。例如，假设存在一个燃煤发电厂。煤炭为发电厂的生产活动中的投入，发电量为发电厂生产活动中的期望产出，二氧化碳排放量为发电厂生产活动中的非期望产出。如果发电厂需要应对监管部门对非期望产出的限制，即希望减少非期望产出——二氧化碳的排放。那么减少投入的煤炭量会明显地减少二氧化碳排放量。发电厂在此监管下会尽可能地增加发电量。该策略被称为"自由处置"。在 VRS 情形下其生产可能集可表示为

$$T^{\mathrm{n}}(X)=\left\{(y,b):\boldsymbol{y}^{\mathrm{g}}\leqslant\sum_{j=1}^{n}\lambda_j\boldsymbol{y}_j^{\mathrm{g}},\boldsymbol{y}^{\mathrm{b}}\geqslant\sum_{j=1}^{n}\lambda_j\boldsymbol{y}_j^{\mathrm{b}},\boldsymbol{x}\geqslant\sum_{j=1}^{n}\lambda_j\boldsymbol{x}_j,\sum_{j=1}^{n}\lambda_j=1,\lambda_j\geqslant0\right\} \quad (12.1)$$

管理处置：决策者通过增加其投入来增加其期望产出，同时减少其非期望产出。非期望产出的减少是由于采取了更为先进的生产技术，这一理念意味着环境规制将促进改善非期望产出的技术创新。例如，发电厂增加了投入量煤炭以增加产出发电量，同时使用具有较少二氧化碳排放的高质量煤炭以减少二氧化碳排放量。该策略被称为"管理处置"，表示使用更先进的生产技术来应对监管的变化。在 VRS 情形下其生产可能集可表示为

$$T^{\mathrm{m}}(X)=\left\{(y,b):\boldsymbol{y}^{\mathrm{g}}\leqslant\sum_{j=1}^{n}\lambda_j\boldsymbol{y}_j^{\mathrm{g}},\boldsymbol{y}^{\mathrm{b}}\geqslant\sum_{j=1}^{n}\lambda_j\boldsymbol{y}_j^{\mathrm{b}},\boldsymbol{x}\leqslant\sum_{j=1}^{n}\lambda_j\boldsymbol{x}_j,\sum_{j=1}^{n}\lambda_j=1,\lambda_j\geqslant0\right\} \quad (12.2)$$

自由处置与管理处置分别代表不同策略以应对非期望产出的监管限制。自由处置属于消极地、被动地适应了监管限制的变化，管理处置通过将监管的变化视为一个新的商机来积极地适应监管的变化。

自由处置生产可能集与管理处置生产可能集构成的联合（unification）生产可能集为

$$T^{\mathrm{u}}(X) = T^{\mathrm{m}}(X) \bigcup T^{\mathrm{n}}(X) \tag{12.3}$$

如式（12.3）所示，联合生产可能集是自由处置生产可能集与管理处置生产可能集的并集。

12.2 自由处置和管理处置情形下的基本 DEA 模型

12.2.1 自由处置情形下的 DEA 模型

考虑到有 n 个 DMU，对于被评价的 DMU_o，其自由处置情形下的效率由式（12.4）计算：

$$
\begin{aligned}
\max \quad & \xi + \varepsilon \left(\sum_{i=1}^{m} R_i^x d_i^x + \sum_{r=1}^{s} R_r^{\mathrm{g}} d_r^{\mathrm{g}} + \sum_{f=1}^{h} R_f^{\mathrm{b}} d_f^{\mathrm{b}} \right) \\
\mathrm{s.t.} \quad & \sum_{j=1}^{n} \lambda_j x_{ij} + d_i^x = x_{io}, && i = 1, 2, \cdots, m \\
& \sum_{j=1}^{n} \lambda_j y_{rj}^{\mathrm{g}} - d_r^{\mathrm{g}} - \xi y_{ro}^{\mathrm{g}} = y_{io}^{\mathrm{g}}, && r = 1, 2, \cdots, s \\
& \sum_{j=1}^{n} \lambda_j y_{fj}^{\mathrm{b}} + d_f^{\mathrm{b}} + \xi y_{fo}^{\mathrm{b}} = y_{fo}^{\mathrm{b}}, && f = 1, 2, \cdots, h \\
& \sum_{j=1}^{n} \lambda_j = 1, && j = 1, 2, \cdots, n \\
& d_i^x, d_f^{\mathrm{b}}, d_r^{\mathrm{g}}, \lambda_j \geqslant 0 \\
& \xi \text{ 无约束}
\end{aligned}
\tag{12.4}
$$

其中，$d_i^x(i=1,2,\cdots,m)$、$d_r^{\mathrm{g}}(r=1,2,\cdots,s)$、$d_f^{\mathrm{b}}(f=1,2,\cdots,h)$ 是第 i 类投入、第 r 类期望产出、第 f 类非期望产出的松弛变量。目标函数中，ε 是一个正的非阿基米德无穷小量，在本章实际计算中，设 $\varepsilon = 0.0001$。

第 i 类投入上下界分别设为 $\bar{x}_i = \max_j \{x_{ij}\}$ 和 $\underline{x}_i = \min_j \{x_{ij}\}$。第 i 类投入的范围变为 $R_i^x = 1 / \left[(m+s+h)\left(\bar{x}_i - \underline{x}_i \right) \right]$。第 r 类期望产出上下界分别设为 $\bar{y}_r^{\mathrm{g}} = \max_j \{y_{rj}^{\mathrm{g}}\}$ 和 $\underline{y}_r^{\mathrm{g}} = \min_j \{y_{rj}^{\mathrm{g}}\}$。第 r 类期望产出的范围变为 $R_r^{\mathrm{g}} = 1 / \left[(m+s+h)\left(\bar{y}_r^{\mathrm{g}} - \underline{y}_r^{\mathrm{g}} \right) \right]$。第 f 类期望产出上下界分别设为 $\bar{y}_f^{\mathrm{b}} = \max_j \{y_{fj}^{\mathrm{b}}\}$ 和 $\underline{y}_f^{\mathrm{b}} = \min_j \{y_{fj}^{\mathrm{b}}\}$。第 f 类非期望产出的范围变为 $R_f^{\mathrm{b}} = 1 / \left[(m+s+h)\left(\bar{y}_f^{\mathrm{b}} - \underline{y}_f^{\mathrm{b}} \right) \right]$。其中，对于第 i 类投入，等式 $d_i^x = x_{io} - \sum_{j=1}^{n} \lambda_j x_{ij}$ 确保了投入 i 是处于自由处置情形下的。

自由处置情形下的效率值记为 θ^{n*}，$\theta^{n*}=1-\left[\xi^*+\varepsilon\left(\sum_{i=1}^{m}R_i^x d_i^{x*}+\sum_{r=1}^{s}R_r^g d_r^{g*}+\sum_{f=1}^{h}R_f^b d_f^{b*}\right)\right]$。

其中，无效率值和所有松弛变量都是由模型式（12.4）的最优解确定的。

自由处置情形下的 DEA 模型式（12.4）的对偶模型为

$$\min \quad \sum_{i=1}^{m}v_i x_{io}-\sum_{r=1}^{s}u_r y_{ro}^g+\sum_{f=1}^{h}w_f y_{ro}^b+\sigma$$

$$\text{s.t.} \quad \sum_{i=1}^{m}v_i x_{ij}-\sum_{r=1}^{s}u_r y_{rj}^g+\sum_{f=1}^{h}w_f y_{rj}^b+\sigma\geqslant 0, \quad j=1,2,\cdots,n$$

$$\sum_{r=1}^{s}u_r y_{ro}^g+\sum_{f=1}^{h}w_f y_{ro}^b=1$$

$$u_r\geqslant\varepsilon R_r^g, \qquad\qquad r=1,2,\cdots,s \qquad (12.5)$$

$$w_f\geqslant\varepsilon R_f^b, \qquad\qquad f=1,2,\cdots,h$$

$$v_i\geqslant\varepsilon R_i^x, \qquad\qquad i=1,2,\cdots,m$$

$$\sigma \text{ 无约束}$$

模型式（12.4）与模型式（12.5）的目标函数最优值相等。对偶变量 $v_i(i=1,2,\cdots,m)$，$u_r(r=1,2,\cdots,s)$，$w_f(f=1,2,\cdots,h)$ 表示由于单位生产要素的增加，自由处置情形下非有效部分的增加程度。例如，在自由处置情形下，w_f 表示随着 DMU_o 的第 f 个非期望产出数值增加的非有效部分的变化程度。

【例 12.1】假设有 7 个 DMU，每个 DMU 存在 2 个投入、1 个期望产出和 1 个非期望产出，数据如表 12.1 所示。

表 12.1　例 12.1 数据

DMU	x_1	x_2	y_1^g	y_1^b
A	4	5	1.5	2
B	5	9	9	4.5
C	6	5	3	10
D	9	5.5	9	7
E	5	5	5	5
F	5	3	9	5
G	8	2	9.5	1

由上述可知，模型式（12.4）和式（12.5）互为对偶，故模型式（12.4）和式（12.5）都可以计算出效率值，为了简便处理，本例选择模型式（12.5）计算效率值。

由数据集可知，$m=2$，$s=1$，$h=1$，则有如下数值：

$$\bar{x}_1=\max_j\{x_{1j}\}=9$$

$$\underline{x}_1 = \min_j \{x_{1j}\} = 4$$

$$R_1^x = 1\big/\big[(m+s+h)(\overline{x}_1 - \underline{x}_1)\big] = 1/[(2+1+1)(9-4)] = 0.05$$

$$\overline{x}_2 = \max_j \{x_{2j}\} = 9$$

$$\underline{x}_2 = \min_j \{x_{2j}\} = 2$$

$$R_2^x = 1\big/\big[(m+s+h)(\overline{x}_2 - \underline{x}_2)\big] = 1/[(2+1+1)(9-2)] = 0.0357$$

$$\overline{y}_1^g = \max_j \{y_{1j}^g\} = 9.5$$

$$\underline{y}_1^g = \min_j \{y_{1j}^g\} = 1.5$$

$$R_1^g = 1\big/\big[(m+s+h)(\overline{y}_1^g - \underline{y}_1^g)\big] = 1/[(2+1+1)(9.5-1.5)] = 0.0313$$

$$\overline{y}_1^b = \max_j \{y_{1j}^g\} = 10$$

$$\underline{y}_1^b = \min_j \{y_{1j}^b\} = 1$$

$$R_1^b = 1\big/\big[(m+s+h)(\overline{y}_1^b - \underline{y}_1^b)\big] = 1/[(2+1+1)(10-1)] = 0.0278$$

$$\varepsilon = 0.0001$$

以 DMU$_A$ 为例，根据模型式（12.5），其效率值可由如下模型计算得到：

$$
\begin{aligned}
\min\quad & 4v_1 + 5v_2 - 1.5u_1 + 2w_1 + \sigma \\
\text{s.t.}\quad & 4v_1 + 5v_2 - 1.5u_1 + 2w_1 + \sigma \geqslant 0 \\
& 5v_1 + 9v_2 - 9u_1 + 4.5w_1 + \sigma \geqslant 0 \\
& 6v_1 + 5v_2 - 3u_1 + 10w_1 + \sigma \geqslant 0 \\
& 9v_1 + 5.5v_2 - 9u_1 + 7w_1 + \sigma \geqslant 0 \\
& 5v_1 + 5v_2 - 5u_1 + 5w_1 + \sigma \geqslant 0 \\
& 5v_1 + 3v_2 - 9u_1 + 5w_1 + \sigma \geqslant 0 \\
& 8v_1 + 2v_2 - 9.5u_1 + 1w_1 + \sigma \geqslant 0 \\
& 1.5u_1 + 2w_1 = 1 \\
& u_1 \geqslant 0.001 \times 0.0313 \\
& w_1 \geqslant 0.001 \times 0.0278 \\
& v_1 \geqslant 0.001 \times 0.05 \\
& v_2 \geqslant 0.001 \times 0.0357 \\
& \sigma \text{ 无约束}
\end{aligned}
$$

计算可得 $v_1^* = 0.125$，$v_2^* = 0$，$u_1^* = 0$，$w_1^* = 0.5$，$\sigma^* = 0$，求得目标函数最优值为 0，则效率为 $\theta^{n*} = 1 - (4v_1^* + 5v_2^* - 1.5u_1^* + 2w_1^* + \sigma^*) = 1$。其他 DMU 的效率值如表 12.2 所示。

表 12.2　例 12.1 自由处置下效率值

DMU	θ^{n*}
A	1
B	1
C	0.152
D	0.944
E	0.688
F	1
G	1

12.2.2　管理处置情形下的 DEA 模型

不同于自由处置情形下的 DEA 模型，管理处置情形下的 DEA 模型为

$$\max \ \xi + \varepsilon \left(\sum_{i=1}^{m} R_i^x d_i^x + \sum_{r=1}^{s} R_r^g d_r^g + \sum_{f=1}^{h} R_f^b d_f^b \right)$$

$$\text{s.t.} \quad \sum_{j=1}^{n} \lambda_j x_{ij} - d_i^x = x_{io}, \qquad\qquad i = 1, 2, \cdots, m$$

$$\sum_{j=1}^{n} \lambda_j y_{rj}^g - d_r^g - \xi y_{ro}^g = y_{io}^g, \quad r = 1, 2, \cdots, s$$

$$\sum_{j=1}^{n} \lambda_j y_{fj}^b + d_f^b + \xi y_{fo}^b = y_{fo}^b, \quad f = 1, 2, \cdots, h \qquad (12.6)$$

$$\sum_{j=1}^{n} \lambda_j = 1, \qquad\qquad\qquad j = 1, 2, \cdots, n$$

$$d_i^x, d_f^b, d_r^g, \lambda_j \geqslant 0$$

$$\xi \ \text{无约束}$$

管理处置情形表示通过增加投入来减少非期望产出和增加期望产出。因此，对于第 i 类投入，等式 $d_i^x = \sum_{j=1}^{n} \lambda_j x_{ij} - x_{io}$ 确保了投入 i 是管理处置。

管理处置情形下的效率值记为 θ^{m*}，$\theta^{m*} = 1 - \left[\xi^* + \varepsilon \left(\sum_{i=1}^{m} R_i^x d_i^{x*} + \sum_{r=1}^{s} R_r^g d_r^{g*} + \sum_{f=1}^{h} R_f^b d_f^{b*} \right) \right]$。

其中，无效率值和所有松弛变量都是由模型式（12.6）的最优解确定的。

模型式（12.6）下的对偶模型为

$$\min \quad -\sum_{i=1}^{m} v_i x_{io} - \sum_{r=1}^{s} u_r y_{ro}^{\mathrm{g}} + \sum_{f=1}^{h} w_f y_{ro}^{\mathrm{b}} + \sigma$$

$$\mathrm{s.t.} \quad -\sum_{i=1}^{m} v_i x_{ij} - \sum_{r=1}^{s} u_r y_{rj}^{\mathrm{g}} + \sum_{f=1}^{h} w_f y_{rj}^{\mathrm{b}} + \sigma \geqslant 0, \quad j=1,2,\cdots,n$$

$$\sum_{r=1}^{s} u_r y_{rj}^{\mathrm{g}} + \sum_{f=1}^{h} w_f y_{rj}^{\mathrm{b}} = 1$$

$$
\begin{aligned}
& u_r \geqslant \varepsilon R_r^{\mathrm{g}}, && r=1,2,\cdots,s \\
& w_f \geqslant \varepsilon R_f^{\mathrm{b}}, && f=1,2,\cdots,h \\
& v_i \geqslant \varepsilon R_i^{x}, && i=1,2,\cdots,m
\end{aligned}
\qquad (12.7)
$$

σ 无约束

模型式（12.6）与模型式（12.7）的目标函数最优值相等。对偶变量 $v_i(i=1,2,\cdots,m)$，$u_r(r=1,2,\cdots,s)$，$w_f(f=1,2,\cdots,h)$ 表示由于单位生产要素的增加，管理处置情形下非有效部分的增加程度。例如，在管理处置情形下，w_f 表示随着 DMU_o 的第 f 个非期望产出数值增加的非有效部分的变化程度。

【例 12.2】以例 12.1 中的 DMU_A 为例，根据模型式（12.7），其效率值可由如下模型计算：

$$
\begin{aligned}
\min \quad & -4v_1 - 5v_2 - 1.5u_1 + 2w_1 + \sigma \\
\mathrm{s.t.} \quad & -4v_1 - 5v_2 - 1.5u_1 + 2w_1 + \sigma \geqslant 0 \\
& -5v_1 - 9v_2 - 9u_1 + 4.5w_1 + \sigma \geqslant 0 \\
& -6v_1 - 5v_2 - 3u_1 + 10w_1 + \sigma \geqslant 0 \\
& -9v_1 - 5.5v_2 - 9u_1 + 7w_1 + \sigma \geqslant 0 \\
& -5v_1 - 5v_2 - 5u_1 + 5w_1 + \sigma \geqslant 0 \\
& -5v_1 - 3v_2 - 9u_1 + 5w_1 + \sigma \geqslant 0 \\
& -8v_1 - 2v_2 - 9.5u_1 + 1w_1 + \sigma \geqslant 0 \\
& u_1 \geqslant 0.001 \times 0.0313 \\
& w_1 \geqslant 0.001 \times 0.0278 \\
& v_1 \geqslant 0.001 \times 0.05 \\
& v_2 \geqslant 0.001 \times 0.0357 \\
& \sigma \text{ 无约束}
\end{aligned}
$$

计算可得 $v_1^* = 0$，$v_2^* = 0.1999$，$u_1^* = 0$，$w_1^* = 0.5$，$\sigma^* = 0$，求得目标函数最优值为 0，则效率为 $\theta^{\mathrm{m}*} = 1 - \left(-4v_1^* - 5v_2^* - 1.5u_1^* + 2w_1^* + \sigma^* \right) = 1$。其他 DMU 的效率值如表 12.3 所示。

表 12.3　例 12.1 管理处置下效率值

DMU	$\theta^{\mathrm{m}*}$
A	1
B	1
C	0.237

续表

DMU	θ^{m*}
D	1
E	0.478
F	0.952
G	1

由上述结果可知，例 12.1 中的数据集在自由处置情形下与管理处置情形下的效率值是不相同的，自由处置情形下 C、D、E 是无效的，而管理处置情形下 C、E、F 是无效的。

12.3 自由处置和管理处置模型在环境效率评价中的应用

如表 12.4 所示，以日本 47 个城市为研究对象。每个城市具有 6 个投入：x_1 煤炭燃烧量、x_2 石油产品消耗量、x_3 天然气消耗量、x_4 城镇燃气消耗量、x_5 电力消耗量、x_6 热能消耗量；1 个期望产出：y^g GDP；1 个非期望产出：y^b 二氧化碳排放量。数据来源于 Sueyoshi 和 Goto（2012b）。

表 12.4 日本 47 个城市投入产出数据

城市编号	x_1	x_2	x_3	x_4	x_5	x_6	y^g	y^b
1	15.63	13.76	15.96	57.97	17.82	37.76	19.44	20.52
2	5.83	3.67	7.81	15.56	5.44	10.61	4.61	7.08
3	1.78	3.41	2.22	20.72	4.69	2.62	4.99	3.86
4	0.16	4.79	20.74	30.08	8.89	14.45	8.79	3.78
5	0.22	1.50	0.08	12.56	3.77	5.51	4.10	1.32
6	0.01	1.57	0.01	31.94	3.19	0.17	4.57	1.32
7	0.53	3.20	4.97	36.74	9.12	8.52	8.90	2.89
8	48.22	42.11	1.48	81.53	13.25	14.00	11.88	59.55
9	1.78	4.17	5.40	95.71	11.85	1.74	8.71	4.83
10	0.39	3.26	0.01	131.21	10.65	0.25	7.47	3.41
11	4.14	5.87	13.03	161.15	17.81	4.33	22.30	8.08
12	75.03	140.51	67.95	312.09	21.38	75.53	20.56	144.22
13	0.22	8.72	4.29	219.85	8.89	0.96	97.50	7.78
14	23.34	71.75	13.11	547.56	28.01	30.78	33.83	66.52
15	4.09	4.94	162.70	61.68	10.08	18.18	9.22	7.88
16	0.02	3.44	1.97	24.71	8.82	9.78	4.90	2.61

续表

城市编号	x_1	x_2	x_3	x_4	x_5	x_6	y^g	y^b
17	0.01	1.51	0.77	19.46	3.51	0.53	5.03	1.20
18	0.77	1.11	0.01	14.57	4.44	2.63	3.28	1.37
19	0.01	1.05	0.01	19.15	3.13	0.01	3.17	0.86
20	0.02	2.72	0.20	49.74	8.13	0.51	9.30	2.26
21	1.46	3.89	4.79	39.11	8.63	7.19	7.67	4.11
22	0.09	7.77	4.60	159.26	24.11	32.59	17.10	6.59
23	38.32	16.79	15.16	744.65	41.59	27.19	38.69	42.48
24	0.79	35.38	78.04	122.77	15.89	23.22	8.27	25.70
25	0.11	2.98	15.69	123.48	10.46	2.36	6.28	3.03
26	1.21	2.34	0.39	52.64	5.45	0.33	10.28	2.78
27	0.85	27.81	325.51	420.03	23.15	13.63	39.88	24.98
28	52.91	11.83	2.94	651.44	30.92	39.49	21.36	47.03
29	0.00	0.80	0.01	16.20	3.30	0.08	3.83	0.67
30	22.01	2.30	61.39	21.55	2.90	7.95	3.09	16.40
31	0.00	1.12	4.23	12.63	2.42	7.35	2.07	0.91
32	0.01	1.98	0.05	11.57	2.11	0.46	2.46	1.48
33	51.81	62.30	19.51	54.52	16.47	43.45	7.81	77.04
34	73.42	5.91	16.02	84.52	11.60	28.15	12.27	54.85
35	15.05	38.27	21.65	106.52	19.77	61.94	5.85	36.82
36	0.92	1.34	0.01	10.76	4.47	7.58	2.75	1.72
37	10.52	3.23	0.01	19.65	3.65	1.65	3.71	7.06
38	0.10	9.24	0.01	30.66	10.31	39.40	4.80	6.51
39	4.57	2.28	0.01	6.84	2.56	1.11	2.22	4.63
40	35.87	9.97	213.78	100.64	14.08	11.81	19.01	32.71
41	0.00	1.42	0.01	14.17	3.17	1.78	3.04	1.11
42	0.00	3.22	0.01	17.70	2.60	0.05	4.53	2.42
43	0.06	3.04	0.01	25.82	6.27	5.07	6.12	2.38
44	42.47	32.97	0.01	29.37	9.00	10.82	4.89	51.08
45	0.00	3.14	0.18	13.62	4.45	4.41	3.84	2.36
46	0.01	5.28	3.33	22.80	4.77	3.10	5.51	3.97
47	0.78	1.30	0.01	19.02	2.41	0.05	3.98	1.54

使用本章的模型，评价结果如表 12.5 所示。

表 12.5　日本 47 个城市自由处置和管理处置评价结果

城市编号	θ^{n*}	θ^{m*}	城市编号	θ^{n*}	θ^{m*}	城市编号	θ^{n*}	θ^{m*}
1	0.709	1	17	0.893	0.992	33	0.020	0.993
2	0.672	0.801	18	0.919	1	34	0.040	1
3	0.530	0.858	19	1	1	35	0.034	1
4	0.658	1	20	1	1	36	1	1
5	1	0.986	21	0.329	0.893	37	0.676	1
6	1	0.999	22	0.377	1	38	0.712	1
7	0.496	1	23	0.138	1	39	1	0.807
8	0.036	1	24	0.062	1	40	0.096	1
9	0.310	0.907	25	0.380	1	41	1	0.989
10	1	1	26	0.737	0.914	42	1	0.973
11	0.385	1	27	0.230	1	43	1	0.971
12	0.024	1	28	0.074	1	44	0.739	0.969
13	1	1	29	1	1	45	1	0.970
14	0.080	1	30	0.066	1	46	0.595	0.966
15	0.207	1	31	1	1	47	1	0.895
16	0.396	1	32	1	1			

习　　题

1. 自由处置与管理处置的核心要义是什么？它们具有什么特点？

2. 尝试推导模型式（12.4）至模型式（12.5）及模型式（12.6）至模型式（12.7）转换过程。

3. 尝试复现模型式（12.4）及模型式（12.6）的程序。

4. 尝试采用 MATLAB 对上述模型进行编程并验证相关算例及应用。

第 13 章　网络 DEA 模型

传统 DEA 模型（CCR 模型或 BCC 模型）仅关注 DMU 是单阶段生产系统的情形，使用 DMU 的投入和产出指标来评价组织效率，并不能直接用于评价拥有多个子生产阶段的网络型生产系统。在对具有网络结构的 DMU 进行效率评价与标杆管理时，需要考虑系统内部的中间产物。因此，学者提出使用网络 DEA 模型来对具有网络结构的 DMU 进行效率评价与标杆设定。在网络 DEA 研究中，大多数学者的研究都集中于两阶段网络 DEA 的研究。因此，本章将介绍两阶段网络 DEA 的经典模型，详细说明相关模型的含义以及对应的应用情景。最后，本章将相关模型应用到商业银行的运营绩效分析之中。

13.1　两阶段网络 DEA 模型简介

本章主要介绍两阶段网络 DEA 模型。目前，针对具有两阶段网络系统 DMU 的评价主要有四种方法。第一种为使用传统 DEA 模型对两阶段网络子系统进行分开评价以得到子系统效率，再对子系统效率进行聚合得到 DMU 的整体效率。这种方法适合两个阶段之间的关联不是特别紧密，各自有决策权且生产连接对于系统主要生产活动影响较弱的情形。这种方法的另一个特点是允许两个子阶段设定各自偏好的中间产物权重。第二种为集中式两阶段 DEA 模型，该方法假设 DMU 的子系统被集中控制，各个阶段之间相互协调合作以达到整体效率的最大化。这种方法的特点是，两个阶段需要共同商讨决定中间产物的权重。不足之处在于效率的分解可能不唯一。第三种方法为非合作博弈两阶段 DEA 模型，该模型假设 DMU 的两个子阶段之间相互竞争，且在博弈中存在主导者和追随者，使用主从博弈（leader-follower game）假设。中间产物的权重设置由两阶段 DMU 中的领导者的决定，追随者在领导者确定了最优效率的前提下，进一步优化自身的效率。上述三种方法皆使用 DEA 乘数形式的模型评价 DMU 的整体效率并分解得到子阶段效率，无法进行两阶段网络系统的标杆设定。第四种方法则侧重于系统的标杆设定，称为两阶段 DEA 标杆设定模型。标杆设定模型从包络型模型的视角出发建模，以得到 DMU 的改进标杆，但该模型无法计算 DMU 的子阶段效率。值得注意的是，两阶段网络系统的标杆设定 DEA 模型的特殊等价形式与乘数型两阶段网络 DEA 模型互为对偶。在这两个模型的评价结果中会得到相同的 DMU 整体效率。因此，在两阶段网络 DEA 的应用中，我们一般建议使用集中式两阶段 DEA 模型评价 DMU 的整体效率与子阶段效率，使用标杆设定模型获得 DMU 的改进标杆。

13.2 基 本 模 型

在网络 DEA 的研究中，通常会关注如图 13.1 所示的两阶段网络系统（或两阶段网络 DMU）。可以看出，系统包含两个子阶段，第一阶段使用投入生产中间产物，第二阶段则将中间产物作为投入生产系统的最终产出。例如，商业银行的运营系统可以看作是这样的两阶段网络系统；第一阶段为募资阶段，商业银行会投入人力、资产和运营成本等募集存款或其他资金；第二阶段是盈利阶段，商业银行使用第一阶段募集的资金，通过放贷、投资等方式获得收益。

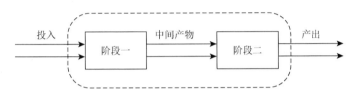

图 13.1 两阶段网络 DMU 生产结构

假设有 n 个两阶段网络 DMU，每个 $\mathrm{DMU}_j(j=1,\cdots,n)$ 在第一阶段使用 m 个投入（表示为 $\boldsymbol{x}_j=(x_{1j},\cdots,x_{mj})^{\mathrm{T}}\geqslant 0\in\mathbf{R}^m$）生产 p 个中间产物（表示为 $\boldsymbol{z}_j=(z_{1j},\cdots,z_{pj})^{\mathrm{T}}\geqslant 0\in\mathbf{R}^p$），第二阶段 DMU 使用中间产物产生 s 个最终产出（表示为 $\boldsymbol{y}_j=(y_{1j},\cdots,y_{sj})^{\mathrm{T}}\geqslant 0\in\mathbf{R}^s$）。基于上述假设，下面将对经典的两阶段网络 DEA 绩效评价与标杆设定模型进行介绍。

13.2.1 传统 DEA 方法

第一种方法是使用传统 DEA 模型（CCR 模型或 BCC 模型）来评价两阶段网络 DMU 的效率。该方法以传统 DEA 模型来分别评价两个子阶段的效率，再对子阶段效率进行聚合得到 DMU 的整体效率。以 CRS 假设为例，DMU_d 两阶段效率评价模型分别见模型式（13.1）和模型式（13.2）：

$$e_d^1 = \max \sum_{k=1}^{p} \phi_k z_{kd} \tag{13.1}$$

$$\text{s.t.} \quad \sum_{i=1}^{m} w_i x_{id} = 1 \tag{13.1a}$$

$$\sum_{k=1}^{p} \phi_k z_{kj} - \sum_{i=1}^{m} w_i x_{ij} \leqslant 0, \qquad j=1,\cdots,n \tag{13.1b}$$

$$\phi_k \geqslant 0, \qquad k=1,2,\cdots,p \tag{13.1c}$$

$$w_i \geqslant 0, \qquad i=1,2,\cdots,m \tag{13.1d}$$

和

$$e_d^2 = \max \sum_{r=1}^{s} u_r y_{rd} \tag{13.2}$$

$$\text{s.t.} \quad \sum_{k=1}^{p} \phi_k z_{kd} = 1 \tag{13.2a}$$

$$\sum_{r=1}^{s} u_r y_{rj} - \sum_{k=1}^{p} \phi_k z_{kj} \leqslant 0, \qquad j = 1, \cdots, n \tag{13.2b}$$

$$u_r \geqslant 0, \qquad r = 1, 2, \cdots, s \tag{13.2c}$$

$$\phi_k \geqslant 0, \qquad k = 1, 2, \cdots, p \tag{13.2d}$$

其中，$\boldsymbol{W} = (w_1, \cdots, w_m)$、$\boldsymbol{\Phi} = (\phi_1, \cdots, \phi_p)$、$\boldsymbol{U} = (u_1, \cdots, u_s)$ 是模型的决策变量，它们分别表示在效率评价时，给投入、中间产物、产出所赋的权重向量。DMU 的两阶段在评价自身效率时，均选择能够使得自身效率最大化的权重。中间产物既作为第一阶段的产出，又作为第二阶段的投入，在大部分情形下，计算两阶段各自效率时，会被赋予不同的最优权重。

模型式（13.1）和模型式（13.2）在求得最优解时的目标函数值 e_d^1 和 e_d^2 分别表示第一阶段和第二阶段的效率值。可以看出，通过该方法求得的两阶段的效率均为唯一的，且有 $e_d^1 \leqslant 1$ 和 $e_d^2 \leqslant 1$。在求解到 DMU 的两阶段的效率之后，可以通过定义 $e_d = \frac{1}{2}\left(e_d^1 + e_d^2\right)$ 或 $e_d = e_d^1 \times e_d^2$ 来求解 DMU 的整体效率（overall efficiency）。不难发现，当且仅当两阶段效率均为 1 时（即 DMU 的两个子阶段均为有效），DMU 的整体效率才为 1。可以看出，使用传统 DEA 方法来评价两阶段网络系统效率时，两阶段效率被分开评价的，每个 DMU 在绩效评价过程中，其两个子阶段完全独立，这也导致了在标杆设定过程中中间产物的不匹配性问题。假设某个两阶段网络 DMU 的第一阶段是有效的，第二阶段是无效的。第二阶段通过减少中间产物来寻找标杆进行绩效改进。但是中间产物的减少会使得第一阶段变得无效。

在网络 DEA 发展初期，一些学者使用上述方法来评价两阶段网络 DMU。例如，Chilingerian 和 Sherman（2004）使用传统 DEA 方法来评价两阶段医疗护理过程的绩效。在该过程中，第一阶段为管理控制过程，使用的投入包括注册护士人数、医疗用品、固定资产等，产出为患者治疗天数、治疗质量、分配的药物等。第二阶段为医生控制过程，使用第一阶段的产出作为投入，产出包括研究经费、患者治疗质量以及受训人员的数量等。另外，Seiford 和 Zhu（1999b）、Sexton 和 Lewis（2003）提出使用上述方法评价财富 500 强企业的运营效率。

现使用一个简单的算例来说明该方法。在算例中，总共有 10 个 DMU，每个 DMU 投入、中间产物和产出指标的数量均为 2。算例的原始数据见表 13.1。

表 13.1　算例数据及传统 DEA 效率评价结果

DMU	投入		中间产物		产出		e_j^1	e_j^2	e_j
	x		z		y				
1	6.24	12.47	10.46	7.29	5.63	7.93	0.7314	0.8618	0.6303
2	6.57	14.45	9.43	14.53	9.93	9.5	1.0000	0.8152	0.8152
3	9.15	14.2	11.92	11.89	7.3	7.4	0.7952	0.6318	0.5024

续表

DMU	投入		中间产物		产出		e_j^1	e_j^2	e_j
	x		z		y				
4	11.87	7.23	12.59	12.08	8.37	7.63	1.0000	0.7043	0.7043
5	11.58	10.1	8.99	11.57	10.52	13.92	0.8154	1.0000	0.8154
6	11.8	12.88	10.67	12.79	12.44	10.86	0.7750	1.0000	0.7750
7	5.09	10.22	7.06	10.8	9.12	14.39	1.0000	1.0000	1.0000
8	6.29	11.17	14.44	10.03	10.08	11.18	1.0000	1.0000	1.0000
9	12.64	10.58	10.13	13.79	6.29	7.51	0.9110	0.5058	0.4607
10	13.42	12.31	7.76	8.93	7.15	6.03	0.5277	0.8216	0.4336

使用模型式（13.1）和模型式（13.2）求解每个 DMU 的两个子阶段效率，并通过两个子阶段相乘定义 DMU 的整体效率，评价结果列于表 13.1 的最后三列。从评价结果中可以看出，系统的整体效率总是小于等于其子阶段效率的，这是由于每个 DMU 的整体效率定义为两个子阶段效率的乘积，且每个子阶段的效率值均不大于 1。此外，可以发现只有 DMU_7 和 DMU_8 为总体有效，它们的两个子阶段也都是有效的。

13.2.2 集中式两阶段 DEA 模型

上述使用传统 DEA 模型来进行两阶段网络系统的效率评价过程中，每个子阶段都可以选择自身最偏好的权重赋给中间产物。Liang 等（2008）提出，从一个合作或者集中控制的视角来看，系统的两个子阶段需要共同决定给中间产物的最优权重。例如，在供应链系统中，制造商和零售商需要共同决定商品价格、订货量等参数。在这种假设下，Liang 等（2008）以及 Kao 和 Hwang（2008）提出了集中式两阶段 DEA 方法，该方法提出使用模型式（13.3）来计算 $DMU_d (d = 1, \cdots, n)$ 的效率。

$$e_d^{\text{centralized}} = \max \frac{\sum_{r=1}^{s} u_r y_{rd}}{\sum_{i=1}^{m} w_i x_{id}} \tag{13.3}$$

$$\text{s.t.} \quad \frac{\sum_{k=1}^{p} \phi_k z_{kj}}{\sum_{i=1}^{m} w_i x_{ij}} \leqslant 1, \quad j = 1, \cdots, n \tag{13.3a}$$

$$\frac{\sum_{r=1}^{s} u_r y_{rj}}{\sum_{k=1}^{p} \phi_k z_{kj}} \leqslant 1, \quad j = 1, \cdots, n \tag{13.3b}$$

$$w_i \geqslant 0, \quad i = 1, 2, \cdots, m \tag{13.3c}$$

$$u_r \geqslant 0, \quad r = 1, 2, \cdots, s \tag{13.3d}$$

$$\phi_k \geqslant 0, \quad k = 1, 2, \cdots, p \qquad (13.3\text{e})$$

在模型式（13.3）中，式（13.3a）和式（13.3b）分别表示模型要求所有 DMU 的阶段一和阶段二的效率均不大于 1。同时，两个子阶段对于中间产物所赋的权重是相同的，这是该模型与 13.2.1 节的方法的关键不同之处。由于两阶段的效率都被限制不大于 1，所以对于任意 DMU 有 $\dfrac{\sum\limits_{r=1}^{s} u_r y_{rj}}{\sum\limits_{i=1}^{m} w_i x_{ij}} = \dfrac{\sum\limits_{r=1}^{s} u_r y_{rj}}{\sum\limits_{k=1}^{p} \phi_k z_{kj}} \times \dfrac{\sum\limits_{k=1}^{p} \phi_k z_{kj}}{\sum\limits_{i=1}^{m} w_i x_{ij}} \leqslant 1 (j = 1, \cdots, n)$。模型式（13.3）为非线性模型，可以通过 C-C 转换（Charnes and Cooper，1962）将其等价转换成线性模型：

$$e_d^{\text{centralized}} = \max \sum_{r=1}^{s} u_r y_{rd} \qquad (13.4)$$

$$\text{s.t.} \quad \sum_{i=1}^{m} w_i x_{id} = 1 \qquad (13.4\text{a})$$

$$\sum_{k=1}^{p} \phi_k z_{kj} - \sum_{i=1}^{m} w_i x_{ij} \leqslant 0, \quad j = 1, \cdots, n \qquad (13.4\text{b})$$

$$\sum_{r=1}^{s} u_r y_{rj} - \sum_{k=1}^{p} \phi_k z_{kj} \leqslant 0, \quad j = 1, \cdots, n \qquad (13.4\text{c})$$

$$w_i \geqslant 0, \quad i = 1, 2, \cdots, m \qquad (13.4\text{d})$$

$$u_r \geqslant 0, \quad r = 1, 2, \cdots, s \qquad (13.4\text{e})$$

$$\phi_k \geqslant 0, \quad k = 1, 2, \cdots, p \qquad (13.4\text{f})$$

假设模型式（13.4）的最优解为 $\left(\boldsymbol{W}_d^*, \boldsymbol{U}_d^*, \boldsymbol{\phi}_d^*\right)$，$\text{DMU}_d$ 的整体效率可计算为目标函数的最优值，即

$$e_d^{\text{centralized}} = \frac{\sum\limits_{r=1}^{s} u_{rd}^* y_{id}}{\sum\limits_{i=1}^{m} w_{id}^* x_{id}} \qquad (13.5)$$

如果不考虑系统的内部结构，式（13.5）计算 DMU 整体效率的方式为加权产出与加权投入求比值。这和经典 DEA 中效率的定义相符合。通过使用 DMU_d 选出的最优权重，其两个子阶段的效率可分别由式（13.6）和式（13.7）计算得到：

$$e_d^{1,\text{centralized}} = \frac{\sum\limits_{k=1}^{p} \phi_{kd}^* z_{kd}}{\sum\limits_{i=1}^{m} w_{id}^* x_{id}} \qquad (13.6)$$

$$e_d^{2,\text{centralized}} = \frac{\sum\limits_{r=1}^{s} u_{rd}^* y_{rd}}{\sum\limits_{k=1}^{p} \phi_{kd}^* z_{kd}} \qquad (13.7)$$

由于两阶段使用的中间产物权重都相同，所以有 $e_d^{\text{centralized}} = e_d^{1,\text{centralized}} \times e_d^{2,\text{centralized}}$，即系统的整体效率为两个子阶段效率的乘积，或系统的整体效率可以分解为两个子系统效率

的乘积。由于上述关系，当且仅当在每个子系统都有效的情况下，DMU 才整体有效。

模型式（13.4）是一个线性规划模型，其最优解不一定唯一。若最优解不唯一，则两阶段效率的分解也不唯一。为了确定模型式（13.4）在求解 DMU$_d$ 的效率时是否能得到唯一效率分解，可以通过求解模型式（13.8）来进行分析：

$$e_d^{1+} = \max \sum_{k=1}^{p} \phi_k z_{kd} \tag{13.8}$$

$$\text{s.t.} \quad \sum_{i=1}^{m} w_i x_{id} = 1 \tag{13.8a}$$

$$\sum_{r=1}^{s} u_r y_{rd} = e_d^{\text{centralized}} \tag{13.8b}$$

$$\sum_{k=1}^{p} \phi_k z_{kj} - \sum_{i=1}^{m} w_i x_{ij} \leqslant 0, \quad j = 1, \cdots, n \tag{13.8c}$$

$$\sum_{r=1}^{s} u_r y_{rj} - \sum_{k=1}^{p} \phi_k z_{kj} \leqslant 0, \quad j = 1, \cdots, n \tag{13.8d}$$

$$w_i \geqslant 0, \quad i = 1, 2, \cdots, m \tag{13.8e}$$

$$u_r \geqslant 0, \quad r = 1, 2, \cdots, s \tag{13.8f}$$

$$\phi_k \geqslant 0, \quad k = 1, 2, \cdots, p \tag{13.8g}$$

在模型式（13.8）中，$e_d^{\text{centralized}}$ 通过求解模型式（13.4）得到 DMU$_d$ 的唯一整体效率。可以看出，模型式（13.8）在保证 DMU$_d$ 整体效率最优的情况下，最大化 DMU$_d$ 第一阶段的效率。模型式（13.8）的最优目标函数给出了在整体效率最优的情况下，第一阶段的最大效率 e_d^{1+}。由于整体效率可以分解为两个子系统效率的乘积且整体效率唯一，因此此模型也可得出第二阶段的最小效率值 $e_d^{2-} = \dfrac{e_d^{\text{centralized}}}{e_d^{1+}}$。之后还需求解模型式（13.9），得到在 DMU$_d$ 整体效率最优情况下其第二阶段的最大效率。

$$e_d^{2+} = \max \sum_{r=1}^{s} u_r y_{rd} \tag{13.9}$$

$$\text{s.t.} \quad \sum_{k=1}^{p} \phi_k z_{kd} = 1 \tag{13.9a}$$

$$\sum_{r=1}^{s} u_r y_{rd} - e_d^{\text{centralized}} \sum_{i=1}^{m} w_i x_{id} = 0 \tag{13.9b}$$

$$\sum_{k=1}^{p} \phi_k z_{kj} - \sum_{i=1}^{m} w_i x_{ij} \leqslant 0, \quad j = 1, \cdots, n \tag{13.9c}$$

$$\sum_{r=1}^{s} u_r y_{rj} - \sum_{k=1}^{p} \phi_k z_{kj} \leqslant 0, \quad j = 1, \cdots, n \tag{13.9d}$$

$$w_i \geqslant 0, \quad i = 1, 2, \cdots, m \tag{13.9e}$$

$$u_r \geqslant 0, \quad r = 1, 2, \cdots, s \tag{13.9f}$$

$$\phi_k \geqslant 0, \quad k = 1, 2, \cdots, p \tag{13.9g}$$

在模型式（13.9）中，式（13.9a）保证了模型在最大化第二阶段效率时，DMU$_d$ 的整体效率保持在最优水平。模型式（13.9）的最优目标函数值 e_d^{2+} 给出了 DMU_d 第二阶段效率的最大值。此时，也可以求出 DMU_d 第一阶段的最小效率 $e_d^{2-} = \dfrac{e_d^{\text{centralized}}}{e_d^{1+}}$。

通过求解模型式（13.8）和模型式（13.9），可以得到整体效率最优情况下 DMU_d 两个阶段效率的最大值（e_d^{1+} 和 e_d^{2+}）和最小值（e_d^{1-} 和 e_d^{2-}）。通过上述计算过程，不难发现，如果有 $e_d^{1+} = e_d^{1-} = e_d^{1,\text{centralized}}$，则必然有 $e_d^{2+} = e_d^{2-} = e_d^{2,\text{centralized}}$。此时，两阶段效率可以通过模型式（13.4）唯一确定，整体效率可以唯一分解为两个子阶段效率的乘积。如果有 $e_d^{1+} > e_d^{1-}$，此时必然有 $e_d^{2+} > e_d^{2-}$。不难证明，此时第一阶段的效率可以是区间 $\left[e_d^{1-}, e_d^{1+}\right]$ 中的任意一个值，即 $e_d^{1,\text{centralized}} \in \left[e_d^{1-}, e_d^{1+}\right]$。同理，也可以得出 $e_d^{2,\text{centralized}} \in \left[e_d^{2-}, e_d^{2+}\right]$。

由于集中式两阶段 DEA 模型要求给 DMU 的两个阶段的中间产物赋予相同的权重，因此在所建立的模型中，给决策变量添加的约束更紧。不难证明相比于使用传统 DEA 模型求解的两阶段效率，必然有 $e_d^{1,\text{centralized}} \in \left[e_d^{1-}, e_d^{1+}\right] \leqslant e_d^1$、$e_d^{2,\text{centralized}} \in \left[e_d^{2-}, e_d^{2+}\right] \leqslant e_d^2$，以及 $e_d = e_d^1 \times e_d^2 \geqslant e_d^{\text{centralized}} = e_d^{1,\text{centralized}} \times e_d^{2,\text{centralized}}$。另外，Liang 等（2008）证明了，在只有唯一中间产物的情形下，使用传统 DEA 模型和集中式两阶段 DEA 模型进行效率评价是等价的。

使用表 13.1 所示的算例来说明该模型，集中式两阶段网络 DEA 模型评价结果如表 13.2 所示。

表 13.2　集中式两阶段 DEA 模型评价结果

DMU	$e_j^{\text{centralized}}$	$e_j^{\text{centralized},1}$	$e_j^{\text{centralized},2}$	e_j^{1+}	e_j^{2-}	e_j^{1-}	e_j^{2+}
1	0.4936	0.6971	0.7081	0.6971	0.7081	0.6971	0.7081
2	0.7717	1.0000	0.7717	1.0000	0.7717	1.0000	0.7717
3	0.4877	0.7952	0.6133	0.7952	0.6133	0.7952	0.6133
4	0.7043	1.0000	0.7043	1.0000	0.7043	1.0000	0.7043
5	0.8083	0.8083	1.0000	0.8083	1.0000	0.8083	1.0000
6	0.7748	0.7748	1.0000	0.7748	1.0000	0.7748	1.0000
7	1.0000	1.0000	1.0000	1.0000	1.0000	1.0000	1.0000
8	0.9102	1.0000	0.9102	1.0000	0.9102	1.0000	0.9102
9	0.4417	0.8914	0.4955	0.8914	0.4955	0.8914	0.4955
10	0.4329	0.5269	0.8216	0.5269	0.8216	0.5269	0.8216

从表 13.2 的评价结果中可以看出，此时只有 DMU_7 为总体有效，其两个子阶段也均为有效的。其他的 DMU 在第一或者第二阶段均存在无效的情况，因此效率值都小于 1。相比于使用传统 DEA 模型来分别评价两阶段效率（见表 13.1 的评价结果），集中式两阶段 DEA 模型评价每个 DMU 得到的整体效率和两个子系统的效率都较小。因此，若要两阶段共同进行决策确定中间产物的权重，两阶段的效率均有可能产生损失。最后，对每个 DMU 都有 $e_j^{1+} = e_j^{1-}\left(e_j^{2+} = e_j^{2-}\right)$。这表明在该算例中，集中式两阶段 DEA 模型能为每个 DMU 确定唯一最优权重，且每个 DMU 的效率分解结果唯一。

13.2.3　非合作博弈两阶段 DEA 模型

13.2.2 节讨论了 DMU 的两阶段在合作情形下，如何使用集中式网络 DEA 模型来进行效率评价和效率分解，本节进一步讨论两个子阶段为非和合作的情形下的两阶段网络 DEA 模型。在非合作博弈中，一种常用的博弈假设为主从博弈。该博弈假设领导者（leader）有能力预测到追随者（follower）对其每个策略的反应，并以此选择自己的最优策略。该博弈由德国数学 H. F. 冯·斯塔克尔伯格（Heinrich Freiherr von Stackelberg）于 1934 年首次提出，因此该博弈又称为斯塔克尔伯格博弈（Stackelberg game）。

在斯塔克尔伯格博弈的假设下，如果我们假设两阶段网络系统中，第一阶段为领导者，则第一阶段的效率相对比较重要。因此，将在第一阶段效率确定且保持在最优的假设下，再去计算第二阶段的效率。若第一阶段为博弈中的领导者，则第一阶段可以在不考虑第二阶段的要求的情形下确定其最优权重，即两阶段网络系统中给投入和中间产物所赋的权重。此时，对任意 DMU_d 可以求解传统 CCR 模型以得到它的最优权重和效率值。

$$e_d^{1*} = \max \sum_{k=1}^{p} \phi_k z_{kd} \qquad (13.10)$$

$$\mathrm{s.t.} \quad \sum_{i=1}^{m} w_i x_{id} = 1 \qquad (13.10\mathrm{a})$$

$$\sum_{k=1}^{p} \phi_k z_{kj} - \sum_{i=1}^{m} w_i x_{ij} \leqslant 0, \qquad j = 1, \cdots, n \qquad (13.10\mathrm{b})$$

$$\phi_k \geqslant 0, \qquad k = 1, 2, \cdots, p \qquad (13.10\mathrm{c})$$

$$w_i \geqslant 0, \qquad i = 1, 2, \cdots, m \qquad (13.10\mathrm{d})$$

当第一阶段的最优权重确定后，第二阶段在计算效率时则只会考虑使用那些能够让第一阶段的效率保持在 e_d^{1*} 水平的中间产物权重。从另一个角度理解，叫以将第一阶段选出的最优权重计算得到的加权中间产物 $\sum_{k=1}^{p} \phi_k z_{kd}$ 当作是 DMU_d 第二阶段的一个固定投入。在这种假设下，第二阶段的效率可以通过模型式（13.11）计算：

$$e_d^{2*} = \max \frac{\sum_{r=1}^{s} u_r y_{rd}}{e_d^{1*}} \qquad (13.11)$$

$$\mathrm{s.t.} \quad \sum_{i=1}^{m} w_i x_{id} = 1 \qquad (13.11\mathrm{a})$$

$$\sum_{k=1}^{p} \phi_k z_{kd} = e_d^{1*} \qquad (13.11\mathrm{b})$$

$$\sum_{k=1}^{p} \phi_k z_{kj} - \sum_{i=1}^{m} w_i x_{ij} \leqslant 0, \qquad j = 1, \cdots, n \tag{13.11c}$$

$$\sum_{r=1}^{s} u_r y_{rj} - \sum_{k=1}^{p} \phi_k z_{kj} \leqslant 0, \qquad j = 1, \cdots, n \tag{13.11d}$$

$$w_i \geqslant 0, \qquad i = 1, 2, \cdots, m \tag{13.11e}$$

$$u_r \geqslant 0, \qquad r = 1, 2, \cdots, s \tag{13.11f}$$

$$\phi_k \geqslant 0, \qquad k = 1, 2, \cdots, p \tag{13.11g}$$

在模型式（13.11）中，式（13.11a）和式（13.11b）保证了第一阶段的效率值为模型式（13.10）所计算出的最优值 e_d^{1*}。模型式（13.11）在保证了博弈中的领导者（第一阶段）效率为最优的情况下，进一步为博弈中的追随者（第二阶段）确定权重，计算第二阶段的效率值。

假设模型式（13.11）的最优解为 $\left(\boldsymbol{W}_d^*, \boldsymbol{U}_d^*, \boldsymbol{\Phi}_d^*\right)$，容易看出有 $e_d^{1*} \times e_d^{2*} = \boldsymbol{U}_d^* \cdot \boldsymbol{Y}_d$。由于在最优解中还有 $\boldsymbol{W}_d^* \cdot \boldsymbol{X}_d = 1$，故可以得到 $\boldsymbol{U}_d^* \cdot \boldsymbol{Y}_d = \dfrac{\boldsymbol{U}_d^* \cdot \boldsymbol{Y}_d}{\boldsymbol{W}_d^* \cdot \boldsymbol{X}_d} = e_d^{1*} \times e_d^{2*}$。这表明在非合作两阶段网络 DEA 模型中，系统的整体效率也可以分解为两个子阶段效率的乘积，即 $e_d^* = e_d^{1*} \times e_d^{2*}$。这一点与集中式两阶段 DEA 模型相似。但是，在斯塔克尔伯格博弈两阶段 DEA 模型中，系统的第一阶段和第二阶段的效率都是被模型唯一确定的，因此该方法最终所得到的效率分解结果是唯一的，整体效率由唯一的两个子阶段效率相乘得到。此外，由于集中式两阶段 DEA 模型的目标函数是最大化 DMU 的整体效率，在最优解中，不难证明 $e_d^* \leqslant e_d^{\text{centralized}}$。由于领导者在博弈两阶段 DEA 方法中得到的效率是其 CCR 效率，结合 $e_d^* \leqslant e_d^{\text{centralized}}$ 以及效率分解的模式，可以证明博弈中的追随者的效率一般会比其在使用集中式 DEA 模型计算得到的效率小。

类似地，如果在博弈中第二阶段为领导者，第一阶段为跟随者，可以首先使用 CCR 模型确定第二阶段偏好的最优权重。在保证第二阶段效率最优的情况下，进一步确定第一阶段的权重偏好，计算两阶段的效率，并最终通过两个子阶段的效率计算系统的整体效率。

使用表 13.1 的算例进一步说明非合作博弈两阶段 DEA 模型。在 DMU 的第一阶段和第二阶段分别作为领导者和追求者的情况下，模型的评价结果如表 13.3 所示。从评价结果中可以看出，在某一阶段作为领导者时，其子阶段效率与 CCR 效率相等，且其效率一般会高于当其作为追随者时的子阶段效率。例如，DMU_1 作为领导者时，其子阶段效率为 0.7314；当其作为追随者时，其效率减少为 0.5525。另外，通过比较表 13.3 中的结果和集中式两阶段网络 DEA 模型的评价结果可以看出，在使用非合作博弈两阶段 DEA 模型时，系统的整体效率会降低。这也表明，系统之间的竞争会损害整体效率。集中式两阶段 DEA 模型考虑两阶段之间的合作，其目标是最大化 DMU 整体效率，因此，该模型会给每个 DMU 计算出较高的整体效率值。此外，还可以发现，若某一阶段作为追随者，其最终的效率值不会高于（大部分情况为小于）集中式两阶段 DEA 模型为其计算得到的子阶段效率值。

表 13.3　非合作博弈两阶段 DEA 模型评价结果

DMU	第一阶段作为领导者			第二阶段作为领导者		
	e_j^*	e_j^{1*}	e_j^{2*}	e_j^*	e_j^{1*}	e_j^{2*}
1	0.4778	0.7314	0.6533	0.4762	0.5525	0.8618
2	0.7717	1.0000	0.7717	0.5097	0.6252	0.8152
3	0.4877	0.7952	0.6133	0.4804	0.7604	0.6318
4	0.7043	1.0000	0.7043	0.7043	1.0000	0.7043
5	0.8018	0.8154	0.9833	0.8083	0.8083	1.0000
6	0.7501	0.7750	0.9678	0.7748	0.7748	1.0000
7	1.0000	1.0000	1.0000	1.0000	1.0000	1.0000
8	0.9102	1.0000	0.9102	0.8925	0.8925	1.0000
9	0.4277	0.9110	0.4695	0.3674	0.7265	0.5058
10	0.4204	0.5277	0.7967	0.4329	0.5269	0.8216

13.2.4　两阶段网络 DEA 标杆设定模型

上述的四种两阶段网络 DEA 模型考虑的都是如何计算 DMU 的整体效率和子阶段效率，并讨论整体效率和系统的子阶段效率之间的分解关系，所采用的模型都是 DEA 乘数型模型（multiplier-form model）。若要解决两阶段网络 DEA 的标杆设定问题，则需要引入网络 DEA 包络型模型（envelopment-form model）。分析包络型模型时，需要首先讨论生产可能集，再基于生产可能集讨论 DMU 如何进行前沿投影并寻找改进标杆。假设两阶段网络 DMU 的生产可能集为 $T_{\text{two-stage}} = \left((\boldsymbol{x}, \boldsymbol{z}, \boldsymbol{y}) \in \mathbb{R}^{m+p+s} \middle| \boldsymbol{x} \text{可以生产} \boldsymbol{z}, \text{且} \boldsymbol{z} \text{可以生产} \boldsymbol{y} \right)$。Chu 等（2021）指出两阶段网络 DEA 的生产假设应满足可行性、锥凸性、可自由处置性、凸性生产公理［此处因考虑两阶段网络结构，引入了中间产物，生产公理与 1.3.2 节提到的略有不同，读者可参见 Chu 等（2021）］。

基于上述公理假设，图 13.1 所示的两阶段网络结构的生产可能集可以定义为所有满足上述公理假设的 DMU 生产的合集。Chu 等（2021）证明了两阶段网络系统的生产可能集可以表示为

$$
T_{\text{two-stage}} = \left((\boldsymbol{x}, \boldsymbol{z}, \boldsymbol{y}) \middle|
\begin{array}{l}
\sum_{j=1}^{n} \lambda_j \boldsymbol{x}_j \leqslant \boldsymbol{x} \\
\sum_{j=1}^{n} \lambda_j \boldsymbol{z}_j \geqslant \boldsymbol{z} \\
\sum_{j=1}^{n} \alpha_j \boldsymbol{z}_j \leqslant \boldsymbol{z} \\
\sum_{j=1}^{n} \alpha_j \boldsymbol{y}_j \geqslant \boldsymbol{y} \\
\lambda_j \geqslant 0, j = 1, \cdots, n \\
\alpha_j \geqslant 0, j = 1, \cdots, n
\end{array}
\right)
\tag{13.12}
$$

　　基于上述生产可能集，Chen 等（2010）提出使用模型式（13.13）来评价 DMU_d 的效率并得到其改进标杆：

$$\theta_d^* = \min \theta \tag{13.13}$$

$$\text{s.t.} \quad \sum_{j=1}^{n} \lambda_j \boldsymbol{x}_j \leqslant \theta \boldsymbol{x}_d \tag{13.13a}$$

$$\sum_{j=1}^{n} \lambda_j \boldsymbol{z}_j \geqslant \tilde{\boldsymbol{z}}_d \tag{13.13b}$$

$$\sum_{j=1}^{n} \alpha_j \boldsymbol{z}_j \leqslant \tilde{\boldsymbol{z}}_d \tag{13.13c}$$

$$\sum_{j=1}^{n} \alpha_j \boldsymbol{y}_j \geqslant \boldsymbol{y}_d \tag{13.13d}$$

$$\lambda_j \geqslant 0, \quad j=1,\cdots,n \tag{13.13e}$$

$$\alpha_j \geqslant 0, \quad j=1,\cdots,n \tag{13.13f}$$

$$\tilde{Z}_d \geqslant 0, \quad d=1,\cdots,n \tag{13.13g}$$

其中，$\tilde{z}_d$ 是两阶段的中间产物，可以自由变化。该模型在评价 DMU_d 的整体效率时，计算在生产可能集的限制范围内且 DMU_d 产出不减少的情况下，其投入能够减少的最大比例。假设模型式（13.13）的最优解为 $\left(\theta_d^*, \lambda_j^*(j=1,\cdots,n), \alpha_j^*(j=1,\cdots,n), \tilde{z}_d^*\right)$，则 DMU_d 的综合效率为 θ_d^*，其前沿投影标杆为 $\left(\theta_d^* \boldsymbol{x}_d, \tilde{z}_d^*, \boldsymbol{y}_d\right)$。

　　易发现，模型式（13.13）等价于模型式（13.14）：

$$\theta_d^* = \min \theta \tag{13.14}$$

$$\text{s.t.} \quad \sum_{j=1}^{n} \lambda_j \boldsymbol{x}_j \leqslant \theta \boldsymbol{x}_d \tag{13.14a}$$

$$\sum_{j=1}^{n} \lambda_j \boldsymbol{z}_j \geqslant \sum_{j=1}^{n} \alpha_j \boldsymbol{z}_j \tag{13.14b}$$

$$\sum_{j=1}^{n} \alpha_j \boldsymbol{y}_j \geqslant \boldsymbol{y}_d \tag{13.14c}$$

$$\lambda_j \geqslant 0, \quad j=1,\cdots,n \tag{13.14d}$$

$$\alpha_j \geqslant 0, \quad j=1,\cdots,n \tag{13.14e}$$

　　通过对偶推导，可以发现模型式（13.14）恰好为集中式两阶段 DEA 模型式（13.4）的对偶问题。因此，模型式（13.4）和模型式（13.14）最终求解得到的最优目标函数值相等，即两个模型求得的系统整体效率相同，$e_d^{\text{centralized}} = \theta_d^*$。分析发现，求解包络型模型式（13.13）只能得到 DMU 的整体效率以及 DMU 的前沿标杆，无法通过该模型计算得到两个子阶段的效率。求解其等价的对偶问题［集中式两阶段 DEA 模型式（13.4）］可以得到系统的整体效率和两个子阶段的效率，但也无法通过模型式（13.4）的计算结果得到 DMU 的改进标杆。因此，在对两阶段网络型 DMU 进行效率评价和标杆设定时，可以通过求解乘数型模型［模型式（13.4）］得到 DMU 总体和子系统的效率，通过求解其对偶问题的等价模型［模型式（13.13）］获得 DMU 的改进标杆。但是模型式（13.4）可能存在多重最优解，这会导致效率分解的结果不一定唯一。目前针对这一问题，学界还没有较为统一的解决方案，主要是缺乏对于子阶段效率不唯一性的现实解释。此外，如上所述，两阶段网络 DEA 中需要既求解乘数型模型，又求解包络型模型才能得到 DMU 的整体效率、子系统效率和改进标杆。如何像传统 DEA 模型一样仅求解乘数型模型或包络型模型就能得到上述结果，也是一个值得思考的议题。Chu 等（2021）在他们的研究中针对这一问题给出了一些启示。

采用表 13.1 中的算例数据来说明两阶段网络 DEA 标杆设定模型。针对每个 DMU 按模型式（13.13）求解，得到每个 DMU 的整体效率以及其改进标杆，结果如表 13.4 所示。

表 13.4　两阶段网络 DEA 标杆设定模型计算结果

DMU	整体效率值 θ_j^*	投入改进标杆 $\theta_j^* X_j$		中间产物改进标杆 $\tilde{Z}_j^*$		产出标杆 Y_j	
1	0.4936	3.08	6.16	4.66	6.35	5.63	7.93
2	0.7717	5.07	11.15	8.42	10.39	9.93	9.50
3	0.4877	4.46	6.92	6.25	7.67	7.30	7.40
4	0.7043	8.36	5.09	8.87	8.51	8.37	7.63
5	0.8083	9.36	8.16	10.50	11.47	10.52	13.92
6	0.7748	9.14	9.98	10.73	12.79	12.44	10.86
7	1.0000	5.09	10.22	7.06	10.80	9.12	14.39
8	0.9102	5.73	10.17	8.63	10.74	10.08	11.18
9	0.4417	5.58	4.67	6.22	6.69	6.29	7.51
10	0.4329	5.81	5.33	6.58	7.33	7.15	6.03

从表 13.4 的计算结果中可以看出，包络型模型给出的系统整体效率与集中式两阶段网络 DEA 模型给出的系统整体效率相同。这是因为模型式（13.13）与模型式（13.14）为等价模型。此外，从目标设定的结果中可以看出，除了 DMU_7 总体有效，其投入、中间产物和产出无须改变，其他的 DMU 均需要进行相应的改进。当 DMU 的整体效率较小时，DMU 的投入需要减少的比例较大，例如 DMU_1 的整体效率比较低（为 0.4936），则在标杆设定时其需要减少超过一半的投入才能达到有效生产。对于所有总体无效的 DMU，其中间产物都需要进行一定的调整才能达到生产前沿。即使部分 DMU 的第二阶段被评价为有效的（见表 13.2 的集中式模型的效率分解结果），也需要调整其中间产物的量。例如，DMU_6 被评价为有效的，但其中间产物的第一个指标需要从 10.67 增加到 10.73。DMU_5 的目标设定结果中也出现了类似的情况。这种目标设定的结果与经典 DEA 不符合，也缺乏合理的现实解释，需要在未来研究中进一步关注和解决。

13.2.5　加性两阶段 DEA 模型

在集中式两阶段 DEA 模型中，系统的总效率被分解为两个子阶段效率的乘积。这不仅得益于两个阶段集中设定中间产物的权重的假设，还在于它考虑的是 CRS 假设情况下的研究。为了给出两阶段 DEA 中 VRS 假设情况下的模型，Chen 等（2009）提出使用加性分解方法来定义两阶段系统的子阶段效率和总体效率的关系。本节将首先介绍 CRS 情形下系统的子阶段效率和总体效率关系，而后讨论 VRS 情形下的效率分解。具体地，CRS 情形下系统的总效率被定义为两阶段网络子系统效率的加权和。

$$e_d^{\text{additive}} = t_1 \frac{\sum\limits_{k=1}^{p} \phi_{kd} z_{kd}}{\sum\limits_{i=1}^{m} w_{id} x_{id}} + t_2 \frac{\sum\limits_{r=1}^{s} u_{rd} y_{rd}}{\sum\limits_{k=1}^{p} \phi_{kd} z_{kd}} \qquad (13.15)$$

其中，t_1 和 t_2 是决策者给两阶段分别设定的加权权重，且有 $t_1 + t_2 = 1$。基于上述加性假设，则可以通过求解如下的加性两阶段 DEA 模型式（13.16）得到系统总效率。

$$e_d^{\text{additive}} = \max t_1 \frac{\sum\limits_{k=1}^{p} \phi_{kd} z_{kd}}{\sum\limits_{i=1}^{m} w_{id} x_{id}} + t_2 \frac{\sum\limits_{r=1}^{s} u_{rd} y_{rd}}{\sum\limits_{k=1}^{p} \phi_{kd} z_{kd}} \qquad (13.16)$$

$$\text{s.t.} \quad \frac{\sum\limits_{k=1}^{p} \phi_{k} z_{kj}}{\sum\limits_{i=1}^{m} w_{i} x_{ij}} \leqslant 1, \qquad j = 1, \cdots, n \qquad (13.16a)$$

$$\frac{\sum\limits_{r=1}^{s} u_{r} y_{rj}}{\sum\limits_{k=1}^{p} \phi_{k} z_{kj}} \leqslant 1, \qquad j = 1, \cdots, n \qquad (13.16b)$$

$$w_i \geqslant 0, \qquad i = 1, 2, \cdots, m \qquad (13.16c)$$

$$u_r \geqslant 0, \qquad r = 1, 2, \cdots, s \qquad (13.16d)$$

$$\phi_k \geqslant 0, \qquad k = 1, 2, \cdots, p \qquad (13.16e)$$

可以看出模型式（13.16）不能线性化，因此无法快速求解。两阶段的权重 t_1 和 t_2 代表的是在计算系统的效率时对两个阶段的重视程度。从另一个角度而言，也可以看作是两阶段对系统总体效率的贡献度。决策者可以认为两阶段的规模大小能够反映它们对总体效率的贡献程度。两个子阶段的规模可以由其投入资源来确定。基于这一假设，可以令 $\sum\limits_{i=1}^{m} w_i x_{ij} + \sum\limits_{k=1}^{p} \phi_k z_{kj}$ 代表系统的总体规模。$\sum\limits_{i=1}^{m} w_i x_{ij}$ 和 $\sum\limits_{k=1}^{p} \phi_k z_{kj}$ 分别代表第一和第二阶段的规模。因此，可以定义第一和第二阶段的权重分别为式（13.17）和式（13.18）。

$$t_1 = \frac{\sum\limits_{i=1}^{m} w_i x_{ij}}{\sum\limits_{i=1}^{m} w_i x_{ij} + \sum\limits_{k=1}^{p} \phi_k z_{kj}} \qquad (13.17)$$

$$t_2 = \frac{\sum\limits_{k=1}^{p} \phi_k z_{kj}}{\sum\limits_{i=1}^{m} w_i x_{ij} + \sum\limits_{k=1}^{p} \phi_k z_{kj}} \tag{13.18}$$

基于上述两阶段的权重假设，模型式（13.16）可以进一步转化为

$$e_d^{\text{additive}} = \max \frac{\sum\limits_{k=1}^{p} \phi_{kd} z_{kd} + \sum\limits_{r=1}^{s} u_{rd} y_{rd}}{\sum\limits_{i=1}^{m} w_i x_{id} + \sum\limits_{k=1}^{p} \phi_k z_{kd}} \tag{13.19}$$

$$\text{s.t.} \quad \frac{\sum\limits_{k=1}^{p} \phi_k z_{kj}}{\sum\limits_{i=1}^{m} w_i x_{ij}} \leqslant 1, \quad j = 1, \cdots, n \tag{13.19a}$$

$$\frac{\sum\limits_{r=1}^{s} u_r y_{rj}}{\sum\limits_{k=1}^{p} \phi_k z_{kj}} \leqslant 1, \quad j = 1, \cdots, n \tag{13.19b}$$

$$w_i \geqslant 0, \quad i = 1, 2, \cdots, m \tag{13.19c}$$

$$u_r \geqslant 0, \quad r = 1, 2, \cdots, s \tag{13.19d}$$

$$\phi_k \geqslant 0, \quad k = 1, 2, \cdots, p \tag{13.19e}$$

此时，则可以通过 C-C 转换（Charnes and Cooper，1962）对模型式（13.19）线性转化，得到等价线性模型式（13.20）：

$$e_d^{\text{additive}} = \max \sum\limits_{k=1}^{p} f_{kd} z_{kd} + \sum\limits_{r=1}^{s} u_{rd} y_{rd} \tag{13.20}$$

$$\text{s.t.} \quad \sum\limits_{k=1}^{p} \phi_k z_{kj} - \sum\limits_{i=1}^{m} w_i x_{ij} \leqslant 0, \quad j = 1, \cdots, n \tag{13.20a}$$

$$\sum\limits_{r=1}^{s} u_r y_{rj} - \sum\limits_{k=1}^{p} \phi_k z_{kj} \leqslant 0, \quad j = 1, \cdots, n \tag{13.20b}$$

$$\sum\limits_{i=1}^{m} w_i x_{id} + \sum\limits_{k=1}^{p} \phi_k z_{kd} = 1 \tag{13.20c}$$

$$w_i \geqslant 0, \quad i = 1, 2, \cdots, m \tag{13.20d}$$

$$u_r \geqslant 0, \quad r = 1, 2, \cdots, s \tag{13.20e}$$

$$\phi_k \geqslant 0, \quad k = 1, 2, \cdots, p \tag{13.20f}$$

求解模型式（13.20），可以得到 DMU_d 的总体效率。但是该模型的最优解不一定唯一。这导致在选择不同最优解计算时，可能会得到不同的子阶段效率。为了解决这一问题，与集中式两阶段 DEA 模型相似，可以在总体效率最优的情况下，选择再优化第一阶段或第二阶段的效率以得到唯一分解结果。例如，假设第一阶段的效率被先优化，则可以通过模型式（13.21）进一步确定唯一的第一阶段效率。

$$e_d^{\text{additive},1} = \max \frac{\sum\limits_{k=1}^{p} f_k z_{kd}}{\sum\limits_{i=1}^{m} w_i x_{id}} \tag{13.21}$$

$$\text{s.t.} \quad \frac{\sum\limits_{k=1}^{p} \phi_k z_{kj}}{\sum\limits_{i=1}^{m} w_i x_{ij}} \leqslant 1, \quad j = 1, \cdots, n \tag{13.21a}$$

$$\frac{\sum\limits_{r=1}^{s} u_r y_{rj}}{\sum\limits_{k=1}^{p} \phi_k z_{kj}} \leqslant 1, \quad j = 1, \cdots, n \tag{13.21b}$$

$$\frac{\sum\limits_{k=1}^{p} \phi_{kd} z_{kd} + \sum\limits_{r=1}^{s} u_{rd} y_{rd}}{\sum\limits_{i=1}^{m} w_i x_{id} + \sum\limits_{k=1}^{p} \phi_k z_{kd}} = e_d^{\text{additive}} \tag{13.21c}$$

$$w_i \geqslant 0, \quad i = 1, 2, \cdots, m \tag{13.21d}$$

$$u_r \geqslant 0, \quad r = 1, 2, \cdots, s \tag{13.21e}$$

$$\phi_k \geqslant 0, \quad k = 1, 2, \cdots, p \tag{13.21f}$$

模型式（13.21）的等价模型为

$$e_d^{\text{additive},1} = \max \sum_{k=1}^{p} \phi_k z_{kd} \tag{13.22}$$

$$\text{s.t.} \quad \sum_{k=1}^{p} \phi_k z_{kj} - \sum_{i=1}^{m} w_i x_{ij} \leqslant 0, \quad j = 1, \cdots, n \tag{13.22a}$$

$$\sum_{r=1}^{s} u_r y_{rj} - \sum_{k=1}^{p} \phi_k z_{kj} \leqslant 0, \quad j = 1, \cdots, n \tag{13.22b}$$

$$\left(1 - e_d^{\text{additive}}\right) \sum_{k=1}^{p} \phi_{kd} z_{kd} + \sum_{r=1}^{s} u_{rd} y_{rd} = e_d^{\text{additive}} \tag{13.22c}$$

$$\sum_{i=1}^{m} w_i x_{id} = 1 \tag{13.22d}$$

$$w_i \geqslant 0, \quad i = 1, 2, \cdots, m \tag{13.22e}$$

$$u_r \geqslant 0, \quad r = 1, 2, \cdots, s \tag{13.22f}$$

$$\phi_k \geqslant 0, \quad k = 1, 2, \cdots, p \tag{13.22g}$$

通过求解模型式（13.22），可以得到唯一的第一阶段效率。假设此时的最优解为 $\left(w_i^*, u_r^*, \phi_k^*, i = 1, 2, \cdots, m, r = 1, 2, \cdots, s, k = 1, 2, \cdots, p\right)$。则此时可根据式（13.17）和式（13.18）求解两阶段的权重 t_1^* 和 t_2^*，此时第二阶段的效率可以通过式（13.23）求得：

$$e_d^{\text{additive},2} = \frac{e_d^{\text{additive}} - t_1^* e_d^{\text{additive},1}}{t_2^*} \tag{13.23}$$

同理，也可以先优化第二阶段效率，以求得效率的唯一分解。

在加性两阶段 DEA 模型的假设下，在考虑 VRS 假设时，可以通过模型式（13.24）来求解系统的总体效率：

$$e_d^{\text{additive}} = \max \frac{\sum_{k=1}^{p} \phi_{kd} z_{kd} + \mu^1 + \sum_{r=1}^{s} u_{rd} y_{rd} + \mu^2}{\sum_{i=1}^{m} w_i x_{id} + \sum_{k=1}^{p} \phi_k z_{kd}} \quad （13.24）$$

$$\text{s.t.} \quad \frac{\sum_{k=1}^{p} \phi_k z_{kj} + \mu^1}{\sum_{i=1}^{m} w_i x_{ij}} \leqslant 1, \quad j=1,\cdots,n \quad （13.24a）$$

$$\frac{\sum_{r=1}^{s} u_r y_{rj} + \mu^2}{\sum_{k=1}^{p} \phi_k z_{kj}} \leqslant 1, \quad j=1,\cdots,n \quad （13.24b）$$

$$w_i \geqslant 0, \quad i=1,2,\cdots,m \quad （13.24c）$$
$$u_r \geqslant 0, \quad r=1,2,\cdots,s \quad （13.24d）$$
$$\phi_k \geqslant 0, \quad k=1,2,\cdots,p \quad （13.24e）$$

如同 CRS 假设下的模型转化方法，该模型很容易被线性化并求解。另外关于效率分解不确定性的解决方法，也可以参照 CRS 情形下的模型去建模分析。

加性 DEA 模型假设系统的总体效率可以分解为两个子阶段效率的加权求和，并巧妙地通过使用两阶段的加权投入来构造权重，使得模型能够线性化求解。但加性 DEA 的权重设定也存在一定的问题，通过比较 t_1 和 t_2 的值，我们可以发现 $\dfrac{t_2}{t_1} = \dfrac{\sum_{k=1}^{p} \phi_k z_{kj}}{\sum_{i=1}^{m} w_i x_{ij}} = e_j^{\text{additive,1}} \leqslant 1$。

这说明这种权重设定必有 $t_2 \leqslant t_1$，所以这种权重设定方法必然会导致第二阶段在大部分情况下所赋的权重较低。这可能会导致效率评价结果具有一定的偏向性。

仍采用表 13.1 中的算例来说明加性网络 DEA 模型。假设在总体效率最优的情况下，首先优化第一阶段的效率。使用本节所描述的模型求解的评价结果如表 13.5 所示。

表 13.5　加性两阶段 DEA 模型评价结果

DMU	e_j^{additive}	$e_j^{\text{additive,1}}$	$e_j^{\text{additive,2}}$	$t_1^\star$	$t_2^\star$
1	0.7016	0.6971	0.7081	0.5893	0.4107
2	0.8858	1.0000	0.7717	0.5000	0.5000
3	0.7146	0.7952	0.6133	0.5570	0.4430
4	0.8522	1.0000	0.7043	0.5000	0.5000
5	0.8940	0.8083	1.0000	0.5530	0.4470
6	0.8731	0.7748	1.0000	0.5634	0.4366
7	1.0000	1.0000	1.0000	0.5000	0.5000

续表

DMU	e_j^{additive}	$e_j^{\text{additive},1}$	$e_j^{\text{additive},2}$	t_1^*	t_2^*
8	0.9551	1.0000	0.9102	0.5000	0.5000
9	0.7048	0.8914	0.4955	0.5287	0.4713
10	0.6286	0.5269	0.8216	0.6549	0.3451

从表13.5的计算结果中可以看出,相比于集中式两阶段DEA模型的乘性分解性模型,加性分解性模型得到的DMU总体效率较大一些。这是因为,乘性分解的模型假设总体效率为两阶段效率的乘积,且两阶段效率一般情况下都小于1,则乘积得到的结果大部分情况必然是一个比两阶段效率都要小的总体效率值。而加性分解中,DMU总体效率为两阶段效率的加权求和,求得的总体效率必然位于两阶段效率之间。此外,从评价结果中可以看出,除了DMU₇为总体有效,其他DMU均为总体无效。且可以发现DMU₇的两阶段均为有效。另外,还可以发现,计算结果中确实呈现出第一阶段的权重始终不小于第二阶段的权重。且在大部分情况下,第一阶段的权重要大很多。这也反映出了加性网络DEA方法的特点。

13.3 两阶段网络 DEA 模型在商业银行运营效率分析中的应用

本节将两阶段网络 DEA 模型运用到商业银行的运营效率分析之中。实际生产中,商业银行的运营可以看作是一个两阶段过程。如 13.2 节所述,第一阶段为募资阶段,商业银行会投入人力、资产和运营成本等募集存款或其他资金;第二阶段则是盈利阶段,商业银行使用第一阶段募集的资金,通过放贷、投资等方式获得收益。商业银行的两阶段运营系统及其投入、中间产物以及产出指标如图 13.2 所示。

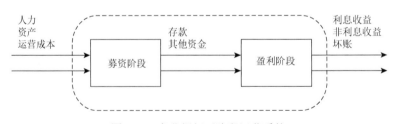

图 13.2 商业银行两阶段运营系统

本章所使用的商业银行的数据引自 Chu 等(2021),为长沙银行 31 个支行的运营数据。银行运营系统的第一阶段为募资阶段,第二阶段为盈利阶段。系统使用人力资源(x_1)、固定资产(x_2)、运营成本(x_3)作为投入,使用吸纳存款(z_1)以及其他渠道募集的资金(z_2)为中间产物,使用利息收益(y_1)、非利息收益(y_2)和坏账(y_3)作为最终产出。在盈利阶段,坏账为非期望产出,因此在数据计算的时候使用其倒数(即 $1/y_3$)来处理。本案例研究的原始数据如表 13.6 所示。

表 13.6 31 个支行的原始运营数据

DMU	投入			中间产物		产出		
	x_1	x_2	x_3	z_1	z_2	y_1	y_2	y_3
1	254	20741668	3532	2754373	548559	42416	18867	16583
2	266	1238002	4524	2387407	742777	35921	16123	32704
3	144	713075	906	625049	223458	9720	4537	7104
4	220	586641	4246	3250051	1317561	40832	23636	31463
5	189	777671	1824	1245390	179665	19839	9355	7616
6	134	532863	2852	758380	285679	11103	4866	4553
7	178	541977	1613	693561	282214	12883	4791	5591
8	169	485534	1512	888244	641704	15878	5175	6152
9	153	566095	1424	997622	143828	16539	4116	10635
10	84	403103	2407	552817	208541	10145	3132	3763
11	81	269142	4530	1000316	362942	16806	3524	11270
12	78	391531	984	430540	266704	6409	2088	2890
13	134	1602474	2940	674217	298863	6335	3550	5943
14	85	2019583	3058	876696	354562	18605	3908	7194
15	137	1065375	3153	710657	271140	11426	3356	6251
16	188	2218811	2995	907331	461409	16946	3516	6742
17	143	1362668	2136	723305	135639	13178	5757	6340
18	175	2474926	5217	1220201	718851	20642	6175	9304
19	171	1170429	1596	776921	390492	13369	3337	3341
20	226	1409712	3416	1891738	761208	29732	16869	13838
21	182	1559882	2256	1156335	357784	20741	6313	11236
22	177	1332425	4397	1101983	382006	16337	5932	10327
23	165	1461203	3083	1499575	431315	22817	10485	7150
24	221	1394571	4625	1834257	478909	30052	9061	13703
25	223	1453229	3397	1885521	763707	29611	16771	13986
26	76	665045	1078	369660	167270	5935	3546	1499
27	136	838799	929	615195	225850	9911	4493	6901
28	138	791714	3106	702650	273765	11139	3397	6334
29	216	2344464	1921	853094	248309	16985	5951	9011
30	192	2008119	1842	1274309	182880	19625	9349	7786
31	193	322101	5284	1679497	567379	28706	13233	15744

从每个商业支行的整体来看，其两个子阶段之间应当相互协调，争取获得系统运营最高效率。因此，两阶段之间应当是集中控制且为相互合作的关系。所以本节采用集中式两阶段模型式（13.4）来对系统进行效率评价，使用它的对偶模型式（13.13）来对两阶段网络系统进行标杆设定。在进行效率分析时，由于银行每个指标的数值之间量纲差别较大，建议标准化数据之后再进行计算。

31 个支行的效率评价结果如表 13.7 所示。从评价结果中可以看出，31 个支行中，有两个支行第一阶段有效、3 个支行第二阶段有效，但没有一个支行是整体有效的。DMU_{31} 的整体效率最大，为 0.8948；DMU_{13} 的整体效率最小为 0.1938。在所有的 DMU 当中，仅有两个 DMU（DMU_1 和 DMU_{31}）的整体效率是高于 0.8 的，且在募资阶段，仅有 9 个 DMU 的子阶段效率高于 0.8，在盈利阶段，有 22 个 DMU 的子阶段效率高于 0.8。总体来说，该商业银行支行的运营效率普遍偏低，有很大的效率改进空间。银行的盈利阶段相较募资阶段的表现稍好一些。因此，长沙银行需要重点关注如何提高其募资阶段的效率。募资阶段的两个有效 DMU（即 DMU_1 和 DMU_4）值得重点关注和学习。此外，从效率分析结果中可以看出，对于所有的 DMU 都有 $e_j^{1+}=e_j^{1-}$，因此，每个 DMU 的子阶段的效率分解都是唯一的。

表 13.7　31 个支行的效率评价结果

DMU	$e_j^{centralized}$	$e_j^{centralized,1}$	$e_j^{centralized,2}$	e_j^{1+}	e_j^{2-}	e_j^{1-}	e_j^{2+}
1	0.8511	1.0000	0.8511	1.0000	0.8511	1.0000	0.8511
2	0.5706	0.6891	0.8280	0.6891	0.8280	0.6891	0.8280
3	0.7819	0.8994	0.8694	0.8994	0.8694	0.8994	0.8694
4	0.7818	1.0000	0.7818	1.0000	0.7818	1.0000	0.7818
5	0.7970	0.8912	0.8943	0.8912	0.8943	0.8912	0.8943
6	0.3058	0.3831	0.7981	0.3831	0.7981	0.3831	0.7981
7	0.5347	0.5614	0.9525	0.5614	0.9525	0.5614	0.9525
8	0.6842	0.7670	0.8920	0.7670	0.8920	0.7670	0.8920
9	0.7274	0.9145	0.7954	0.9145	0.7954	0.9145	0.7954
10	0.4128	0.4455	0.9266	0.4455	0.9266	0.4455	0.9266
11	0.6618	0.8360	0.7917	0.8360	0.7917	0.8360	0.7917
12	0.4644	0.6415	0.7238	0.6415	0.7238	0.6415	0.7238
13	0.1938	0.3412	0.5679	0.3412	0.5679	0.3412	0.5679
14	0.6982	0.6982	1.0000	0.6982	1.0000	0.6982	1.0000
15	0.2789	0.3511	0.7944	0.3511	0.7944	0.3511	0.7944
16	0.3497	0.3994	0.8754	0.3994	0.8754	0.3994	0.8754
17	0.4381	0.4417	0.9920	0.4417	0.9920	0.4417	0.9920
18	0.3920	0.4720	0.8305	0.4720	0.8305	0.4720	0.8305
19	0.5416	0.6713	0.8068	0.6713	0.8068	0.6713	0.8068
20	0.6935	0.7220	0.9605	0.7220	0.9605	0.7220	0.9605
21	0.5900	0.6684	0.8826	0.6684	0.8826	0.6684	0.8826
22	0.3177	0.4214	0.7538	0.4214	0.7538	0.4214	0.7538
23	0.5365	0.6348	0.8453	0.6348	0.8453	0.6348	0.8453
24	0.4524	0.5618	0.8052	0.5618	0.8052	0.5618	0.8052
25	0.6934	0.7250	0.9564	0.7250	0.9564	0.7250	0.9564
26	0.4682	0.4682	1.0000	0.4682	1.0000	0.4682	1.0000

DMU	$e_j^{centralized}$	$e_j^{centralized,1}$	$e_j^{centralized,2}$	e_j^{1+}	e_j^{2-}	e_j^{1-}	e_j^{2+}
27	0.7681	0.8630	0.8901	0.8630	0.8901	0.8630	0.8901
28	0.2714	0.3447	0.7874	0.3447	0.7874	0.3447	0.7874
29	0.5781	0.5781	1.0000	0.5781	1.0000	0.5781	1.0000
30	0.7827	0.8912	0.8782	0.8912	0.8782	0.8912	0.8782
31	0.8948	0.9412	0.9507	0.9412	0.9507	0.9412	0.9507

表 13.8 给出了这 31 个银行的标杆改进目标, 这里只列出了投入和中间产物的改进目标。在目标设定模型中, DMU 的产出不发生变化。从标杆设定的结果中可以得出如下结论。第一, 所有 DMU 都需要进行投入和中间产物的调整以达到有效的生产, 因为没有一个 DMU 是整体有效的。第二, 即使部分 DMU 的盈利阶段效率为 1, 还是需要进行中间产物的数量调整, 例如 DMU_{14} 和 DMU_{30}。第三, 对于大部分在盈利阶段无效的 DMU, 需要降低其中间产物的数量, 以得到更有效的生产。第四, 由于大部分 DMU 的整体效率水平较低, 因此, 它们在投入水平上存在较高比例的资源冗余, 在保证当前产出水平的情况下, DMU 平均可减少 43.51% 的资源投入, 以达到资源的更有效利用。

表 13.8　商业银行支行的标杆设定结果

DMU	投入标杆设定			中间产物标杆设定	
	$\theta_j^* X_j$			$\tilde{Z}_j^*$	
1	183.99	17653569.48	2558.53	2343620.09	474115.97
2	86.61	486789.40	2137.42	1976802.33	791580.19
3	88.04	501482.37	615.91	543412.01	207404.51
4	134.47	458635.05	2595.20	2540884.99	1030067.21
5	120.05	552351.31	1300.03	1113754.89	439762.93
6	12.53	62418.68	695.98	605283.91	245380.29
7	50.89	162690.08	821.50	660593.16	263016.77
8	79.12	254806.19	922.81	792350.73	315907.99
9	80.96	376579.44	823.91	793547.69	314166.42
10	14.31	74131.01	920.67	512251.14	207665.09
11	35.48	148908.31	2373.50	791924.37	321043.78
12	16.82	116632.90	330.73	349754.70	141789.52
13	5.03	105950.80	323.54	383598.16	155509.55
14	41.43	984473.78	2135.01	876696.00	355409.95
15	10.66	104335.14	698.65	564527.78	228857.88
16	22.99	309887.17	916.81	801659.22	324834.42
17	27.45	263706.11	928.36	717505.87	277756.42
18	26.89	457898.96	1698.35	1013376.87	410819.97

续表

DMU	投入标杆设定			中间产物标杆设定	
	$\theta_j^* X_j$			$\tilde{z}_j^*$	
19	50.16	425561.58	697.43	661673.53	268240.48
20	108.70	705894.68	2275.56	1813428.20	735158.39
21	63.35	615123.25	1174.73	1020635.30	393108.70
22	17.86	178377.65	1052.97	830699.39	336763.06
23	47.50	497682.73	1398.27	1267555.05	498284.19
24	45.23	354419.46	1684.65	1476913.15	598736.20
25	107.21	730527.07	2252.68	1802893.14	730887.51
26	16.66	145772.34	504.67	369660.00	167270.00
27	80.24	556048.09	635.18	547592.45	206686.36
28	10.16	74065.41	663.75	553289.45	224301.90
29	72.19	783550.62	1110.57	853094.00	312130.66
30	117.62	1400709.40	1266.10	1106973.27	410268.48
31	154.53	271269.50	4495.04	1596749.61	647317.54

习　　题

1. 本章所有的模型都是在规模收益不变的假设下讨论的，请思考在其他规模收益情形下如何建立相关模型。

2. 试想在斯塔克尔伯格博弈两阶段 DEA 模型中，如果第二阶段为博弈的领导者，第一阶段为博弈的追随者，应该怎样建模？

3. 在两阶段 DEA 标杆设定模型中，本章讨论了投入导向的标杆设定模型，试推导产出导向的标杆设定模型及其对偶模型，并分析其是否更合适应用到 13.3 节的案例分析中。

4. 总结归纳两阶段网络 DEA 的基本模型所适合的应用场景，并思考一些实际中的案例。

5. 使用本章算例所使用的数据，采用 MATLAB 编程复现本章的模型评价结果。

第14章　成本与资源配置 DEA 模型

企业实际的生产和运营等经济活动经常会涉及不同的公司或组织，为了提高生产和运营效益，它们会共同构建一个决策的公共平台。成本与资源配置是确定公共平台产生的总成本和获得的资源如何在多个 DMU 之间公平分配的问题。近年来，由于 DEA 方法具有权重灵活性和无量纲性等优势，利用 DEA 处理成本与资源配置问题成为研究热点之一。本章将介绍 DEA 在成本与资源配置应用方面的经典模型，并详细说明相关模型的含义以及对应的应用场景。最后，本章将相关模型应用到卡车车队的案例分析之中。

14.1　成本与资源配置 DEA 模型简介

本章主要介绍成本与资源配置 DEA 模型。目前，关于成本与资源配置的研究主要包括以下三种评价方法。第一种方法是考虑效率不变的资源与成本配置 DEA 模型，该方法假定固定成本可以作为 DMU 的一种新投入，将固定成本纳入 DMU 的效率评价体系，然后根据成本分配前后所有 DMU 效率不变性和帕累托最小性，给出了解决问题的思路。第二种方法则是考虑效率改进的资源与成本配置 DEA 模型，即采用一组公共权重评估，使得所有 DMU 在固定成本分配后都是有效的。该方法以更高效地产生 DMU 的方式进行成本与资源配置，表明资源的每一部分都更有效地转化为产出，这也是大多数学者进行成本与资源配置更为常用的一种方法。上述两种方法都是从效率的角度进行成本与资源配置，无法通过产出目标设定来调整资源配置。第三种方法则通过设定目标以提高 DMU 效率的方式解决包含短期内不发生变化及可进行调整的投入的生产系统的资源配置问题。值得注意的是，通过调整可分配资源，并适当地为其设置新的产出目标，所有 DMU 都能够变为有效。

14.2　基　本　模　型

成本与资源配置问题主要研究如何公平地确定公共平台产生的固定成本或固有的资源在多个 DMU 之间的分配份额。在实际生活中，该问题较为常见。例如，商业银行为了能更好地了解客户的信用指数，决定联合起来构建一个公共的信用信息共享系统。由于所有的成员都将享受到公共平台的便利，因此，在每个周期结束时，各个成员必须共同承担公共信用信息共享系统构建与运行的总费用。目前，针对该问题的研究大多是从集中的角度去考虑，基于分配后组织变为有效或分配后效率不变两个原则进行研究。

假设有 n 个 DMU，每个 $\text{DMU}_j (j = 1, \cdots, n)$ 使用 m 个投入（表示为 $\boldsymbol{x}_j = (x_{1j}, \cdots, x_{mj})^{\text{T}} \geqslant$

$0 \in \mathbf{R}^m$ ）生产 s 个产出（表示为 $\boldsymbol{y}_j = (y_{1j}, \cdots, y_{sj})^{\mathrm{T}} \geqslant 0 \in \mathbf{R}^s$ ）；另假设有一固定成本 R （如广告费、信息维护费及出于管理目的产生的其他费用）要在 n 个 DMU 之间进行分配，DMU$_j$ 所分得的固定成本为 r_j ，则有 $\sum\limits_{j=1}^{n} r_j = R$ ；投入的权重表示为 $\boldsymbol{v}_j = (v_{1j}, \cdots, v_{mj})^{\mathrm{T}} \geqslant 0 \in \mathbf{R}^m$ ，产出的权重表示为 $\boldsymbol{u}_j = (u_{1j}, \cdots, u_{sj})^{\mathrm{T}} \geqslant 0 \in \mathbf{R}^s$ ，将固定成本视作一种新的投入，其权重表示为 $v_{m+1,j}$ 。基于上述假设，考虑固定成本的基础 DEA 模型如式（14.1）所示（资源配置问题与固定成本分配问题本质相同，不做过多赘述）：

$$E_d = \max \frac{\sum\limits_{r=1}^{s} u_r y_{rd}}{\sum\limits_{i=1}^{m} v_i x_{id} + v_{m+1,j} r_d} \tag{14.1}$$

$$\text{s.t.} \quad \frac{\sum\limits_{r=1}^{s} u_r y_{rj}}{\sum\limits_{i=1}^{m} v_i x_{ij} + v_{m+1,j} r_j} \leqslant 1, \quad j = 1, \cdots, n \tag{14.1a}$$

$$\sum_{j=1}^{n} r_j = R \tag{14.1b}$$

$$v_i \geqslant 0, \quad i = 1, \cdots, m \tag{14.1c}$$

$$u_r \geqslant 0, \quad r = 1, \cdots, s \tag{14.1d}$$

14.2.1　考虑效率不变的资源与成本配置 DEA 模型

DEA 的应用从效率分析的角度为成本与资源配置问题带来了新的研究视角。Cook 和 Kress（1999）首先将 DEA 应用于固定成本分配。本节将对其进行详细介绍。为更好地对模型进行解释，下面引入不考虑固定成本分配的产出导向 DEA 模型，以包络形式为例，如模型式（14.2）所示：

$$\max \theta_d \tag{14.2}$$

$$\text{s.t.} \quad \sum_{j=1}^{n} \lambda_{jd} x_{ij} \leqslant x_{id}, \quad i = 1, \cdots, m \tag{14.2a}$$

$$\sum_{j=1}^{n} \lambda_{jd} y_{rj} \geqslant \theta_d y_{rd}, \quad r = 1, \cdots, s \tag{14.2b}$$

$$\lambda_{jd} \geqslant 0, \quad j = 1, \cdots, n \tag{14.2c}$$

按照 Cook 和 Kress（1999）提出的通过使用效率不变性原则进行固定成本分配的思想，基于 CRS 假设，分配后的效率评价模型为

$$\min \sum_{v_i x_{id}} v_i x_{id} + v_{m+1,j} r_d \tag{14.3}$$

$$\text{s.t.} \quad \sum_{r=1}^{s} u_r y_{rj} - \left(\sum_{i=1}^{m} v_i x_{ij} + v_{m+1,j} r_j \right) \leqslant 0, \quad j = 1, \cdots, n \tag{14.3a}$$

$$\sum_{r=1}^{s} u_r y_{rd} = 1, \qquad d = 1, \cdots, n \qquad (14.3b)$$

$$v_i \geqslant 0, \qquad i = 1, \cdots, m \qquad (14.3c)$$

$$u_r \geqslant 0, \qquad r = 1, \cdots, s \qquad (14.3d)$$

模型式（14.3）的对偶模型即

$$\max \theta_d' \qquad (14.4)$$

$$\text{s.t.} \quad \sum_{j=1}^{n} \lambda_{jd} x_{ij} \leqslant x_{id}, \qquad i = 1, \cdots, m \qquad (14.4a)$$

$$\sum_{j=1}^{n} \lambda_{jd} r_j \leqslant r_d \qquad (14.4b)$$

$$\sum_{j=1}^{n} \lambda_{jd} y_{rj} \geqslant \theta_d' y_{rd}, \qquad r = 1, \cdots, s \qquad (14.4c)$$

$$\lambda_{jd} \geqslant 0, \qquad j = 1, \cdots, n \qquad (14.4d)$$

易发现，若要满足效率不变性原则，模型式（14.3）中的 $v_{m+1,j}$ 必然不能作为最终单纯形的基，也就是说，对每一个 DMU_d，需要满足：

$$C_{v_{m+1}} - z_{vm_{+1}} \Rightarrow CV_{m+1} - C_B B^{-1} A \geqslant 0 \Rightarrow r_d - \left| \sum_{j=1}^{n} \lambda_{jd}^* r_j \right| \geqslant 0 \qquad (14.5)$$

此外，若保证效率值不变（即 $\theta_d = \theta_d'$），约束式（14.4b）应当是冗余的。也就是说，式（14.5）中的 λ_{jd}^* 即为模型式（14.2）中关于 λ 的最优解。除效率不变性原则外，分配结果还需要满足另一原则，即帕累托最小性原则。帕累托最小性原则要求在不违反效率不变性原则的前提下，任何成本都不能从一个 DMU 转移至另一个 DMU。为实现帕累托最小性原则，对所有无效 DMU，应有 $r_d = \sum_{j=1}^{n} \lambda_{jd}^* r_j$。

基于效率不变性原则的资源与成本配置 DEA 模型在固定成本分配研究领域的应用较为广泛。就单阶段 DEA 系统而言，Mostafaee（2013）研究了公共服务和生产过程等实际应用中的共享成本分配问题；就多阶段 DEA 网络而言，An 等（2020）提出了一种基于两阶段网络的固定成本分配方法，并通过 24 家非人寿保险公司的实际应用验证了所提出方法的有效性。

现使用一个简单的算例对效率不变的资源与成本配置 DEA 模型进行说明，该算例来自 Cook 和 Kress（1999），其中包括 12 个 DMU，每个 DMU 包括 3 个投入，2 个产出，总的固定成本为 100。算例的原始数据见表 14.1。其中，θ_d 是分配前使用传统 DEA 模型求得的效率得分，θ_d' 是分配后基于效率不变性及帕累托最小性两个原则求得的效率得分，可见分配前后所有 DMU 的效率得分保持不变，表 14.2 为基于效率不变原则个体提出的固定成本分配方案。

表 14.1 算例数据以及分配前后效率评价结果对比

DMU	投入			产出		θ_d	θ_d'
	x_1	x_2	x_3	y_1	y_2		
1	350	39	9	67	751	0.7567	0.7567
2	298	26	8	73	611	0.9230	0.9230
3	422	31	7	75	584	0.7470	0.7470
4	281	16	9	70	665	1.0000	1.0000
5	301	16	6	75	445	1.0000	1.0000
6	360	29	17	83	1070	0.9612	0.9612
7	540	18	10	72	457	0.8604	0.8604
8	276	33	5	78	590	1.0000	1.0000
9	323	25	5	75	1074	1.0000	1.0000
10	444	64	6	74	1072	0.8318	0.8318
11	323	25	5	25	350	0.3333	0.3333
12	444	64	6	104	1199	1.0000	1.0000

表 14.2 个体提出的固定成本分配方案（总固定成本 $R = 100$）

DMU	r_j											
	1	2	3	4	5	6	7	8	9	10	11	12
1	9.14	8.34	8.34	8.34	8.34	8.34	8.34	7.93	7.84	8.34	8.34	8.34
2	8.33	8.7	8.33	8.15	8.32	8.33	8.33	8.14	8.33	8.33	8.33	8.33
3	8.35	8.35	9.84	8.35	7.93	8.35	8.35	8.28	7.12	8.35	8.35	8.35
4	8.47	8.54	8.49	5.53	9.03	8.6	8.61	8.49	8.88	8.44	8.48	8.45
5	8.48	8.57	8.53	9.08	5.52	8.52	8.66	8.54	8.71	8.45	8.49	8.46
6	8.34	8.34	8.34	8.26	8.34	9.06	8.34	8.23	7.73	8.34	8.34	8.34
7	8.34	8.34	8.34	8.27	7.83	8.34	8.87	8.34	8.34	8.34	8.34	8.34
8	8.42	8.46	8.44	8.45	8.61	8.4	8.4	6.44	8.83	8.44	8.41	8.7
9	8.5	8.53	8.51	8.56	8.59	8.46	8.47	8.6	6.16	8.52	8.52	8.57
10	8.34	8.34	8.34	8.34	8.34	8.34	8.34	8.34	7.57	9.08	8.34	8.34
11	8.33	8.33	8.33	8.33	8.33	8.33	8.33	8.33	8.33	8.33	8.33	8.33
12	8.33	8.33	8.32	8.33	8.32	8.33	8.33	8.3	8.19	8.31	8.33	8.59

14.2.2 考虑效率改进的资源与成本配置 DEA 模型

14.2.1 节所讨论的资源与成本配置 DEA 模型均基于效率不变原则，然而，在现实生活中，资源（或固定成本）的分配应使它的每一部分都得到最有效的利用。因此，Beasley（2003）首先提出了一个旨在使所有 DMU 的效率最大化的固定成本分配模型，然后进一步指出，可能存在一组公共权重可以评价所有 DMU 在成本分配后的效率。Si 等（2013）

正式证明了存在一个可行的成本分配方案和一组公共权重可以使所有的 DMU 在成本分配后都被评价为有效,即基于"全有效假设"的资源与成本配置 DEA 模型,如模型式(14.6)所示:

$$E_d^* = \max \frac{\sum_{r=1}^{s} u_r y_{rd}}{\sum_{i=1}^{m} v_i x_{id} + R_d} \qquad (14.6)$$

$$\text{s.t.} \quad \frac{\sum_{r=1}^{s} u_r y_{rj}}{\sum_{i=1}^{m} v_i x_{ij} + R_j} \leqslant 1, \qquad j = 1, \cdots, n \qquad (14.6a)$$

$$\sum_{j=1}^{n} R_j = R \qquad (14.6b)$$

$$u_r \geqslant 0, \qquad r = 1, \cdots, s \qquad (14.6c)$$

$$v_i \geqslant 0, \qquad i = 1, \cdots, m \qquad (14.6d)$$

$$R_j \geqslant 0, \qquad j = 1, \cdots, n \qquad (14.6e)$$

其中, u_r 与 v_i 是产出与投入的未知乘数(权重)。为了便于计算,这里将固定成本的权重设置为 1。模型式(14.6)为非线性模型,可以通过 C-C 转换(Charnes and Cooper,1962)与变量替换将其等价转换为模型式(14.7):

$$E_d^* = \max \sum_{r=1}^{s} u_r y_{rd} \qquad (14.7)$$

$$\text{s.t.} \quad \sum_{i=1}^{m} v_i x_{ij} + \sigma_j - \sum_{r=1}^{s} u_r y_{rj} \geqslant 0, \qquad j = 1, \cdots, n \qquad (14.7a)$$

$$\sum_{i=1}^{m} v_i x_{id} + \sigma_d = 1 \qquad (14.7b)$$

$$\sum_{j=1}^{n} \sigma_j = \tau \times R \qquad (14.7c)$$

$$u_r \geqslant 0, \qquad r = 1, \cdots, s \qquad (14.7d)$$

$$v_i \geqslant 0, \qquad i = 1, \cdots, m \qquad (14.7e)$$

$$\tau \geqslant 0 \qquad (14.7f)$$

其中, $\tau = \dfrac{1}{\sum_{i=1}^{m} v_i x_{id} + R_d}$; $\mu_r = \tau \times u_r$, $v_i = \tau \times v_i$, $\forall r, i$; $\sigma_j = \tau \times R_j, j = 1, \cdots, n$ 。假设模型式 (14.7) 的最优解为 $\left(\tau_d^*, \mu_{dr}^*, v_{di}^*, \sigma_{dj}^* \right)$,则 DMU$_d$ 的成本分配为 $R_{dj}^* = \dfrac{\sigma_{dj}^*}{\tau_d^*}$ 。基于模型式(14.7),在一组共同的权重下,存在可以使每个 DMU 和 DMU 集合均实现有效的成本分配,其生

产可能集（定义为 FS）满足约束式（14.8）、约束式（14.8a）及约束式（14.8b～14.8d），FS 为包含所有 DMU 确定的投入和产出权重以及固定成本分摊结果的集合，即 $(u_r, v_i, R_j, \forall r, i, j)$ 满足以下的约束条件：

$$R_j = \sum_{r=1}^{s} u_r y_{rj} - \sum_{i=1}^{m} v_i x_{ij}, \qquad j = 1, \cdots, n \qquad (14.8)$$

$$\sum_{j=1}^{n} R_j = R \qquad (14.8a)$$

$$u_r \geqslant 0, \qquad r = 1, \cdots, s \qquad (14.8b)$$

$$v_i \geqslant 0, \qquad i = 1, \cdots, m \qquad (14.8c)$$

$$R_j \geqslant 0, \qquad j = 1, \cdots, n \qquad (14.8d)$$

若成本配置问题是一维情况，即只包含一个产出，则通过 FS 得到的成本分配方案是唯一的，并且与使用比例共享方法得到的分配方案相同。若成本配置问题是多维情况，即包含多个产出，则可以通过式（14.9）分别计算出每个 DMU 的最大和最小成本：

$$\max / \min R_d \qquad (14.9)$$

$$\text{s.t.} \quad R_j = \sum_{r=1}^{s} u_r y_{rj} - \sum_{i=1}^{m} v_i x_{ij}, \qquad j = 1, \cdots, n \qquad (14.9a)$$

$$\sum_{j=1}^{n} R_j = R \qquad (14.9b)$$

$$u_r \geqslant 0, \qquad r = 1, \cdots, s \qquad (14.9c)$$

$$v_i \geqslant 0, \qquad i = 1, \cdots, m \qquad (14.9d)$$

$$R_j \geqslant 0, \qquad j = 1, \cdots, n \qquad (14.9e)$$

很明显，通过"全有效"原则分配给 DMU_d 的成本必然满足 $R_d \in \left[\underline{R_d}, \overline{R_d}\right]$。关于满意度的定义为

$$\rho_d = \frac{\overline{R_d} - R_d}{\overline{R_d} - \underline{R_d}}, \qquad d = 1, \cdots, n \qquad (14.10)$$

按照公平的成本分配原则，应该最大限度地提高每个 DMU 的满意度。因此，给出模型式（14.11）：

$$\max_{u,v} \min_{d=1,\cdots,n} \rho_d = \frac{\overline{R_d} - R_d}{\overline{R_d} - \underline{R_d}} \qquad (14.11)$$

$$\text{s.t.} \quad R_j = \sum_{r=1}^{s} u_r y_{rj} - \sum_{i=1}^{m} v_i x_{ij}, \qquad j = 1, \cdots, n \qquad (14.11a)$$

$$\sum_{j=1}^{n} R_j = R \qquad (14.11b)$$

$$u_r, v_i, R_j \geqslant 0, \ \forall r, i, j \qquad (14.11c)$$

模型式（14.11）与模型式（14.9）的区别在于目标函数，模型式（14.11）首先识别

出 n 个 DMU 中满意度最低的 DMU，再对其最大化处理。换言之，模型式（14.11）用于最大化所有 DMU 的满意度。需要注意的是，模型式（14.11）为多目标规划模型，为获取唯一的固定成本分配方案，可采用 Li 等（2013）所提出的算法求解。

使用表 14.1 所示的原始数据来说明该模型，其中投入的数量 $m=3$ ，产出的数量 $s=2$ ，总的固定成本 $R=100$ ，包含满意度的固定成本分配模型的计算结果如表 14.3 所示。

表 14.3 模型计算结果

DMU	$\overline{R_j^*}$	$\underline{R_j^*}$	R_{ij}^*	R_j^*	ρ_j^*
1	8.8319	5.3979	6.3839	6.3839	0.7129
2	9.6907	5.3454	7.4219	7.4219	0.5221
3	9.8192	3.5206	6.6827	6.6827	0.498
4	12.831	4.8017	8.8327	8.8327	0.498
5	12.1649	3.6949	7.6335	7.6335	0.535
6	19.3192	0	9.6989	9.6989	0.498
7	11.134	0	4.2765	4.2765	0.6159
8	12.9434	3.7242	8.3526	8.3526	0.498
9	23.781	8.6108	15.871	15.871	0.5214
10	17.3779	2.0619	9.751	9.751	0.498
11	3.95883	0	0.455	0.455	0.8851
12	22.6156	8.2474	14.6404	14.6404	0.5551

表 14.3 的第 2 列与第 3 列结果是由模型式（14.9）分别求出每个 DMU 的最大与最小分配成本，第 4～第 6 列的结果是由模型式（14.11）通过多目标规划算法得出的结果。由表中结果可知，DMU_6、DMU_7 和 DMU_{11} 分配的最小成本为 0，但其对应的满意度和最终的成本分配各不相同。此外，DMU_9 的最大和最小分配成本均大于其他 DMU，因此，DMU_9 承担了最多的成本，其满意度为 0.5214。

14.2.3 考虑产出目标设定的 DEA 资源配置模型

14.2.1 节和 14.2.2 节主要从效率不变和效率改进的角度讨论了 DEA 在成本分配方面的应用。本节进一步讨论如何通过设定产出目标来确定（重新）分配有限的资源的方案。例如，中国政府每年需要对区域陆路交通系统投入一定的资源。而在实际运行中，各个陆路运输系统都可能被分配过多或不足的资源，从而导致其生产效率低下。因此，政府可能有意重新分配资源，以便更有效地利用资源。

在这种假设下，Jiang 等（2020）提出了模型式（14.12）来计算 $DMU_d(d=1,\cdots,n)$ 在资源分配前的效率。与模型式（14.1）不同，这里需要区分资源投入（$f_{lj},\forall l$）和非资源投入（即固定投入）（$x_{ij},\forall i$）。同时，引入非期望产出（$z_{hj},\forall h$）。

$$\max \frac{\sum_{r=1}^{s} u_r y_{rd} + \varphi_h \left(M - \sum_{h=1}^{p} z_{hd} \right) + v_0}{\sum_{i=1}^{m} w_i x_{id} + \sum_{l=1}^{q} \pi_l f_{ld}} \tag{14.12}$$

$$\text{s.t.} \quad \frac{\sum_{r=1}^{s} u_r y_{rj} + \varphi_h \left(M - \sum_{h=1}^{p} z_{hj} \right) + v_0}{\sum_{i=1}^{m} w_i x_{ij} + \sum_{l=1}^{q} \pi_l f_{lj}}, \quad j=1,\cdots,n \tag{14.12a}$$

$$u_r, w_i, \pi_l, \varphi_h \geqslant 0, \ \forall r, i, j \tag{14.12b}$$

$$v_0 \ \text{无约束} \tag{14.12c}$$

模型式（14.12）是在 VRS 假设下，通过使用方程 $M - Z_j$ 处理非期望产出。其中，M 是一个足够大的向量，以确保转换后的非期望产出数值为正。模型式（14.12）为非线性模型，可以通过 C-C 转换（Charnes and Cooper, 1962）将其转化为线性模型式（14.13）。

$$\max \sum_{r=1}^{s} u_r y_{rd} + \varphi_h \left(M - \sum_{h=1}^{p} z_{hd} \right) + v_0 \tag{14.13}$$

$$\text{s.t.} \quad \sum_{i=1}^{m} w_i x_{id} + \sum_{l=1}^{q} \pi_l f_{ld} = 1 \tag{14.13a}$$

$$\sum_{r=1}^{s} u_r y_{rj} + \varphi_h \left(M - \sum_{h=1}^{p} z_{hj} \right) - \sum_{i=1}^{m} w_i x_{ij} - \sum_{l=1}^{q} \pi_l f_{lj} + v_0 \leqslant 0 \tag{14.13b}$$

$$j=1,\cdots,n$$

$$u_r, w_i, \pi_l, \varphi_h \geqslant 0, \ \forall r, i, l, h \tag{14.13c}$$

$$v_0 \ \text{无约束} \tag{14.13d}$$

在资源配置模型式（14.13）的基础上，考虑资源再分配和产出目标设置，可以通过求解模型式（14.14）来评价 DMU 在重新分配资源后的效率。

$$E_d^{\text{re}} = \max \frac{\sum_{r=1}^{s} u_r y_{rd} + \varphi_h \left(M - \sum_{h=1}^{p} z_{hd} \right) + \Phi_d + v_0}{\sum_{i=1}^{m} w_i x_{id} + \sum_{l=1}^{q} \pi_{l(f_{id} + \Delta f_{id})}} \tag{14.14}$$

$$\text{s.t.} \quad \frac{\sum_{r=1}^{s} u_r y_{rj} + \varphi_h \left(M - \sum_{h=1}^{p} z_{hj} \right) + \Phi_j + v_0}{\sum_{i=1}^{m} w_i x_{ij} + \sum_{l=1}^{q} \pi_{l(f_{lj} + \Delta f_{lj})}} \leqslant 1, \quad j=1,\cdots,n \tag{14.14a}$$

$$\frac{\sum_{r=1}^{s} u_r y_{rj} + \varphi_h \left(M - \sum_{h=1}^{p} z_{hj} \right) + v_0}{\sum_{i=1}^{m} w_i x_{ij} + \sum_{l=1}^{q} \pi_l f_{lj}} \leqslant 1, \quad j=1,\cdots,n \tag{14.14b}$$

$$\sum_{l=1}^{q} \Delta f_{lj} = 0 \tag{14.14c}$$

$$\Delta f_{lj} + \beta f_{lj} \geqslant 0, \quad j = 1, \cdots, n \tag{14.14d}$$

$$\Phi_j \geqslant 0, \quad j = 1, \cdots, n \tag{14.14e}$$

$$u_r, w_i, \pi_l, \varphi_h \geqslant 0, \quad \forall r, i, l, h \tag{14.14f}$$

$$v_0 \text{ 无约束} \tag{14.14g}$$

$$\Delta f_{lj} \in \mathbf{R}^q \tag{14.14h}$$

模型式（14.14）旨在在最大化 DMU 资源配置效率的同时，设定 Φ_j 为新的生产目标。约束式（14.14a）保证所有 DMU 的效率不大于 1。式（14.14b）确保资源重新配置之后，生产技术（或生产前沿）不会恶化。同时，可以对资源再配置前后的生产前沿进行比较，这将进一步证明通过资源再配置可以提升 DMU 效率。此外，式（14.14c）保证资源配置前后的总资源不发生变化。最后，β 是决策者对资源变化的接受程度。

假设模型式（14.14）的最优解为 $\left(u_j^*, \Phi_j^*, w_j^*, \pi_0^*, v_0^*\right)$。通过推导，可以发现模型式（14.14）存在可行解，使得所有 DMU 在资源分配后都是有效的，即：调整可分配资源，并适当地为其设置新的产出目标，DMU 可以得到更高的效率。

这里，采用 Jiang 等（2020）和 Chu 等（2021）提出的等式计算 DMU_j 的新的生产目标。

$$\sum_{r=1}^{s} u_r y_{rj} + \varphi_h \left(M - \sum_{h=1}^{p} z_{hj} \right) + \Phi_j (1 + \beta_j) \sum_{r=1}^{s} u_r y_{rj} + \varphi_h \left[M - (1 - \beta_j) \sum_{h=1}^{p} z_{hj} \right] \tag{14.15}$$

由式（14.15）可以看出，生产目标是按比例增加期望产出和降低非期望产出来设定的，即将 DMU_j 的期望产出和非期望产出目标设为 $\left((1 + \beta_j) \sum_{r=1}^{s} y_{rj}, (1 - \beta_j) \sum_{h=1}^{p} z_{hj} \right)$。其中，$\beta_j \in (0,1]$。根据式（14.15），可得

$$\beta_j = \frac{\Phi_j^*}{\sum_{r=1}^{s} u_r y_{rj} + \sum_{h=1}^{p} \varphi_h z_{hj}} \tag{14.16}$$

如果在计算模型式（14.16）时，出现 $\beta_j > 1$ 的情况，这意味着即使将非期望产出减少到零水平，产出目标仍然无法达到。在这种情况下，需要再计算一个参数：

$$\delta_j = \frac{\Phi_j^* - \left(\sum_{r=1}^{s} u_r y_{rj} + \sum_{h=1}^{p} \varphi_h z_{hj} \right)}{\sum_{r=1}^{s} u_r y_{rj}} \tag{14.17}$$

根据式（14.17）的计算，DMU_j 的期望产出和非期望产出目标设为 $\left(2 + \delta_j \sum_{r=1}^{s} u_r y_{rj}, 0 \right)$。这意味着需要进一步增加 δ_j 的比例才能达到预期的产出目标。但在这里需要强调的是，在考虑 DMU 产出目标可实现的模型中，$\beta_j > 1$ 的情况在现实中几乎不存在。

这里引用 Jiang 等（2020）中的中国 30 个省（自治区、直辖市）（不含西藏、香港、澳门、台湾）陆路运输系统数据来说明基于目标设定的资源配置 DEA 模型，如表 14.4 所示。

表14.4 30个省（自治区、直辖市）的陆路运输系统的数据

DMU	投入				资源	期望产出		非期望产出
	x_1	x_2	x_3	x_4	F	y_1	y_2	z_1
北京	470.37	172.69	279180	22026	1146902	48659	20070	10947.7622
天津	274.49	370.35	57471	16764	704325	13700	32000	9330.88705
河北	494.86	843.59	148054	188431	6132140	39860	190390	38516.1862
山西	228.29	536.11	83031	142066	2240616	18778	101970	22855.4077
内蒙古	353.24	426.62	69790	196061	8400000	10305	129897	30973.0531
辽宁	786.21	1008.72	122195	120613	1825967	59054	177371	24965.7444
吉林	178.68	343.73	52935	102484	3398574	27459	40519	8235.48174
黑龙江	316.18	330.34	72898	164502	1884356	28332	42894	11297.1139
上海	637.85	562.2	196395	13292	1150454	3415	38956	16623.6159
江苏	1012.31	821.31	259038	157304	3817670	113494	117166	60215.8127
浙江	796.92	881.91	165609	119053	10551033	83166	133944	41521.5398
安徽	509.87	622.69	128272	197588	7879294	70265	240106	20426.282
福建	494.76	429.53	104685	106757	7419560	39140	85822	21351.9374
江西	294.63	546.71	103024	161909	6004960	53364	122841	13243.5171
山东	739.35	1368.78	224205	265720	6764679	48800	250000	63171.6404
河南	700.29	808.01	254487	267441	4468059	18820	183121	33843.1662
湖北	743.19	865.8	166210	260179	8965108	88020	122000	19900.3036
湖南	575.76	712.79	102405	238273	7131287	108532	178011	16988.7705
广东	1502.44	1676.09	393904	218085	10866568	101852	273505	60186.7623
广西	379.03	538.43	75405	120547	6693900	39790	125749	15091.459
海南	102.18	108.26	21705	28217	1434820	9919	10879	3347.87459
重庆	219.05	514.22	172431	142921	4207718	55531	89418	10291.0955
四川	940.07	800.93	191317	324138	12399431	109132	145830	23293.227
贵州	343.65	490.8	55171	191626	14628977	82100	82100	14241.4803
云南	340.03	601.52	79584	238052	12601525	41300	109100	15388.7784
陕西	257.31	409.63	115492	172471	5064390	61095	113283	16698.398
甘肃	199.3	307.01	48593	143039	7047250	37930	54280	11934.8941
青海	56	128.92	16308	78585	3736375	4870	14070	6792.89896
宁夏	28.99	124.03	11387	33940	1989609	7929	37421	10175.8015
新疆	276.02	651.13	79460	182085	3302231	47016	98795	26436.4322

针对每个DMU求解模型式（14.14），得到每个DMU的效率以及资源分配成果，结果如表14.5所示。

表 14.5　计算结果

DMU	$E_d^\star$	$E_{dr}^\star$	$P_{Ej}^\star$/%	$\Delta f_j^\star$	$\beta_j^\star$	$P_j^\star$/%
北京	1.0000	1.0000	2.32	−229380	0.259	0.53
天津	1.0000	1.0000	1.92	−140865	0.293	0.32
河北	0.9051	1.0000	3.80	−1226428	0.435	2.82
山西	1.0000	1.0000	2.44	−448123	0.418	1.03
内蒙古	0.9273	1.0000	2.78	−1680000	0.579	3.87
辽宁	1.0000	1.0000	3.63	−365193	0.172	0.84
吉林	0.8491	1.0000	1.79	−679715	0.208	1.56
黑龙江	0.9314	1.0000	2.05	−376871	0.286	0.87
上海	1.0000	1.0000	2.18	−230091	0.585	0.53
江苏	1.0000	1.0000	5.62	−375697	0.585	1.98
浙江	1.0000	1.0000	4.72	−2110207	0.538	4.86
安徽	1.0000	1.0000	4.05	−1575859	0.027	3.63
福建	0.7848	1.0000	2.40	2652184	0.585	5.79
江西	1.0000	1.0000	2.85	−1200992	0.076	2.76
山东	1.0000	1.0000	6.30	−1352936	0.527	3.11
河南	0.9265	1.0000	3.92	−893612	0.416	2.06
湖北	0.6938	1.0000	3.75	−1793022	0.238	4.13
湖南	1.0000	1.0000	4.18	0	0	4.10
广东	1.0000	1.0000	9.63	−451666	0.463	5.99
广西	0.8996	1.0000	2.56	−1338780	0.186	3.08
海南	1.0000	1.0000	1.80	0	0	0.83
重庆	1.0000	1.0000	2.68	−841544	0.001	1.94
四川	0.9063	1.0000	5.27	9564302	0.483	12.63
贵州	1.0000	1.0000	3.31	4876300	0.585	11.22
云南	0.7019	1.0000	2.58	4446165	0.585	9.81
陕西	1.0000	1.0000	2.86	−1012878	0.174	2.33
甘肃	0.8719	1.0000	2.08	−1409450	0.382	3.24
青海	1.0000	1.0000	1.84	−747275	0.585	1.72
宁夏	1.0000	1.0000	1.84	−397922	0.398	0.92
新疆	1.0000	1.0000	2.84	−660446	0.429	1.52

　　从表 14.5 的结果中可以看到，资源重新配置前的 30 个省（自治区、直辖市）陆路交通系统中有 19 个效率高，11 个效率相对较低。并且，相比于资源重新配置前 DMU

的效率，资源配置后的所有的 DMU 都是高效的。这证明了，通过更好地配置资本投入和适当地设定产出目标，可以提高所有 DMU 的效率。值得注意的是，大部分（11个中的 8 个）低效的 DMU 需要减少资源使用来实现高效生产，同时，减少的这部分资源从分配给 DMU 的资源比例可以看出，在资源再分配之前，模型一般会将更多的投资分配给效率较高的 DMU。上述结果与本章所提出的模型的目标一致，即考虑到资源配置前 DMU 的绩效，将更多的资源分配给效率更高的 DMU，以实现更有效的资源利用。

14.3　成本与资源配置模型在卡车车队案例分析中的应用

本节将 14.2 节提出的成本与资源配置模型应用于 Li 等（2019）的案例研究。这个案例包括 9 个卡车车队。由于生产的需要，9 个卡车车队的经理决定组建一个团队，并支持整个业务以应对日益激烈的市场竞争，这产生了 43 万元人民币的共同成本。因此，车队管理者面临的一个问题是如何在卡车车队之间分配总的公共成本。

本案例研究中，我们将每个卡车车队视为一个 DMU，采用总行驶时长（x_1）、车辆数量（x_2）、司机工资以外的运营成本（x_3）作为投入，使用交付给客户的产品（y_1）、客户数量（y_2）和运输过程中行驶的距离（y_3）作为产出，总固定成本 $R = 43$。表 14.6 给出了 9 个卡车车队的原始数据。

表 14.6　9 个卡车车队的原始数据

DMU	投入			产出		
	x_1	x_2	x_3	y_1	y_2	y_3
1	28273.2	90.4	204.504	16220.870	2210	1870.341
2	34404.8	96.0	132.582	14981.454	2632	2105.535
3	65944.7	127.5	134.980	36882.499	3912	3390.779
4	31459.5	50.9	42.110	15805.016	2708	3079.039
5	27117.4	49.8	76.364	10554.727	1984	2098.304
6	67701.7	192.2	142.345	55336.271	5502	5487.752
7	62746.3	77.9	161.343	19647.125	3842	3894.381
8	46646.1	156.4	127.930	34989.351	3733	2946.956
9	53847.8	82.1	110.238	29977.251	4543	2816.606

表 14.7 为每个个体基于效率不变原则提出的固定成本分配方案。结果显示，成本分配前后，所有个体的效率值均未发生改变。DMU₄、DMU₆ 与 DMU₉ 在成本分配前与成本分配后始终保持有效。此外，从整体上来看，所有 DMU 均呈现效率较高的状态。值得注意的是，DMU₃、DMU₆ 与 DMU₇ 在各自所提出的成本分配方案中，所分配给自身的成本最大，这可能与效率不变原则下固定成本分配方案完全由投入要素的数量决定的缺陷有关。

表 14.7　基于效率不变原则个体提出的固定成本分配方案

DMU	r_j									θ_d	θ_d'
	1	2	3	4	5	6	7	8	9		
1	3.876	4.78	4.78	5.491	4.78	4.955	4.78	4.78	4.78	0.9272	0.9272
2	4.778	4.989	4.778	4.562	4.778	4.778	4.778	4.778	4.778	0.8887	0.8887
3	4.780	4.780	5.263	4.757	4.780	4.648	4.780	4.780	4.434	0.8794	0.8794
4	5.057	5.115	5.147	1.693	5.293	5.206	5.113	5.143	5.234	1.0000	1.0000
5	4.780	4.780	4.780	5.123	4.416	4.780	4.780	4.780	4.780	0.8500	0.8500
6	4.779	4.738	4.668	3.466	4.638	6.786	4.771	4.567	4.586	1.0000	1.0000
7	4.779	4.779	4.779	3.999	4.779	4.779	5.717	4.779	4.612	0.9185	0.9185
8	4.778	4.778	4.778	4.942	4.778	5.216	4.778	4.171	4.778	0.9758	0.9758
9	4.766	4.766	4.756	4.297	4.729	4.762	4.743	4.770	5.411	1.0000	1.0000

表 14.8 为每个个体基于全有效原则提出的固定成本分配方案。结果显示，成本分配前，DMU$_4$、DMU$_6$ 与 DMU$_9$ 有效，与基于效率不变原则所求得的结果相同；成本分配后，所有 DMU 均改进到有效状态。值得注意的是，所有 DMU 在各自所提出的成本分配方案中，所分配给自身的成本都是最小的。也就是说，当涉及固定成本分配时，决策者都是绝对理性的，都致力于让自己分得尽可能少的成本并希望自己在分配成本后的效率为 1。

表 14.8　个体基于全有效原则提出的固定成本分配方案

DMU	r_j									θ_d	θ_d'
	1	2	3	4	5	6	7	8	9		
1	0.109	4.82	5.559	5.331	5.245	5.314	6.121	5.071	5.429	0.9272	1.0000
2	5.215	0.058	5.622	5.244	5.185	5.623	5.689	5.056	5.308	0.8887	1.0000
3	5.347	5.204	0.027	5.418	5.376	5.453	5.462	5.266	5.447	0.8794	1.0000
4	5.406	5.091	5.479	0.102	5.282	5.646	5.395	5.317	5.282	1.0000	1.0000
5	5.355	4.898	5.552	5.125	0.107	5.764	5.497	5.266	5.437	0.8500	1.0000
6	5.036	5.199	5.576	5.437	5.369	0.128	5.684	5.154	5.417	1.0000	1.0000
7	5.367	5.16	5.431	5.245	5.286	5.741	0.09	5.457	5.223	0.9185	1.0000
8	5.076	5.111	5.612	5.45	5.365	5.064	5.815	0.117	5.391	0.9758	1.0000
9	5.212	5.121	5.558	5.376	5.309	5.589	5.516	5.281	0.037	1.0000	1.0000
9	5.212	5.121	5.558	5.376	5.309	5.589	5.516	5.281	0.037	1.0000	1.0000

值得注意的是，在上述两种分配方案中，每个个体都会提出自己的成本分配方案。然而，对于决策者来说，成本分配方案的不确定性增加了其方案选择上的难度。为获得一组唯一的成本分配解，我们采用了 Li 等（2013）给出的算法对本节的案例进行了求解分析，如表 14.9 所示。

表 14.9　采用 Li 等（2013）方法求得的固定成本分配方案

DMU	$\overline{R_j^*}$	$\underline{R_j^*}$	R_j^*	ρ_j^*
1	3.6780	0	1.4492	0.6060
2	4.0590	0	0.9948	0.7549
3	8.2590	0	3.6530	0.5577
4	13.404	2.4750	6.9948	0.5864
5	6.0240	0.4740	2.9288	0.5577
6	20.996	4.3540	11.7148	0.5577
7	10.136	0	4.2577	0.5799
8	8.5500	0	3.7817	0.5577
9	15.971	0.2890	7.2252	0.5577

表 14.9 的第 2 列与第 3 列分别表示每个 DMU 可以接受的最大与最小分配成本，第 4 列与第 5 列为每个 DMU 最终分配的成本与满意度。由表中结果可知，DMU_1、DMU_2、DMU_3、DMU_7 和 DMU_8 分配的最小成本为 0，但其对应的满意度和最终的成本分配不尽相同。此外，DMU 的最大和最小分配成本均大于其他 DMU，因此，DMU_6 承担了最多的成本，其满意度为 0.5577。

习　　题

1. 本章所有模型都是在单阶段的假设下进行讨论，结合第 13 章的内容，试考虑在一般网络结构或者更为复杂的网络结构情形下如何建立相关模型。

2. 本章所考虑的基于效率不变原则的资源与成本配置 DEA 模型皆是基于多投入、多产出构建的，为方便理解，请读者自行证明在多投入单产出情况下，模型满足效率不变原则所需具备的条件。

3. 本章提出的考虑产出目标设定的 DEA 资源配置模型并未对产出目标进行详细设定，请读者思考是否存在更详细的参数，使资源配置更合理和现实。

4. 总结归纳成本与资源配置 DEA 模型所适用的场景，并思考一些实际中的案例。

5. 请使用本章算例中的数据，采用 MATLAB 编程复现本章的模型评价结果。

第 15 章　固定和 DEA 模型

经典 DEA 理论假设参考集内所有 DMU 相互独立，每个 DMU 可以在生产可能集中自由地调整投入和产出的数量。在实际的生产实践中，不同 DMU 的投入或产出存在一定的关联，常常会碰到某个或某些产出（投入）指标的总量是不变的情况，即固定和产出（投入）的情况。本章分别介绍了具有固定和产出与固定和投入的 DEA 模型，以及相应的扩展模型，最后，本章还介绍了固定和 DEA 模型在奥运会竞争国家的效率评价中的实际应用。本章内容主要参考 Yang 等（2011）。

15.1　固定和情境下的绩效评价方法简介

传统 DEA 模型根据技术前沿评价 DMU 的效率，并提出生产改进建议，投入和产出的可自由调整使得每个 DMU 无论从投入导向还是产出导向，都能够投影到生产可能集的包络面，即技术前沿。但是在有些情境下，资源不可能总是无限的，也不会任由所有 DMU 随意增加投入或产出，往往是一些 DMU 对有限的资源进行相互竞争。例如，在评价企业的生产经营效率时，应该考虑到市场份额是一定的，即 100%，行业内所有企业的市场份额加在一起应该不超过 100%，一个 DMU 市场份额的上升意味着其他 DMU 市场份额的下降。此外，一个成熟稳定市场的市场总需求往往是固定的，该市场中所有 DMU 的总产量即总供给也大体维持与总需求相当的水平，一个 DMU 某种产出产量的增加必然迫使某些其他 DMU 同种产出销量的减少。类似地，在评价一些体育赛事的参赛国家或参赛城市的效率时，也应该考虑到奖牌的数量是固定的。市场份额和奖牌数量在进行评价时都是期望固定和产出。现实的效率评价中，非期望产出也存在总和为固定值的情况。例如，后京都气候政策和巴黎气候变化峰会都对全球范围内的碳排放总量提出了要求，每个国家都有相同的碳排放控制框架，即所有地区的碳排放总量不应超过国家层面的给定值。这意味着在效率评价过程中，应将二氧化碳的排放视为非期望固定和产出。

同样地，在节能减排的目标下，能源利用效率的评价需要考虑能源消耗总和固定的约束条件。这一限制普遍存在，例如中国政府制定了目标，在其第十一个（2006~2010 年）和第十二个（2011~2015 年）五年计划期间，每单位 GDP 能源消耗分别减少 20% 和 16%。能源紧张和环境严重污染是影响经济增长和可持续发展的两个主要问题。作为一种重要的经济增长模式，绿色增长寻求实现经济增长和环境可持续性。因此，在绿色增长效率评价的过程中，考虑固定和能源消耗是非常必要的。

固定和产出（投入）是一种常见的市场现象，也是推动市场中 DMU 相互竞争的重要原因。在固定和产出（投入）情境下，不可能所有 DMU 从产出导向都能投影到技术前沿。因此，根据技术前沿建立的效率评价模型无法真实地反映 DMU 的相对绩效，也不能为

DMU 规划可行的改进路线。实际中，客观、公正地评价具有固定和产出（投入）的 DMU 的效率非常重要。目前已有非常多的学者重视这方面的研究，并取得了一定的研究成果，例如定值产出变量和（fixed sum output，FSO）DEA 模型、均衡有效前沿面（equilibrium efficient frontier，EEF）DEA 模型、一般均衡有效前沿面（generalized equilibrium efficient frontier，GEEF）DEA 模型等。

15.2　固定和产出 DEA 模型

15.2.1　FSODEA 模型

Yang 等（2011）基于固定和产出提出了 FSODEA 模型，该模型假设共有 n 个 DMU，DMU$_j$（$j=1,2,\cdots,n$）消耗 m 种投入 $x_{ij}(i=1,2,\cdots,m)$，生产出 s 种可变和产出 $y_{rj}(r=1,2,\cdots,s)$ 和 q 种固定和产出 $f_{pj}(p=1,2,\cdots,q)$。可变和产出变量可以自由调整不受约束，而固定和产出变量不论怎样调整，其总量不变，即满足 $\sum_{j=1}^{n} f_{pj}=F_p(p=1,2,\cdots,q)$，其中，$F_p$ 为常数。基于最小调整策略可以得

$$\min \sum_{p=1}^{q} w_p \alpha_{pk}$$

$$\text{s.t.} \quad \left[\sum_{r=1}^{s} u_r y_{rk} + \sum_{p=1}^{q} w_p(f_{pk}+\alpha_{pk}) + \mu_0\right] \Bigg/ \sum_{i=1}^{m} v_i x_{ik} = 1$$

$$\left[\sum_{r=1}^{s} u_r y_{rj} + \sum_{p=1}^{q} w_t(f_{pk}-\delta_{pj}) + \mu_0\right] \Bigg/ \sum_{i=1}^{m} v_i x_{ik} \leqslant 1, \quad j=1,\cdots,n, j \neq k$$

$$\sum_{j=1, j \neq k}^{n} \delta_{pj} = \alpha_{pk} \tag{15.1}$$

$$0 \leqslant \delta_{pj} \leqslant f_{pj}, \quad j=1,\cdots,n, j \neq k$$

$$u_r \geqslant 0, w_p \geqslant 0, v_i \geqslant 0, \quad r=1,\cdots,s; p=1,\cdots,q; i=1,\cdots,m$$

$$\mu_0 \quad 无约束$$

其中，α_{pk} 是 DMU$_k$ 有效时固定和产出需要增加的量；δ_{pj} 是 DMU$_k$ 有效时其他 DMU 需要减少的量。模型式（15.1）的目标是在固定和产出的条件下，将 DMU$_k$ 投影到同一个均衡有效边界上。因此，FSODEA 模型以最简便的方式使 DMU$_k$ 达到相对有效。第一个约束保证了 DMU$_k$ 期望固定和产出增加后的效率值为 1。同时，为了保证 DMU$_k$ 有效，其他 DMU 在固定和产出减少后的效率值不超过 1；第二个约束保证其他 DMU 在固定和产出调整后相对效率小于或等于 1；第三个约束是为了保证固定和产出的总和保持不变，即 DMU$_k$ 增加的固定和产出等于其他 DMU$_o$ 减少的固定和产出；第四个不等式约束是为了保证固定和产出减少的量为正值且不超过原来的值。

根据 FSODEA 模型调整后，被评价 DMU$_k$ 将和原本有效的 DMU 共同组成新的有效集合，并定义一个新的有效前沿面，称为 FSODEA 前沿。FSODEA 前沿是技术前沿向生

产可能集内部收缩形成的。模型式（15.1）运行一次只能使一个无效 DMU 达到相对有效，而且每一次调整都是基于原始数据进行的，并不考虑之前已经完成的调整。当被评价 DMU 改变时，FSODEA 前沿也随之改变，故不同 DMU 的有效性是相对于不同前沿而言的。此外，当所有 DMU 分别独立地根据模型式（15.1）进行调整后，固定和产出的总和可能改变。

15.2.2　EEFDEA 模型

FSODEA 模型在评价所有 DMU 时是基于不同的评价平台的，且不能完全效率排序。而 EEFDEA 模型可以获取均衡有效前沿，从而解决上述问题。EEFDEA 模型可以实现在一个公共平台上评价具有固定和产出的 DMU_o，将技术前沿一步一步向内收缩直至所有 DMU 都达到相对有效。EEFDEA 模型首先通过 BCC 模型计算相对效率，对效率进行升序排列，后续基于拓展的最小调整策略对无效的 DMU_k 进行处理。EEFDEA 具体模型为

$$\min \quad \sum_{p=1}^{q} w_p \alpha_{pk}$$

$$\mathrm{s.t.} \quad \left[\sum_{r=1}^{s} u_r y_{rk} + \sum_{p=1}^{q} w_p (f_{pk} + \alpha_{pk}) + \mu_0 \right] \bigg/ \sum_{i=1}^{m} v_i x_{ik} = 1$$

$$\left[\sum_{r=1}^{s} u_r y_{rj} + \sum_{p=1}^{q} w_t (f_{pk} - \delta_{pj}) + \mu_0 \right] \bigg/ \sum_{i=1}^{m} v_i x_{ik} = 1, \quad j \in E_1, j \neq k$$

$$\left[\sum_{r=1}^{s} u_r y_{rj} + \sum_{p=1}^{q} w_p (f_{pk} - \delta_{pj}) + \mu_0 \right] \bigg/ \sum_{i=1}^{m} v_i x_{ik} \leqslant 1, \quad j \in E_2, j \neq k \quad (15.2)$$

$$\sum_{j=1, j \neq k}^{n} \delta_{pj} = \alpha_{pk}$$

$$0 \leqslant \delta_{pj} \leqslant f_{pj}, \quad j = 1, \cdots, n, j \neq k$$

$$u_r \geqslant 0, w_p \geqslant 0, v_i \geqslant 0, \quad r = 1, \cdots, s; p = 1, \cdots, q; i = 1, \cdots, m$$

$$\mu_0 \quad \text{无约束}$$

在模型式（15.2）中，E_1 和 E_2 分别为两个动态集合，其初始值分别为

$$E_1 = \{ j \,|\, \mathrm{DMU}_j \text{ 是根据 BCC 模型计算的有效 DMU} \}$$

$$E_2 = \{ j \,|\, \mathrm{DMU}_j \text{ 是根据 BCC 模型计算的无效 DMU} \}$$

模型式（15.2）的第一个约束确保被评价的 DMU_k 效率为 1，第二个约束保证有效的 DMU 在调整之后效率仍为 1，且所有有效的 DMU 都包含在 E_1 中。集合 E_1 和集合 E_2 的和为所有 DMU，最终集合 E_2 中的元素全部进入 E_1 中。第三个约束保证集合 E_2 中的 DMU 效率不超过 1。第四个约束和第五个约束与模型式（15.1）中的类似，这样重复处理，使所有的 DMU_k 效率值都为 1。

尽管 EEFDEA 模型比以前的 FSODEA 模型取得了更多的进展，但它也有以下缺点：

（1）在使用 EEFDEA 模型时，需要按照 DEA 相对效率值提前对 DMU_k 进行升序排列，然而这个排序存在一定的主观性，当排序不同时，最后求得的效率值也可能会不同；

（2）当 DMU$_k$ 数量较多时，需要进行调整的步骤增加，计算量随之加大；

（3）DMU 的调整量可能出现同时增加或减少的情况（同为非正或同为非负）。

15.2.3 GEEFDEA 模型

为了解决上述问题，本节介绍 GEEFDEA 模型。DMU 固定和产出增加或减少的数量应该由竞争决定，而不是服从 DMU 的主观意愿。所有 DMU 同时相对有效被理解成一种竞争均衡状态，在均衡状态下 DMU 才能稳定地组织生产。均衡状态下所有 DMU 处于同一个曲面，该曲面即为均衡有效前沿。均衡有效前沿同样是技术前沿向内收缩形成的。GEEFDEA 模型共包含两个模型：第一个模型用来构建公共均衡有效前沿面，使得所有 DMU 能够在同一个前沿面上进行评价；第二个模型基于该公共均衡有效前沿面，通过计算效率得到每个 DMU 的效率得分。与 EEFDEA 模型相比，首先，GEEFDEA 模型可以一步构造出公共均衡有效前沿面，而不是之前研究中的许多步骤；其次，不再约束固定和产出的调整符号必须是相同的；最后，GEEFDEA 模型中不再需要提前给定调整顺序，仍能保持 EEFDEA 方法的所有优势。

模型式（15.3）为构建均衡有效前沿面的 GEEFDEA 模型：

$$\min \sum_{j=1}^{n}\sum_{p=1}^{q} w_p \alpha_{pj}$$

$$\text{s.t.} \quad \left[\sum_{r=1}^{s} u_r y_{rj} + \sum_{p=1}^{q}(f_{pj}+\delta_{pj})+\mu_0\right]\bigg/\sum_{i=1}^{m} v_i x_{ij} = 1, \quad j=1,\cdots,n$$

$$\sum_{j=1}^{n}\delta_{pj}=0, \quad p=1,\cdots,q$$

$$\alpha_{pj}=\max\{\delta_{pj},0\}, \quad p=1,\cdots,q; j=1,\cdots,n \qquad (15.3)$$

$$f_{pj}+\delta_{pj}\geqslant 0, \quad p=1,\cdots,q; j=1,\cdots,n$$

$$u_r \geqslant 0, w_p \geqslant 0, v_i \geqslant 0, \quad r=1,\cdots,s; p=1,\cdots,q; i=1,\cdots,m$$

$$\delta_{pj},\mu_0 \quad \text{无约束}$$

在模型式（15.3）中，δ_{pj} 是 DMU$_j$($j=1,\cdots,n$) 产出 $p(p=1,2,\cdots,q)$ 的调整量。δ_{pj} 的符号不受限制，说明调整量可以为正数、负数或者零。δ_{pj} 为正意味着 DMU$_j$ 需要得到 δ_{pj} 个单位以达到有效，DMU$_j$ 产出 p 的数量需要增加；δ_{pj} 为负意味着 DMU$_j$ 需要减少 δ_{pj} 个单位达到有效，DMU$_j$ 产出 p 的数量需要减少；δ_{pj} 为 0 则意味着 DMU$_j$ 不需要调整即可达到有效，DMU$_j$ 产出 p 的数量不变。第一个约束条件使得所有 DMU 经过调整后同时达到相对有效。约束 $\sum_{j=1}^{n}\delta_{pj}=0$ 则确保每一种固定和产出在所有 DMU 中的数量总和固定不变，约束 $f_{pj}+\delta_{pj}\geqslant 0$ 保证每个 DMU 的每种固定和产出的数量在调整后不小于 0，$\alpha_{pj}=\max\{\delta_{pj},0\}$ 保证每个决策型的目标为最小化所有 DMU 固定和产出增加量的总和。模型式（15.3）能以一种最简便的方式获得一个均衡有效前沿，根据该模型进行的生产调整即为 DMU 最佳的竞争策略。

模型式（15.3）是一个难以直接求解的非线性规划模型，但所有 DMU 固定和产出增加量的总和等于其减少量的总和。因此，模型式（15.3）等价于：

$$\min \ \frac{1}{2}\sum_{j=1}^{n}\sum_{p=1}^{q} w_p \mid \beta_{pj} \mid$$

$$\text{s.t.} \quad \left[\sum_{r=1}^{s} u_r y_{rj} + \sum_{p=1}^{q} w_p (f_{pj} + \beta_{pj})\right] \Big/ \sum_{i=1}^{m} v_i x_{ij} = 1, \quad j=1,\cdots,n$$

$$\sum_{j=1}^{n} \beta_{pj} = 0, \quad p=1,\cdots,q \tag{15.4}$$

$$f_{pj} + \beta_{pj} \geqslant 0, \quad p=1,\cdots,q; j=1,\cdots,n$$

$$u_r \geqslant 0, w_p \geqslant 0, v_i \geqslant 0, \quad r=1,\cdots,s; p=1,\cdots,q; i=1,\cdots,m$$

$$\beta_{pj} \ \text{无约束}$$

模型式（15.4）可转化为易于求解的线性规划。首先，令 $\beta'_{dj} = w_d \beta_{dj}$，则模型式（15.4）可表达为

$$\min \ \frac{1}{2}\sum_{j=1}^{n}\sum_{p=1}^{q} w_p \mid \beta'_{dj} \mid$$

$$\text{s.t.} \quad \left[\sum_{r=1}^{s} u_r y_{rj} + \sum_{p=1}^{q} w_p f_{pj} + \beta'_{dj}\right] \Big/ \sum_{i=1}^{m} v_i x_{ij} = 1, \quad j=1,\cdots,n$$

$$\sum_{j=1}^{n} \beta'_{dj} = 0, \quad p=1,\cdots,q \tag{15.5}$$

$$w_p f_{pj} + \beta'_{dj} \geqslant 0, \quad p=1,\cdots,q; j=1,\cdots,n$$

$$u_r \geqslant 0, w_p \geqslant 0, v_i \geqslant 0, \quad r=1,\cdots,s; p=1,\cdots,q; i=1,\cdots,m$$

$$\beta'_{dj} \ \text{无约束}$$

再令 $a_{pj} = \frac{1}{2}\left(\mid \beta'_{pj} \mid + \beta'_{pi}\right)$，$b_{pj} = \frac{1}{2}\left(\mid \beta'_{pj} \mid - \beta'_{pi}\right)$，其中 $a_{pj} \geqslant 0$，$b_{pj} \geqslant 0$，则模型式（15.4）最终可以转化为

$$\min \ \frac{1}{2}\sum_{j=1}^{n}\sum_{p=1}^{q} a_{pj} + b_{pj}$$

$$\text{s.t.} \quad \sum_{r=1}^{s} u_r y_{rj} + \sum_{p=1}^{q} (w_p f_{pj} + a_{pj} - b_{pj}) - \sum_{i=1}^{m} v_i x_{ij} = 0, \quad j=1,\cdots,n$$

$$\sum_{j=1}^{n} (a_{pj} - b_{pj}) = 0, \quad p=1,\cdots,q \tag{15.6}$$

$$w_p f_{pj} + a_{pj} - b_{pj} \geqslant 0, \quad p=1,\cdots,q; j=1,\cdots,n$$

$$u_r \geqslant 0, w_p \geqslant 0, v_i \geqslant 0, \quad r=1,\cdots,s; p=1,\cdots,q; i=1,\cdots,m$$

$$a_{pj} \geqslant 0, b_{pj} \geqslant 0, \quad p=1,\cdots,q; j=1,\cdots,n$$

用上标"^"标记模型式（15.6）的最优解，则 $\mathrm{DMU}_j (j=1,\cdots,n)$ 固定和产出 $p(p=1,2,\cdots,q)$ 的最优调整量为

$$\hat{\beta}_{pj} = \left(\hat{a}_{pj} - \hat{b}_{pj} \right) \Big/ \hat{w}_p, \quad \forall p, j$$

$\text{DMU}_j (j=1,\cdots,n)$ 调整后的投入-产出组合，即其在固定产出和情境下的投影为 $\left(x_{ij}, y_{rj}, f_{pj} + \hat{\beta}_{dj}, \forall i, r, p \right)$。通过上述调整，所有 DMU 的投影共同构成均衡有效前沿，因为模型式（15.3）的第一个约束可以使得每一个调整后的 DMU 有效。均衡有效前沿是 DMU 围绕着固定和产出竞争的结果，根据该前沿得出的效率结果可以理解为 DMU 的竞争效率。

基于上述第一阶段构建的公共均衡有效前沿面，GEEFDEA 模型的第二阶段通过求解模型式（15.7）来评价原始 DMU 的效率，对于任意 $\text{DMU}_k (k=1,\cdots,n)$，其竞争效率评价模型为

$$e_k^{\text{GEEFDEA}} = \min \left(\sum_{i=1}^m v_i x_{ik} + \mu_0 \right) \Big/ \left(\sum_{r=1}^s u_r y_{rk} + \sum_{p=1}^q w_p f_{pk} \right)$$

$$\text{s.t.} \quad \left(\sum_{i=1}^m v_i x_{ij} + \mu_0 \right) \Big/ \left(\sum_{r=1}^s u_r y_{rj} + \sum_{p=1}^q \left(f_{pj} + \hat{\beta}_{pj} \right) \right) \geqslant 1, \quad j=1,\cdots,n \quad (15.7)$$

$$u_r \geqslant 0, w_p \geqslant 0, v_i \geqslant 0, \quad r=1,\cdots,s; p=1,\cdots,q; i=1,\cdots,m$$

$$\mu_0 \quad \text{无约束}$$

由模型式（15.7）计算得出的评价结果具有公平性和可比性，因为模型式（15.7）保证了所有 DMU 都是基于模型式（15.3）得出的公共均衡有效前沿面进行评价的。均衡有效前沿是技术前沿向生产可能集内部收缩形成的，因此，任何 DMU 的竞争效率不小于其技术效率，且某些 DMU 的竞争效率可能会大于 1。

15.3 非期望固定和产出 DEA 模型

在现实生活中，我们期望得到好的产出，但也可能会得到不好的产出，且两者是同时产生的，如工业废水、交通运输能源消耗等。因此，在对一个生产过程进行评价的同时，我们不能忽略非期望产出带来的环境影响。国家对于污染物有一定的排放标准，为了防止污染物排放过度，可以将非期望产出的总量固定在一定水平，在各 DMU 的内部进行调整。若某一 DMU 需要增加一定的污染物排放，其他 DMU 就要相对应减少污染物排放，以满足排放总量不变的约束。通过计算各 DMU 的环境效率，找到环境效率低下的原因，可以帮助决策者对各 DMU 污染物的排放情况及结构有更加系统的认识。因此，在进行污染物效率评价的时候可以将污染物的总量固定，作为一个固定和约束条件。

类似地，我们同样假设有 n 个 DMU，$\text{DMU}_j (j=1,2,\cdots,n)$ 消耗 m 种投入 $x_{ij} (i=1,2,\cdots,m)$，生产出 s 种可变和产出 $y_{rj} (r=1,2,\cdots,s)$ 和 q 种非期望固定和产出 $f_{pj} (p=1,2,\cdots,q)$。其中，固定和产出满足约束 $\sum_{j=1}^n f_{pj} = F_p (p=1,2,\cdots,q)$，其中，$F_p$ 为常数。具有非期望固定和产出的公共均衡有效前沿面可以通过模型式（15.8）来构建：

$$\min \sum_{j=1}^{n} \sum_{p=1}^{q} w_p \alpha_{pj}$$

$$\text{s.t.} \quad \left[\sum_{r=1}^{s} u_r y_{rj} + \mu_0\right] \bigg/ \left[\sum_{i=1}^{m} v_i x_{ij} + \sum_{p=1}^{q}(f_{pj} + \delta_{pj})\right] = 1, \quad j = 1, \cdots, n$$

$$\sum_{j=1}^{n} \delta_{pj} = 0, \quad p = 1, \cdots, q$$

$$\alpha_{pj} = \max\{\delta_{pj}, 0\}, \quad p = 1, \cdots, q; j = 1, \cdots, n \qquad (15.8)$$

$$f_{pj} + \delta_{pj} \geq 0, \quad p = 1, \cdots, q; j = 1, \cdots, n$$

$$u_r \geq 0, w_p \geq 0, v_i \geq 0, \quad r = 1, \cdots, s; p = 1, \cdots, q; i = 1, \cdots, m$$

$$\delta_{pj}, \mu_0 \quad \text{无约束}$$

假设模型调整量的最优解为 δ_{pj}^*，那么每一个 DMU$_j$ 的产出由 f_{pj} 调整为 $f_{pj} + \delta_{pj}^*$，同时保证投入以及非期望固定和产出不变，并且通过这一步调整后的 DMU$_s$ 都是有效的，即都落在公共均衡有效前沿面上。

在模型式（15.8）中，非期望固定产出 f_{pj} 被放在分母的位置。在 DEA 的文献中，有几种处理非期望产出的经典方法：一是将非期望产出看作投入，二是数据转换方法，三是双曲线模型，四是方向距离函数，五是生态无效率方法。"将非期望产出看作投入"的方法是非常重要的，因为在实际生产生活中，非期望产出应该尽可能地减少，这和投入应该尽可能减少性质一致。尽管"将非期望产出看作投入"的方法比较简单，也受到了一些学者的批评，但是得益于它自身的方法优势，已经被广泛应用于各种实际研究中。在本章中，我们以"将非期望产出看作投入"的方法为例，分析具有非期望固定和产出的 DEA 模型。

模型式（15.8）是非线性模型，可以通过和 15.2 节类似的方法将其转换为线性模型，具体过程不再赘述，转换后的线性模型为

$$\min \sum_{j=1}^{n} \sum_{p=1}^{q} a_{pj} + b_{pj}$$

$$\text{s.t.} \quad \sum_{r=1}^{s} u_r y_{rj} - \sum_{i=1}^{m} v_i x_{ij} - \sum_{p=1}^{q}(w_p f_{pj} + a_{pj} - b_{pj}) + \mu_0 = 0, \quad j = 1, \cdots, n$$

$$\sum_{j=1}^{n}(a_{pj} - b_{pj}) = 0, \quad p = 1, \cdots, q$$

$$\sum_{i=1}^{m} v_i x_{ij} + \sum_{p=1}^{q}(w_p f_{pj} + a_{pj} - b_{pj}) \geq C, \quad j = 1, \cdots, n \qquad (15.9)$$

$$w_p f_{pj} + a_{pj} - b_{pj} \geq 0, \quad p = 1, \cdots, q; j = 1, \cdots, n$$

$$u_r \geq 0, w_p \geq 0, v_i \geq 0, \quad r = 1, \cdots, s; p = 1, \cdots, q; i = 1, \cdots, m$$

$$a_{pj} \geq 0, b_{pj} \geq 0, \quad p = 1, \cdots, q; j = 1, \cdots, n$$

$$\mu_0 \quad \text{无约束}$$

模型式（15.8）和模型式（15.9）可以仅通过一步就构建出一个由所有 DMU 参与构建的公共均衡有效前沿面。在模型式（15.9）中，C 是一个正常数，用来保证模

型式（15.8）中第一个约束下的分母 $\sum_{i=1}^{m} v_i x_{ij} + \sum_{p=1}^{q} \left(f_{pj} + \delta_{pj} \right)$ 是一个正数。

根据模型式（15.8）和模型式（15.9），我们可以得出定理 15.1。

定理 15.1 正常数 C 的值不会影响模型式（15.9）的最优解 δ_{pj}^{u*}，即假设模型式（15.9）基于给定正常数 C 的一组最优解是 $\left(u_r^*, v_i^*, w_p^*, \delta_{pj}^{u*}, \mu_0^* \right)$，那么 $\dfrac{C'}{C} \left(u_r^*, v_i^*, w_p^*, \delta_{pj}^{u*}, \mu_0^* \right)$ 是模型式（15.9）基于给定正常数 C' 在同一次优化过程中的一组最优解。

定理 15.1 的证明过程此处省略，有兴趣的读者可以自行查阅文献。

为了将模型式（15.8）中的第三个约束转化为等价的线性形式，我们首先将其转化为绝对值的形式，然后引入两个变量 a_{pj} 和 b_{pj} 来去除绝对值符号。转换后的模型式（15.9）的最优目标函数值是模型式（15.8）的两倍，但是最优解是相同的。上述模型介绍了构建公共均衡有效前沿面的过程，然后需要构建基于公共均衡有效前沿面的评价模型，用以测量具有非期望固定和产出 DMU 的相对效率，本节以沿产出方向进行投影为例，即采用产出导向模型进行评价。

使用 $D_k(x_k, y_k, f_k)$ 来表示第 $k(k=1,2,\cdots,n)$ 个 DMU 的相对效率，评价模型为

$$D_k(x_k, y_k, f_k) = \min \left(\sum_{i=1}^{m} v_i x_{ij} + \sum_{p=1}^{q} w_p f_{pj} \right) \bigg/ \left(\sum_{r=1}^{s} u_r y_{rj} + \mu_0 \right)$$

$$\text{s.t.} \quad \left[\sum_{i=1}^{m} v_i x_{ij} + \sum_{p=1}^{q} w_p \left(f_{pj} + \delta_{pj}^{u*} \right) \right] \bigg/ \left(\sum_{r=1}^{s} u_r y_{rj} + \mu_0 \right) \geqslant 1, \quad j = 1, \cdots, n$$

$$u_r \geqslant 0, w_p \geqslant 0, v_i \geqslant 0, \quad r = 1, \cdots, s; p = 1, \cdots, q; i = 1, \cdots, m$$

$$\mu_0 \quad \text{无约束}$$

$$(15.10)$$

模型式（15.10）中，δ_{pj}^{u*} 表示由模型式（15.9）求得的 DMU$_j$ 的第 p 种非期望固定和产出的最优调整量。变量 μ_0 用于确定规模收益特性，其符号自由，在基于比例的效率分析中，μ_0 不论是在投入的位置还是在产出的位置都不会影响结果。然而，若将 μ_0 添加到 $w_p \left(f_{pj} + \delta_{pj}^{u*} \right)$ 所在的位置，可能会存在无界解，基于这一考虑，我们将 μ_0 放在模型式（15.10）的分母位置上，使得模型的可行域封闭且有界，可以得到最优解。

可以通过 C-C 变换将模型式（15.10）转换为线性规划：

$$D_k(x_k, y_k, f_k) = \min \sum_{i=1}^{m} v_i x_{ij} + \sum_{p=1}^{q} w_p f_{pj}$$

$$\text{s.t.} \quad \sum_{r=1}^{s} u_r y_{rj} + \mu_0 - \sum_{i=1}^{m} v_i x_{ij} - \sum_{p=1}^{q} w_p \left(f_{pj} + \delta_{pj}^{u*} \right) \leqslant 0, \quad j = 1, \cdots, n$$

$$\sum_{r=1}^{s} u_r y_{rj} + \mu_0 = 1 \qquad\qquad (15.11)$$

$$u_r \geqslant 0, w_p \geqslant 0, v_i \geqslant 0, \quad r = 1, \cdots, s; p = 1, \cdots, q; i = 1, \cdots, m$$

$$\mu_0 \quad \text{无约束}$$

模型式（15.11）可以用于评价具有非期望固定和产出的 DMU，从此模型中得出

的效率得分的范围从 0 到无穷大，效率得分越大说明 DMU 的效率越高。

15.4　两阶段固定和产出 DEA 模型

在现实生产中，最初投入通常经过多个工艺环节，在产生一些中间产品后，才会转化为供普通消费者使用的最终产品。然而，单一阶段固定和产出 DEA 研究无法实现对 DMU 的内部结构和运行机制的分析，这会造成难以发现导致生产低效的真正原因，从而无法采取行之有效的改进措施。在产出总和固定的情形下，DMU 之间的竞争更加激烈，只有充分了解投入转化为产出的原理和流程才能帮助 DMU 更有效地改进生产。本节研究最简单，也是最具代表性的基础两阶段网络系统在固定和产出情境下的生产改进和效率评价方法。

考虑如图 15.1 所示的基础两阶段系统，每个系统 $\mathrm{DMU}_j(j=1,2,\cdots,n)$ 的第一阶段消耗 m 种投入 $x_{ij}(i=1,2,\cdots,m)$ 生产 c 种中间产出 $z_{dj}(d=1,2,\cdots,c)$，这 c 种中间产出全部流入第二阶段。第二阶段将第一阶段生产的中间产出作为投入，且不从外部获取任何其他投入，最终生产 s 种可变和产出 $y_{rj}(r=1,2,\cdots,s)$ 以及 q 种固定和产出 $f_{pj}(p=1,2,\cdots,q)$。

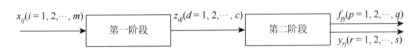

图 15.1　带有固定和产出的基础两阶段系统

遵循均衡有效的理念，所有系统同时相对有效被认为是一种竞争均衡状态。模型式（15.12）可以调整所有基础两阶段系统的生产，使其同时达到相对有效。

$$\min \sum_{j=1}^{n}\sum_{p=1}^{q} w_p \alpha_{pj}$$

$$\mathrm{s.t.}\quad \left[\sum_{r=1}^{s} u_r y_{rj} + \sum_{p=1}^{q} w_p(f_{pj}+\beta_{pj})\right]\bigg/\sum_{i=1}^{m} v_i x_{ij} = 1,\quad j=1,\cdots,n$$

$$\sum_{c=1}^{d}\phi_d(z_{dj}+\delta_{dj})\bigg/\sum_{i=1}^{m} v_i x_{ij} = 1,\quad j=1,\cdots,n$$

$$\left[\sum_{r=1}^{s} u_r y_{rj} + \sum_{p-1}^{q} w_p(f_{pj}+\beta_{pj})\right]\bigg/\sum_{c=1}^{d}\phi_d(z_{dj}+\delta_{dj}) = 1,\quad j=1,\cdots,n$$

$$\sum_{j=1}^{n}\beta_{pj}=0,\quad p=1,\cdots,q$$

$$\alpha_{pj}=\max\{\beta_{pj},0\},\quad p=1,\cdots,q;j=1,\cdots,n$$

$$z_{dj}+\delta_{dj}\geqslant 0,\quad d=1,\cdots,c;j=1,\cdots,n$$

$$f_{pj}+\beta_{pj}\geqslant 0,\quad p=1,\cdots,q;j=1,\cdots,n$$

$$u_r\geqslant 0,w_p\geqslant 0,v_i\geqslant 0,\phi_d\geqslant 0,\quad r=1,\cdots,s;p=1,\cdots,q;i=1,\cdots,m,d=1,\cdots,c$$

$$\delta_{dj},\beta_{pj}\quad 无约束$$

$$\tag{15.12}$$

模型式（15.12）保持每个系统的投入与可变和产出不变，仅调整中间产出与固定和产出。z_{dj} 为系统 j 中间产出 d 的调整量，β_{pj} 为系统 j 可变和产出 p 的调整量。z_{dj} 和 β_{pj} 都是自由变量，这说明中间产出与固定和产出既可增加又可减少，也可以保持不变。约束 $\sum_{j=1}^{n} \beta_{pj} = 0$ $(p = 1, \cdots, q)$ 则确保每种固定和产出在所有系统中的改变量之和为 0，从而总量固定不变。每个系统中每种中间产出与每种固定和产出在调整后不得小于 0，即 $z_{dj} + \delta_{dj} \geqslant 0$ 和 $f_{pj} + \beta_{pj} \geqslant 0$。两阶段系统整体有效时，每个阶段必定有效。约束 $\left[\sum_{r=1}^{s} u_r y_{rj} + \sum_{p=1}^{q} w_p (f_{pj} + \beta_{pj}) \right] \bigg/ \sum_{i=1}^{m} v_i x_{ij} = 1$、$\sum_{c=1}^{d} \phi_d (z_{dj} + \delta_{dj}) \bigg/ \sum_{i=1}^{m} v_i x_{ij} = 1$ 以及 $\left[\sum_{r=1}^{s} u_r y_{rj} + \sum_{p=1}^{q} w_p (f_{pj} + \beta_{pj}) \right] \bigg/ \sum_{c=1}^{d} \phi_d (z_{dj} + \delta_{dj}) = 1$ 分别表示所有系统都相对有效、所有系统的第一阶段都相对有效以及所有系统的第二阶段都相对有效。约束 $\alpha_{pj} = \max\{\beta_{pj}, 0\}$ 使得模型的目标为最小化 n 个系统所有固定和产出增加量的总和。在产出总和固定的情形下，一个系统某种产出的增加实质是对其他系统该种产出的掠夺，因此，每个系统的每种产出增加都很艰难。最小化增加量的总和，是一种达到竞争均衡的最简便方式。

模型式（15.12）虽然是一个难以求解的非线性规划，但其始终有解。

定理 15.2 模型式（15.12）始终有解。

证明：证明模型式（15.12）始终有解只需找到一组可行解即可。调整前每个系统的效率可由模型式（15.13）求得：

$$\theta_k^0 = \max \left(\sum_{r=1}^{s} u_r y_{rk} + \sum_{p=1}^{q} w_p f_{pk} \right) \bigg/ \sum_{i=1}^{m} v_i x_{ik}$$

$$\text{s.t.} \quad \left(\sum_{r=1}^{s} u_r y_{rj} + \sum_{p=1}^{q} w_p f_{pj} \right) \bigg/ \sum_{i=1}^{m} v_i x_{ij} \leqslant 1, \quad j = 1, \cdots, n$$

$$\sum_{d=1}^{c} \phi_d z_{dj} \bigg/ \sum_{i=1}^{m} v_i x_{ij} \leqslant 1, \quad j = 1, \cdots, n \qquad (15.13)$$

$$\left(\sum_{r=1}^{s} u_r y_{rj} + \sum_{p=1}^{q} w_p f_{pj} \right) \bigg/ \sum_{d=1}^{c} \phi_d z_{dj} \leqslant 1, \quad j = 1, \cdots, n$$

$$u_r \geqslant 0, w_p \geqslant 0, v_i \geqslant 0, \phi_d \geqslant 0, \quad r = 1, \cdots s; p = 1, \cdots, q$$

$$i = 1, \cdots, m; d = 1, \cdots, c$$

假设 $(\hat{v}_i, \hat{\varphi}_d, \hat{u}_r, \hat{w}_p)$，其中 $\hat{u}_r = 0$，是模型式（15.13）的一组可行解，根据该组权重，每个系统的整体效率和阶段效率可以表示为

$$\hat{\theta}_j = \sum_{p=1}^{q} \hat{w}_p f_{pj} \bigg/ \sum_{i=1}^{m} \hat{v}_i x_{ij}, \quad j = 1, \cdots, n$$

$$\hat{\theta}_j^1 = \sum_{d=1}^{c} \hat{\varphi}_d z_{dj} \bigg/ \sum_{i=1}^{m} \hat{v}_i x_{ij}, \quad j = 1, \cdots, n$$

$$\hat{\theta}_j^2 = \sum_{p=1}^q \hat{w}_p f_{pj} \left/ \sum_{d=1}^c \hat{\varphi}_d z_{dj} \right., \quad j=1,\cdots,n$$

显然，$\hat{\theta}_j = \hat{\theta}_j^1 \times \hat{\theta}_j^2$，且 $\hat{\theta}_j^1 \leqslant 1, \hat{\theta}_j^2 \leqslant 1$。

接下来寻找模型式（15.12）的一组可行解 $(\hat{v}_i, \hat{\varphi}_d, \hat{u}_r, w_p, \delta_{dj}, \beta_{pj})$，该可行解必须满足模型所有的约束条件：

令

$$\beta_{pj} = \left(1-\hat{\theta}_j^1\right) z_{dj} \left/ \hat{\theta}_j^1 \right., \quad \forall d,j$$

则

$$\sum_{d=1}^c \hat{\varphi}_d (z_{dj}+\delta_{dj}) \left/ \sum_{i=1}^m \hat{v}_i x_{ij} = \sum_{d=1}^c \hat{\varphi}_d z_{dj} \right/ \hat{\theta}_j^1 \sum_{i=1}^m \hat{v}_i x_{ij} = \hat{\theta}_j^1 / \hat{\theta}_j^1 = 1$$

$$\sum_{d=1}^c \phi_d (z_{dj}+\delta_{dj}) \left/ \sum_{i=1}^m v_i x_{ij} = 1, \quad j=1,\cdots,n \right.$$

$$z_{dj}+\delta_{dj} = 1/\hat{\theta}_j^1 z_{dj} \geqslant 0$$

$$z_{dj}+\delta_{dj} \geqslant 0$$

令 $\varPhi_p = \left(\sum_{j=1}^n f_{pj}/\hat{\theta}_j\right) \left/ \sum_{j=1}^n f_{pj} \right.$。因为 $\hat{\theta}_j \leqslant 1$，所以 $\varPhi_p \geqslant 1$。再令 $w_p = \varPhi_p \hat{w}_p, \forall p$，以及 $\beta_{pj} = f_{pj}/\varPhi_p \hat{\theta}_j - f_{pj}, \forall p,j$。此时，约束 $\left[\sum_{r=1}^s u_r y_{rj} + \sum_{p=1}^q w_p (f_{pj}+\beta_{pj})\right] \left/ \sum_{d=1}^c \phi_d (z_{dj}+\delta_{dj}) = 1 \right.$ 得到满足。

$$\sum_{j=1}^n \beta_{pj} = \sum_{j=1}^n \left(f_{pj}/\varPhi_p \hat{\theta}_j - f_{pj}\right) = \varPhi_p \sum_{j=1}^n f_{pj}/\hat{\theta}_j - \sum_{j=1}^n f_{pj} = \left[\sum_{j=1}^n f_{pj} \left/ \left(\sum_{j=1}^n f_{pj}/\hat{\theta}_j\right)\right.\right] \sum_{j=1}^n (f_{pj}/\hat{\theta}_j) -$$

$$\sum_{j=1}^n f_{pj} = \sum_{j=1}^n f_{pj} - \sum_{j=1}^n f_{pj} = 0，约束 \sum_{j=1}^n \beta_{pj} = 0 得到满足。$$

$f_{pj}+\beta_{pj} = f_{pj} \left/ \left(\varPhi_p \hat{\theta}_j\right) \geqslant 0 \right.$，约束 $f_{pj}+\beta_{pj} \geqslant 0$ 得到满足。

当

$$\sum_{d=1}^c \phi_d (z_{dj}+\delta_{dj}) \left/ \sum_{i=1}^m v_i x_{ij} = 1, \quad j=1,\cdots,n \right.$$

和

$$\left[\sum_{r=1}^s u_r y_{rj} + \sum_{p=1}^q w_p (f_{pj}+\beta_{pj})\right] \left/ \sum_{d=1}^c \phi_d (z_{dj}+\delta_{dj}) = 1, \quad j=1,\cdots,n \right.$$

得到满足时，约束 $\left[\sum_{r=1}^s u_r y_{rj} + \sum_{p=1}^q w_p (f_{pj}+\beta_{pj})\right] \left/ \sum_{i=1}^m v_i x_{ij} = 1, j=1,\cdots,n \right.$ 也自然得到满足。

综上所述，我们可以找到满足模型式（15.12）所有约束的可行解 $\Big(\hat{v}_i, \hat{\varphi}_d, \hat{u}_r, \varPhi_p, \hat{w}_p,$ $\left(1-\hat{\theta}_j^1\right) z_{dj} \left/ \hat{\theta}_j^1, f_{pj} \right/ \varPhi_p \hat{\theta}_j - f_{pj}\Big)$，因此，模型式（15.12）始终有解。证毕。

模型式（15.12）等价于模型式（15.14）：

$$\min \frac{1}{2}\sum_{j=1}^{n}\sum_{p=1}^{q}w_p\mid\beta_{pj}\mid$$

$$\text{s.t.}\quad \left[\sum_{r=1}^{s}u_r y_{rj}+\sum_{p=1}^{q}w_p\left(f_{pj}+\beta_{pj}\right)\right]\Bigg/\sum_{i=1}^{m}v_i x_{ij}=1,\quad j=1,\cdots,n$$

$$\sum_{d=1}^{c}\phi_d\left(z_{dj}+\delta_{dj}\right)\Bigg/\sum_{i=1}^{m}v_i x_{ij}=1,\quad j=1,\cdots,n$$

$$\left[\sum_{r=1}^{s}u_r y_{rj}+\sum_{p=1}^{q}w_p\left(f_{pj}+\beta_{pj}\right)\right]\Bigg/\sum_{d=1}^{c}\phi_d\left(z_{dj}+\delta_{dj}\right)=1,\quad j=1,\cdots,n$$

$$\sum_{j=1}^{n}\beta_{pj}=0,\quad p=1,\cdots,q$$

$$z_{dj}+\delta_{dj}\geqslant 0,\quad d=1,\cdots,c; j=1,\cdots,n$$

$$f_{pj}+\beta_{pj}\geqslant 0,\quad p=1,\cdots,q; j=1,\cdots,n$$

$$u_r\geqslant 0, w_p\geqslant 0, v_i\geqslant 0,\phi_d\geqslant 0,\quad r=1,\cdots s; p=1,\cdots,q; i=1,\cdots,m, d=1,\cdots,c$$

$$\delta_{dj},\beta_{pj}\quad\text{无约束}$$

$$(15.14)$$

令 $\delta'_{dj}=\varphi_d\delta_{dj}$，$\beta'_{pj}=w_p\delta_{pj}$，$a_{pj}=\frac{1}{2}\left(\mid\beta'_{pj}\mid+\beta'_{pj}\right)$，$b_{pj}=\frac{1}{2}\left(\mid\beta'_{pj}\mid-\beta'_{pj}\right)$，则模型式（15.14）可以转化为以下线性规划：

$$\min \frac{1}{2}\sum_{j=1}^{n}\sum_{p=1}^{q}a_{pj}+b_{pj}$$

$$\text{s.t.}\quad \sum_{r=1}^{s}u_r y_{rj}+\sum_{p=1}^{q}\left(w_p f_{pj}+a_{pj}-b_{pj}\right)-\sum_{i=1}^{m}v_i x_{ij}=0,\quad j=1,\cdots,n$$

$$\sum_{d=1}^{c}\left(\phi_d z_{dj}+\delta'_{dj}\right)-\sum_{i=1}^{m}v_i x_{ij}=0,\quad j=1,\cdots,n$$

$$\sum_{r=1}^{s}u_r y_{rj}+\sum_{p=1}^{q}\left(w_p f_{pj}+a_{pj}-b_{pj}\right)-\sum_{d=1}^{c}\left(\phi_d z_{dj}+\delta'_{dj}\right)=0,\quad j=1,\cdots,n$$

$$\sum_{j=1}^{n}\left(a_{pj}-b_{pj}\right)=0,\quad p=1,\cdots,q$$

$$\phi_d z_{dj}+\delta'_{dj}\geqslant 0,\quad d=1,\cdots,c; j=1,\cdots,n$$

$$w_p f_{pj}+a_{pj}-b_{pj}\geqslant 0, p=1,\cdots,q; j=1,\cdots,n$$

$$u_r\geqslant 0, w_p\geqslant 0, v_i\geqslant 0,\quad r=1,,\cdots s; p=1,\cdots,q; i=1,\cdots,m$$

$$\phi_d\geqslant 0, a_{pj}\geqslant 0, b_{pj}\geqslant 0,\quad d=1,\cdots,c; p=1,\cdots,q; j=1,\cdots,n$$

$$\delta_{dj}\quad\text{无约束}$$

$$(15.15)$$

用上标"*"标记模型式（15.15）的最优解，则系统 $j(j=1,\cdots,n)$ 的中间产出与固定和产出的最优调整量为

$$\delta_{dj}^* = \delta_{dj}^{'*}\big/\varphi_d^*, \quad \forall d,j$$

$$\beta_{pj}^* = \left(a_{pj}^* - b_{pj}^*\right)\big/w_p^*, \quad \forall p,j$$

所有系统固定和产出增加量的总和为

$$OV^* = \sum_{j=1}^n \sum_{p=1}^q w_p a_{pj}^* = \frac{1}{2}\sum_{j=1}^n \left(a_{pj}^* + b_{pj}^*\right)$$

每个系统在竞争均衡状态下的生产组合，即每个系统的投影为 $\left(x_{ij}, z_{dj}+\delta_{dj}^*, y_{rj}, f_{pj}+\beta_{dj}^*, \forall i,d,r,p\right)$。所有系统的投影共同构成均衡有效前沿，根据均衡有效前沿则可以评价每个系统的竞争效率，系统 $k(k=1,\cdots,n)$ 的竞争效率评价模型为

$$e_k = \max\left(\sum_{r=1}^s u_r y_{rk} + \sum_{p=1}^q w_p f_{pk}\right)\Big/\sum_{i=1}^m v_i x_{ik}$$

$$\text{s.t.} \quad \left[\sum_{r=1}^s u_r y_{rj} + \sum_{p=1}^q w_p\left(f_{pj}+\beta_{pj}^*\right)\right]\Big/\sum_{i=1}^m v_i x_{ij} \leqslant 1, \quad j=1,\cdots,n$$

$$\sum_{d=1}^c \phi_d\left(z_{dj}+\delta_{dj}^*\right)\Big/\sum_{i=1}^m v_i x_{ij} \leqslant 1, \quad j=1,\cdots,n$$

$$\left[\sum_{r=1}^s u_r y_{rj} + \sum_{p=1}^q w_p\left(f_{pj}+\beta_{pj}^*\right)\right]\Big/\sum_{d=1}^c \phi_d\left(z_{dj}+\delta_{dj}^*\right) \leqslant 1, \quad j=1,\cdots,n$$

$$u_r \geqslant 0, w_p \geqslant 0, v_i \geqslant 0, \phi_d \geqslant 0, \quad r=1,\cdots,s; p=1,\cdots,q; i=1,\cdots,m; d=1,\cdots,c$$

$$(15.16)$$

在固定产出和情境下，基础两阶段系统的均衡有效前沿也是技术前沿向生产可能集内部收缩形成的。根据均衡有效前沿测得的竞争效率不小于根据技术前沿测得的技术效率，某些系统的竞争效率可能超过 1。此外，对于基础两阶段系统，系统效率是两个阶段效率的乘积。但在已知系统效率的情况下，阶段效率有多种组合。

我们假设两个阶段之间进行斯塔克尔伯格博弈，并在保持系统效率最优的前提下最大化领导者的效率，从而获得唯一的阶段效率组合。若第一阶段是领导者，则该阶段竞争效率的最大值可以由模型式（15.17）求得：

$$\overline{e_k^1} = \max \quad \sum_{d=1}^c \phi_d z_{dk}\Big/\sum_{i=1}^m v_i x_{ik} \quad \text{或}$$

$$\overline{e_k^2} = \max\left(\sum_{r=1}^s u_r y_{rk} + \sum_{p=1}^q w_p f_{pk}\right)\Big/\sum_{d=1}^c \phi_d z_{dk}$$

$$\text{s.t.} \quad \left[\sum_{r=1}^s u_r y_{rj} + \sum_{p=1}^q w_p\left(f_{pj}+\beta_{pj}^*\right)\right]\Big/\sum_{i=1}^m v_i x_{ij} \leqslant 1, \quad j=1,\cdots,n$$

$$\sum_{d=1}^{c} \phi_d \left(z_{dj} + \delta_{dj}^* \right) \bigg/ \sum_{i=1}^{m} v_i x_{ij} \leqslant 1, \quad j = 1, \cdots, n$$

$$\left[\sum_{r=1}^{s} u_r y_{rj} + \sum_{p=1}^{q} w_p \left(f_{pj} + \beta_{pj}^* \right) \right] \bigg/ \sum_{d=1}^{c} \phi_d \left(z_{dj} + \delta_{dj}^* \right) \leqslant 1, \quad j = 1, \cdots, n$$

$$\left(\sum_{r=1}^{s} u_r y_{rj} + \sum_{p=1}^{q} w_p f_{pj} \right) \bigg/ \sum_{d=1}^{c} \phi_d \left(z_{dj} + \delta_{dj}^* \right) = e_k, \quad j = 1, \cdots, n$$

$$u_r \geqslant 0, w_p \geqslant 0, v_i \geqslant 0, \phi_d \geqslant 0, \quad r = 1, \cdots, s; p = 1, \cdots, q; i = 1, \cdots, m; d = 1, \cdots, c$$

$$\text{（15.17）}$$

模型式（15.17）在保持系统 k 的竞争效率为 e_k 的前提下，根据均衡有效前沿衡量第一阶段竞争效率的最大值 $\overline{e_k^1}$，第二阶段的竞争效率等于系统竞争效率除以第一阶段竞争效率。第一阶段竞争效率取最大值时，第二阶段竞争效率取最小值，最小值 $\underline{e_k^2} = e_k / \overline{e_k^1}$。反之，若第二阶段为领导者，可通过将模型式（15.16）的目标函数替换为

$\max \left(\sum\limits_{r=1}^{s} u_r y_{rk} + \sum\limits_{p=1}^{q} w_p f_{pk} \right) \bigg/ \sum\limits_{d=1}^{c} \phi_d z_{dk}$ 来求得第二阶段竞争效率的最大值 $\overline{e_k^2}$。与第二阶段竞

争效率最大值对应的第一阶段竞争效率的最小值为 $\underline{e_k^1} = e_k / \overline{e_k^2}$。

15.5 固定和投入 DEA 模型

假设共有 n 个 $\mathrm{DMU}_j (j = 1, 2, \cdots, n)$，其中每个 DMU 消耗 p 种不同的固定和投入，用 $z_{dj} (d = 1, 2, \cdots, p)$ 表示，以及 m 种不同的非固定和投入，用 $x_{ij} (i = 1, 2, \cdots, m)$ 表示，以产生 s 种不同的期望产出，用 $y_{rj} (r = 1, 2, \cdots, s)$ 表示，以及 l 种非期望产出（如环境污染物），表示为 $f_{tj} (t = 1, 2, \cdots, l)$。对于 DMU 的固定和投入，都有 $\sum\limits_{j=1}^{n} z_{dj} = F_d (d = 1, 2, \cdots, p)$。

传统的 DEA 模型并未考虑所有 DMU 的总投入固定的情况，例如，为了保持可持续发展，应将总能源投入消耗限制在一定范围内，以减少化石能源消耗。因此，根据最小总产出扩展规模标准，我们可以通过考虑固定和投入的情况来构造模型：

$$\min \sum_{d=1}^{p} \eta_d \alpha_{dk}$$

$$\text{s.t.} \quad \left[\sum_{r=1}^{s} u_r y_{rk} + \mu_0 \right] \bigg/ \left[\sum_{i=1}^{m} v_i x_{ik} + \sum_{t=1}^{l} w_t f_{tk} + \sum_{d=1}^{p} \eta_d \left(z_{dk} - \alpha_{dk} \right) \right] = 1$$

$$\left[\sum_{r=1}^{s} u_r y_{rj} + \mu_0 \right] \bigg/ \left[\sum_{i=1}^{m} v_i x_{ik} + \sum_{t=1}^{l} w_t f_{tk} + \sum_{d=1}^{p} \eta_d \left(z_{dk} + \alpha_{dk} \right) \right] \leqslant 1, \quad \forall j \neq k$$

$$\sum_{j=1, j \neq k}^{n} \alpha_{tj} - \alpha_{dk} = 0, \quad d = 1, \cdots, p$$

$$0 \leqslant \alpha_{dk} \leqslant z_{dk}, \quad d = 1, \cdots, p$$

$$\alpha_{dk} \geqslant 0, \quad d = 1, \cdots, p, j \neq k$$

$$u_r \geqslant 0, w_t \geqslant 0, v_i \geqslant 0, \eta_d \geqslant 0, \quad r=1,\cdots,s; i=1,\cdots,m; t=1,\cdots,l; d=1,\cdots,p$$

$$\mu_0 \quad 无约束$$

$$(15.18)$$

其中，α_{dk} 是评价的 DMU_k 固定和投入 $d(t=1,\cdots,p)$ 的减少量。$\alpha_{dj}\,(d=1,\cdots,p; j=1,\cdots,n, \neq k)$ 是其他 $DMU_j\,(j \neq k)$ 的固定投入增量。约束 $\sum_{j=1, j \neq k}^{n} \alpha_{tj} - \alpha_{dk} = 0$ 表示最终固定和投入的调整总量为零。该方法考虑了在固定和限制下 DMU_k 固定和投入的减少，并试图最小化目标函数中的加权和。

注意，模型式（15.18）通过使用不同的有效前沿来评价每个 DMU。因此，我们可以考虑构建共同均衡有效前沿（common equilibrium efficient frontier，CEEF），以取代不同的有效边界，并根据相同前沿测量所有 DMU 效率。具有固定和投入的 CEEFDEA 模型为

$$\min \sum_{d=1}^{p} \eta_d \,|\alpha_{dk}\,|$$

$$\text{s.t.} \quad \left[\sum_{r=1}^{s} u_r y_{rj} + \mu_0\right] \Big/ \left[\sum_{i=1}^{m} v_i x_{ik} + \sum_{t=1}^{l} w_t f_{tk} + \sum_{d=1}^{p} \eta_d (z_{dk} + \alpha_{dk})\right] = 1, \quad j=1,\cdots,n$$

$$\sum_{j=1}^{n} \alpha_{dj} = 0, \quad d=1,\cdots,p$$

$$z_{dj} + \alpha_{dj} \geqslant 0, \quad d=1,\cdots,p; j=1,\cdots,n$$

$$u_r \geqslant 0, w_t \geqslant 0, v_i \geqslant 0, \eta_d \geqslant 0, \quad r=1,\cdots,s; i=1,\cdots,m; t=1,\cdots,l$$

$$\delta_{dj}, \alpha_{dj} \quad 无约束$$

$$(15.19)$$

先前的研究证明，在调整固定和投入/产出后，所有 DMU 都可以有效。因此，CEEF 的基础是所有 DMU 通过调整其固定和产出变得高效，这由第一个约束表示。在模型式（15.19）中，α_{dj} 是 DMU_j 的调节固定和投入。注意，每个 α_{dj} 的符号都是自由的，因此它们可以是负的、正的或零。第三个约束用于保证所有 DMU 的固定和投入调整后大于等于零。因为每个 α_{dj} 的符号是自由的，所以模型式（15.19）的目标函数中的 $|\alpha_{dk}|$ 用于最小化固定和投入的加权调整。

15.6　固定和 DEA 模型在奥运会竞争国家的效率评价中的应用

我们使用 2000 年悉尼奥运会的数据来展示固定和 DEA 模型的实际应用，在这里，金牌、银牌和铜牌的数量被视为衡量每个国家表现的产出。奥运奖牌总数是典型的固定和产出，本节考虑了 4 个投入和 1 个产出。

（1）国家人口（以千计）：总的来说，人口较多的国家更有可能拥有有能力的运动员或有天赋的运动员。即便将不同国家的人群归为同一种族范畴，也不可否认地理环境与

文化背景对运动员在特定运动项目中的成功会产生重要影响。例如，肯尼亚和埃塞俄比亚的高海拔地区产生了许多奥运会长跑奖牌得主。

（2）人均 GDP（1998 年，以美元计）：人口反映了培养具有巨大潜力的运动员的可能性，而人均 GDP 反映了实现这一潜力的可能性。一个富裕的国家可以在体育基础设施、教练、出行和设备方面投入更多的资金，以确保它们的运动员能够达到精英水平。

（3）DALE 指数（残疾调整后的预期寿命，以年计）：平均预期寿命是反映人口总体健康状况的最重要指标。这包括许多与运动表现相关的因素，如饮食、营养和医疗保健。人民越健康，这个国家的表现就越好。

（4）IECS（儿童生存平等指数）：这是一个指标，表明与富裕家庭的儿童相比，贫困家庭的儿童是否有平等的生存机会。指标越高，来自不同背景的儿童成年并成为优秀运动员的可能性就越大。

单一产出是奖牌指数，这是金牌、银牌和铜牌数量的加权和。已有文献提出了 4 种不同的金牌、银牌和铜牌的权重组合，分别为（10、7、2）、（10、4、2），（10、5、1）和（5、5、5）。例如，丹麦获得了 2 枚金牌、3 枚银牌和 1 枚铜牌。丹麦在 4 种体重体系下的奖牌指数分别为 43、34、36 和 30。我们考虑在 2000 年悉尼奥运会上获得至少一枚奖牌的 79 个国家，没有获得奖牌的国家被排除在外，因为它们的入选不会改变结果。在奖牌权重（10、7、2）和 VRS 假设下，我们可以根据的 FSODEA 模型，获得效率分数和最小产出增量，从而对所有 79 个国家进行有效的评价。

表 15.1 显示，17 个国家的效率为 1。尽管埃塞俄比亚的人均收入（107 美元）和预期寿命（33.5 岁）在样本中是所有国家中最低的，但它在长跑中获得了 8 枚奖牌，其中包括 4 枚金牌。表 15.1 还记录了所有 79 个国家的产出增加最少的情况。例如，如果阿尔及利亚从其他国家获得了价值为 128.247 的奖牌指数，它就会变得更有效率。在效率低下的国家中，日本需要最大的增产（281.33）才能提高效率，而喀麦隆需要从其他国家抢夺最小的增产（5.51）。所有有效的国家都不需要从其他国家获得奖牌，因为它们已经处于有效状态。表 15.1 还体现了 FSODEA 效率分数不低于传统 BCC 分数的普遍性，并且 FSODEA 模型确定的最小产出增量不高于所有国家的传统 BCC 模型。

表 15.1　奖牌权重（10、7、2）下 79 个国家的成绩

序号	国家	效率分数			最小产出增量		
		BCC	FSODEA	增长率/%	BCC	FSODEA	下降率/%
1	阿尔及利亚	0.5987	0.5993	0.1085	179.01	128.247	39.58
2	阿根廷	0.5296	0.5362	1.2309	280.73	206.95	35.65
3	亚美尼亚	1	1	0	0	0	0
4	澳大利亚	1	1	0	0	0	0
5	奥地利	0.7404	0.7597	2.5392	139.75	103.24	35.36
6	阿塞拜疆	0.9098	0.9325	2.4375	9.8478	6.05	62.77

序号	国家	效率分数			最小产出增量		
		BCC	FSODEA	增长率/%	BCC	FSODEA	下降率/%
7	巴哈马	1	1	0	0	0	0
8	巴巴多斯	1	1	0	0	0	0
9	白俄罗斯	0.9207	0.9376	1.7993	43.932	28.12	56.23
10	比利时	0.7104	0.7274	2.333	183.7	154.67	18.77
11	巴西	0.5839	0.5839	0	432.42	250.37	72.71
12	英国	0.6808	0.7271	6.3664	238.32	141.18	68.81
13	保加利亚	0.9588	0.9685	1.0036	20.437	13.02	56.97
14	喀麦隆	0.9837	0.9903	0.6644	9.2496	5.51	67.87
15	加拿大	0.5858	0.6144	4.6533	320.87	175.85	82.47
16	智利	0.6841	0.6841	0	230.07	150.18	53.2
17	中国	1	1	0	0	0	0
18	哥伦比亚	0.5458	0.5458	0	255.36	191.04	33.67
19	哥斯达黎加	0.8691	0.8691	0	58.446	44.69	30.78
20	克罗地亚	0.8499	0.8511	0.1433	65.543	51.3	27.76
21	古巴	1	1	0	0	0	0
22	捷克	0.7963	0.8045	1.0255	141.72	94.1	50.61
23	丹麦	0.8192	0.8415	2.6453	68.465	48.88	40.07
24	爱沙尼亚	1	1	0	0	0	0
25	埃塞俄比亚	1	1	0	0	0	0
26	芬兰	0.7899	0.8111	2.6162	80.249	58.54	37.08
27	法国	0.7375	0.7987	7.6687	182.72	108.37	68.61
28	北马其顿	1	1	0	0	0	0
29	格鲁吉亚	0.8807	0.8807	0	29.34	21.28	37.88
30	德国	0.7815	0.8239	5.1463	158.41	105.23	50.54
31	希腊	0.7868	0.8051	2.278	117.37	86.62	35.5
32	匈牙利	0.9565	0.9727	1.6655	28.833	17.17	67.93
33	冰岛	0.9664	0.9664	0	64.214	40.44	58.79
34	印度	0.6383	0.6383	0	219.21	148.76	47.36
35	印度尼西亚	0.5814	0.5997	3.0465	143.66	97.39	47.51
36	伊朗	0.5659	0.5678	0.3399	282.65	202.27	39.74
37	爱尔兰	0.8001	0.8079	0.9667	74.853	53.84	39.03
38	以色列	0.7595	0.7595	0	126.97	97.22	30.6
39	意大利	0.6982	0.7533	7.3105	217.9	128.17	70.01
40	牙买加	1	1	0	0	0	0
41	日本	0.5055	0.5284	4.3433	423.94	281.33	50.69
42	哈萨克斯坦	0.856	0.8854	3.3239	73.828	50.26	46.89
43	肯尼亚	0.9179	0.9179	0	24.713	13.49	83.19

续表

序号	国家	效率分数			最小产出增量		
		BCC	FSODEA	增长率/%	BCC	FSODEA	下降率/%
44	朝鲜	0.7269	0.7377	1.4667	52.14	37.96	37.36
45	韩国	0.7306	0.7708	5.2141	155.43	118.56	31.1
46	科威特	0.9178	0.9178	0	46.545	25.68	81.25
47	吉尔吉斯斯坦	1	1	0	0	0	0
48	拉脱维亚	1	1	0	0	0	0
49	立陶宛	0.9448	0.955	1.0681	25.704	18.94	35.71
50	墨西哥	0.519	0.5190	0	420.58	257.14	63.56
51	摩尔多瓦	1	1	0	0	0	0
52	摩洛哥	0.6315	0.6325	0.1518	147.5	117.15	25.91
53	莫桑比克	1	1	0	0	0	0
54	荷兰	0.8501	0.8899	4.469	119.27	69.04	72.75
55	新西兰	0.8026	0.8232	2.5012	68.353	47.78	43.06
56	尼日利亚	0.9005	0.912	1.2566	60.32	32.2	87.33
57	挪威	0.8487	0.8744	2.9437	68.778	57.98	18.52
58	波兰	0.6609	0.6777	2.4745	183.43	127.56	43.8
59	葡萄牙	0.7265	0.7265	0	186.71	140.84	32.57
60	卡塔尔	0.9693	0.9693	0	20.532	10.35	98.38
61	罗马尼亚	0.9466	0.968	2.2118	14.071	8.36	68.31
62	俄罗斯联邦	1	1	0	0	0	0
63	沙特阿拉伯	0.6463	0.6463	0	233.21	173.37	34.52
64	斯洛伐克	0.8759	0.8829	0.7883	59.354	44.23	34.19
65	斯洛文尼亚	0.8603	0.8762	1.8124	24.854	14.41	72.48
66	南非	0.8565	0.8579	0.1679	90.94	52.12	74.48
67	西班牙	0.5414	0.5803	6.7017	314.62	213.48	47.38
68	斯里兰卡	0.698	0.698	0	92.772	74.12	25.16
69	瑞典	0.7957	0.8233	3.3584	98.993	70.18	41.06
70	瑞士	0.7841	0.8094	3.1295	95.12	69.12	37.62
71	泰国	0.5662	0.5662	0	89.52	211.92	36.62
72	特立尼达和多巴哥	1	1	0	0	0	0
73	土耳其	0.547	0.5499	0.5346	285.18	205.19	38.98
74	乌克兰	0.7452	0.7814	4.6302	65.267	48.27	35.21
75	美国	1	1	0	0	0	0
76	乌拉圭	0.8894	0.8991	1.0844	53.205	39.19	35.76
77	乌兹别克斯坦	0.6743	0.6953	3.0275	48.716	36.92	31.95
78	越南	0.5814	0.5854	0.6799	112.01	68.71	63.02
79	南斯拉夫	0.7912	0.7963	0.6455	76.759	58.09	32.14

习　题

1. 表 15.2 列出了 6 个 DMU 投入和产出数据，其中每个 DMU 具有一个固定和产出与一个可变和产出。请用 CCR 模型与 FSODEA 模型计算出效率结果。

表 15.2　一维固定和产出下的 DMU 数据

DMU	投入	固定和产出	可变和产出
1	1	3	3
2	1	4	1
3	1	1	3
4	1	1	5
5	1	2	2
6	1	2	5

2. 表 15.3 列出了 6 个 DMU 投入和产出数据，其中每个 DMU 具有两个固定和产出。请用 CCR 模型与 FSODEA 模型计算出效率结果。

表 15.3　二维固定和产出下的 DMU 数据

DMU	投入	固定和产出 1	固定和产出 2
1	1	3	3
2	1	4	1
3	1	1	3
4	1	1	5
5	1	2	2
6	1	2	5

3. GEEFDEA 模型有何优缺点？

4. 尝试将模型式（15.8）转化成线性模型，写出推导过程。

5. 参考 15.3 节内容，尝试编写具有非期望固定和产出模型的 MATLAB 程序。

第16章 模糊 DEA 模型

在现实生活的问题中，投入和产出通常是不精确的。为了处理不精确的数据，在 DEA 中引入了模糊性的概念，将 DEA 扩展为模糊 DEA。本章首先介绍求解模糊 DEA 模型的三类主要方法，并简要介绍了每一类的数学规划求解方法。最后，本章将模糊 DEA 模型运用于评价医院运营绩效。本章内容主要参考 Kao 和 Liu（2000）、Guo 和 Tanaka（2001）和 Lertworasirikul 等（2003）。

16.1 模糊 DEA 方法概述

DEA 是一种用于测量一组 DMU 的相对效率的方法，这些 DMU 使用多个投入生产多个产出。在传统的 DEA 中，精确的投入/产出数据是必不可少的。然而，在实际问题中，投入/产出数据的观测值有时是不精确或模糊的。不精确或模糊的数据可能是无法量化、不完整和无法获得的信息。不精确或模糊的数据通常用有界间隔、序数数据或模糊数表示。近年来，研究者提出了各种模糊方法来处理 DEA 中的不精确和模糊数据。通过对现有文献的梳理，具有模糊投入产出数据的经典 DEA 模型可以划分为以下五类（Emrouznejad et al.，2014）。

第一类：α 水平法（α-level approach）。该方法的主要思想是使用 α 截集将模糊 DEA 模型转化为一对参数规划问题。基于此，能够求解出给定 α 水平下 DMU 区间效率的上界和下界，可用于构造相应的模糊效率。

第二类：模糊排序法（fuzzy ranking approach）。该方法的主要思想是通过排序方法在模糊 DEA 模型中定义模糊等式和不等式约束条件，从而演化为一个双层规划问题（bi-level programming problem）。

第三类：可能性法（possibility approach）。该方法的主要思想是将模糊系数视为模糊变量，将模糊约束视为模糊事件。基于此，利用可能性理论确定模糊约束的可能性。

第四类：模糊算法（fuzzy arithmetic approach）。该方法的主要思想是从模糊算法的角度将每个模糊 DEA 模型的分数形式转化为几个清晰的分数 DEA 模型（fractional DEA model）。

第五类：多目标线性规划法（multi-objective linear programming approach）。该方法的主要思想是将模糊 DEA 模型转换为多目标线性规划问题，并使用字典编纂技术来求解得到的模型。

本章主要介绍最为常见且经典的前三种模糊 DEA 类型，分别以 Kao 和 Liu（2000）、Guo 和 Tanaka（2001）和 Lertworasirikul 等（2003）的方法为案例介绍。其他方法，读者可参考 Emrouznejad 等（2014）。

16.2　几种经典的模糊 DEA 方法

16.2.1　α 水平法

以 Kao 和 Liu（2000）为代表的 α 水平法的主要思想是通过运用 α 截集和 Zadeh（1973，1978）的扩展原则将模糊的投入导向 BCC 乘数模型转化为精确的投入导向 BCC 乘数模型。

假设有 n 个 DMU，对于任意一个 DMU$_j$ 使用 m 个模糊投入 $\tilde{x}_{ij}(i=1,2,\cdots,m)$ 生产 s 个模糊产出 $y_{rj}(r=1,2,\cdots,s)$ 。以 $[x_{ij}]_\alpha = \left[(x_{ij})_\alpha^{\mathrm{L}},(x_{ij})_\alpha^{\mathrm{U}}\right]$ 和 $[y_{rj}]_\alpha = \left[(y_{rj})_\alpha^{\mathrm{L}},(y_{rj})_\alpha^{\mathrm{U}}\right]$ 分别表示模糊投入和模糊产出的 α 截集，这表示一个具有上下界的区间。因此，对于 DMU$_p$ 可以求解一对效率区间 $\left[(E_p)_\alpha^{\mathrm{L}},(E_p)_\alpha^{\mathrm{U}}\right]$ 。

可以通过设定 $x_{ip}=(x_{ip})_\alpha^{\mathrm{U}}$ ，$y_{rp}=(y_{rp})_\alpha^{\mathrm{L}}$ 和 $x_{ij}=(x_{ij})_\alpha^{\mathrm{L}}$ ，$y_{rj}=(y_{rj})_\alpha^{\mathrm{U}}$ ，$j\neq p$ ，将其引入精确的投入导向 BCC 乘数模型中求得 $(E_p)_\alpha^{\mathrm{L}}$ ，如式（16.1）所示：

$$(E_p)_\alpha^{\mathrm{L}} = \max \sum_{r=1}^{s} \mu_r (y_{rp})_\alpha^{\mathrm{L}} + \mu_0$$

$$\begin{aligned}
\text{s.t.}\quad & \sum_{i=1}^{m} v_i (x_{ip})_\alpha^{\mathrm{U}} = 1,\quad i=1,2,\cdots,m \\
& \sum_{r=1}^{s} \mu_r (y_{rp})_\alpha^{\mathrm{L}} - \sum_{i=1}^{m} v_i (x_{ip})_\alpha^{\mathrm{U}} + \mu_0 \leqslant 0,\quad r=1,2,\cdots,s \\
& \sum_{r=1}^{s} \mu_r (y_{rj})_\alpha^{\mathrm{U}} - \sum_{i=1}^{m} v_i (x_{ij})_\alpha^{\mathrm{L}} + \mu_0 \leqslant 0,\quad j=1,2,\cdots,n, j\neq p \\
& v_i \geqslant 0,\quad \mu_r \geqslant 0,\quad \mu_0\ \text{无约束}
\end{aligned} \quad (16.1)$$

$(E_p)_\alpha^{\mathrm{U}}$ 则可以通过设定 $x_{ip}=(x_{ip})_\alpha^{\mathrm{L}}$ ，$y_{rp}=(y_{rp})_\alpha^{\mathrm{U}}$ 和 $x_{ij}=(x_{ij})_\alpha^{\mathrm{U}}$ ，$y_{rj}=(y_{rj})_\alpha^{\mathrm{L}}$ ，$j\neq p$ ，将其引入精确的投入导向 BCC 乘数模型中求得，如式（16.2）所示：

$$(E_p)_\alpha^{\mathrm{U}} = \max \sum_{r=1}^{s} \mu_r (y_{rp})_\alpha^{\mathrm{U}} + \mu_0$$

$$\begin{aligned}
\text{s.t.}\quad & \sum_{i=1}^{m} v_i (x_{ip})_\alpha^{\mathrm{L}} = 1,\quad i=1,2,\cdots,m \\
& \sum_{r=1}^{s} \mu_r (y_{rp})_\alpha^{\mathrm{U}} - \sum_{i=1}^{m} v_i (x_{ip})_\alpha^{\mathrm{L}} + \mu_0 \leqslant 0,\quad r=1,2,\cdots,s \\
& \sum_{r=1}^{s} \mu_r (y_{rj})_\alpha^{\mathrm{L}} - \sum_{i=1}^{m} v_i (x_{ij})_\alpha^{\mathrm{U}} + \mu_0 \leqslant 0,\quad j=1,2,\cdots,n, j\neq p \\
& v_i \geqslant 0,\quad \mu_r \geqslant 0,\quad \mu_0\ \text{无约束}
\end{aligned} \quad (16.2)$$

【例 16.1】假设有 4 个 DMU，每个 DMU 存在 1 个投入（x）和 1 个产出（y），其中 DMU$_A$ 和 DMU$_D$ 的投入数据是模糊的，DMU$_B$ 和 DMU$_C$ 的产出数据是模糊的，数据如表 16.1 所示。

表 16.1　例 16.1 数据

DMU	x	α 截集	y	α 截集
A	(11, 12, 14)	$[11 + \alpha, 14 - 2\alpha]$	10	[10, 10]
B	30	[30, 30]	(12, 13, 14, 16)	$[12 + \alpha, 16 - 2\alpha]$
C	40	[40, 40]	11	$[11, 1\ \alpha\ 1]$
D	(45, 47, 52, 55)	$[45 + 2\alpha, 55 - 3\alpha]$	(12, 15, 19, 22)	$[12 + 3\alpha, 22 - 3\alpha]$

根据模型式（16.1）和模型式（16.2），DMU_B 的效率计算如下：

$$(E_B)_\alpha^L = \max\ 0v_1 + (12 + \alpha)\mu_1 + 1\mu_0$$
$$\text{s.t.}\quad 30v_1 + 0\mu_1 + 0\mu_0 = 1$$
$$-(11 + \alpha)v_1 + 10\mu_1 + 1\mu_0 \leqslant 0$$
$$-30v_1 + (12 + \alpha)\mu_1 + 1\mu_0 \leqslant 0 \qquad (16.3)$$
$$-40v_1 + 11\mu_1 + 1\mu_0 \leqslant 0$$
$$-(45 + 2\alpha)v_1 + (22 - 3\alpha)\mu_1 + 1\mu_0 \leqslant 0$$
$$v_1, \mu_1 > 0,\ \mu_0\ \text{无约束}$$

$$(E_B)_\alpha^U = \max\ 0v_1 + (16 - 2\alpha)\mu_1 + 1\mu_0$$
$$\text{s.t.}\quad 30v_1 + 0\mu_1 + 0\mu_0 = 1$$
$$-(14 - 2\alpha)v_1 + 10\mu_1 + 1\mu_0 \leqslant 0$$
$$-30v_1 + (16 - 2\alpha)\mu_1 + 1\mu_0 \leqslant 0 \qquad (16.4)$$
$$-40v_1 + 11\mu_1 + 1\mu_0 \leqslant 0$$
$$-(55 - 3\alpha)v_1 + (12 + 33\alpha)\mu_1 + 1\mu_0 \leqslant 0$$
$$v_1, \mu_1 > 0,\ \mu_0\ \text{无约束}$$

在运用 MATLAB 编程求解时，需要将目标函数转化为求最小值，最后将求得效率值乘以–1 即可得到 DMU_B 的效率区间。其他 DMU 通过类似的规划求解同样可计算出精确的效率区间。对于不同的 α 取值，所有 DMU 的效率区间结果如表 16.2 所示。

表 16.2　不同 α 切分下 DMU 的效率区间

α	$\left[(E_A)_\alpha^L, (E_A)_\alpha^U\right]$		$\left[(E_B)_\alpha^L, (E_B)_\alpha^U\right]$		$\left[(E_C)_\alpha^L, (E_C)_\alpha^U\right]$		$\left[(E_D)_\alpha^L, (E_D)_\alpha^U\right]$	
	下界	上界	下界	上界	下界	上界	下界	上界
0.0	1.0000	1.0000	0.5556	1.0000	0.3458	0.5500	0.3152	1.0000
0.1	1.0000	1.0000	0.5740	1.0000	0.3504	0.5379	0.3399	1.0000
0.2	1.0000	1.0000	0.5933	1.0000	0.3550	0.5264	0.3663	1.0000
0.3	1.0000	1.0000	0.6136	1.0000	0.3598	0.5154	0.3945	1.0000
0.4	1.0000	1.0000	0.6348	1.0000	0.3646	0.5050	0.4246	1.0000
0.5	1.0000	1.0000	0.6571	1.0000	0.3696	0.4950	0.4570	1.0000
0.6	1.0000	1.0000	0.6807	1.0000	0.3748	0.4854	0.4919	1.0000
0.7	1.0000	1.0000	0.7055	1.0000	0.3801	0.4761	0.5295	1.0000
0.8	1.0000	1.0000	0.7317	1.0000	0.3856	0.4671	0.5703	1.0000
0.9	1.0000	1.0000	0.7594	1.0000	0.3913	0.4584	1.0000	1.0000
1.0	1.0000	1.0000	0.7889	1.0000	0.3972	0.4500	1.0000	1.0000

以 DMU_C 为例。α 取 0.5 的截集水平时，效率区间为[0.3696，0.4950]，这表示 DMU 的效率值不会低于 0.3696，不会超过 0.4950。

16.2.2　模糊排序法

Guo 和 Tanaka（2011）最先提出通过模糊排序法来测度 DMU 的模糊效率。模糊的投入导向 CCR 模型为

$$
\begin{aligned}
\max \quad & \sum_{r=1}^{s} \mu_r \bar{y}_{rp} \\
\text{s.t.} \quad & \sum_{i=1}^{m} v_i x_{ip} \approx \tilde{1} \\
& \sum_{r=1}^{s} \mu_r y_{rj} \lesssim \sum_{i=1}^{m} v_i x_{ij}, \quad j=1,2,\cdots,n \\
& v_i \geqslant 0, \quad \mu_r \geqslant 0, \quad i=1,2,\cdots,m, \quad r=1,2,\cdots,s
\end{aligned}
\tag{16.5}
$$

相比于投入导向 CCR 模型，模型式（16.5）使用对称的三角模糊投入 $x_{ij}=(x_{ij}-c_{ij},x_{ij},x_{ij}+c_{ij})$ 和模糊产出 $y_{rj}=(y_{rj}-d_{rj},y_{rj},y_{rj}+d_{rj})$ 替代了精准的投入产出数据，其中，x_{ij} 和 y_{rj} 分别是投入和产出的中心，c_{ij} 和 d_{rj} 分别是投入和产出的中心与上界（或下界）的差值。此外，"几乎等于"、"几乎小于"和"最大化模糊变量"取代了"等于"、"小于等于"和"最大化精确产出"。$\tilde{1}$ 是一个对称的三角模糊数 $\tilde{1}=(1-e,1,1+e)$，其中 $e=\max\limits_{j=1,2,\cdots,n}\left\{\max\limits_{i=1,2,\cdots,m}\left\{\dfrac{c_{ij}}{x_{ij}}\right\}\right\}$。

定义 16.1　给定两个对称三角模糊变量 $Z_1=(z_1-w_1,z_1,z_1+w_1)$ 和 $Z_2=(z_2-w_2,z_2,z_2+w_2)$，当 $z_1-(1-h)w_1\leqslant z_2-(1-h)w_2$ 且 $z_1+(1-h)w_1\leqslant z_2+(1-h)w_2$ 时，$Z_1\lesssim Z_2$。其中，$h\in[0,1]$，h 是决策者预先设定的可能性水平。

模型式（16.5）中的约束条件 $\sum_{i=1}^{m}v_i x_{ip}\approx\tilde{1}$ 可以简化为以下优化问题：

$$
\begin{aligned}
\max \quad & \sum_{i=1}^{m} v_i c_{ip} \\
\text{s.t.} \quad & \sum_{i=1}^{m} v_i[x_{ip}-(1-h)c_{ip}]=1-(1-h)e \\
& \sum_{i=1}^{m} v_i[x_{ip}+(1-h)c_{ip}]\leqslant 1+(1-h)e \\
& v_i\geqslant 0, \quad i=1,2,\cdots,m
\end{aligned}
\tag{16.6}
$$

因此，模型式（16.5）可以转化为以下具有一级目标函数和二级目标函数的线性规划问题：

$$\max \sum_{r=1}^{s} u_r [y_{rp} - (1-h)d_{rp}]$$

$$\text{s.t.} \quad \max \sum_{i=1}^{m} v_i c_{ip}$$

$$\text{s.t.} \quad \sum_{i=1}^{m} v_i [x_{ip} - (1-h)c_{ip}] = 1-(1-h)e$$

$$\sum_{i=1}^{m} v_i [x_{ip} + (1-h)c_{ip}] \leq 1+(1-h)e \qquad (16.7)$$

$$v_i \geq 0, \quad i=1,2,\cdots,m$$

$$\sum_{r=1}^{s} \mu_r [y_{rj} - (1-h)d_{rj}] \leq \sum_{i=1}^{m} v_i [x_{ij} - (1-h)c_{ij}], \quad j=1,2,\cdots,n$$

$$\sum_{r=1}^{s} \mu_r [y_{rj} + (1-h)d_{rj}] \leq \sum_{i=1}^{m} v_i [x_{ij} + (1-h)c_{ij}], \quad j=1,2,\cdots,n$$

$$\mu_r \geq 0, \quad r=1,2,\cdots,s$$

假设模型式（16.6）的最优值是 g_p，则模型式（16.7）可以表述为下述线性规划问题：

$$\max \sum_{r=1}^{s} \mu_r [y_{rp} - (1-h)d_{rp}]$$

$$\text{s.t.} \quad \sum_{i=1}^{m} v_i c_{ip} \geq g_p$$

$$\sum_{i=1}^{m} v_i [x_{ip} - (1-h)c_{ip}] = 1-(1-h)e$$

$$\sum_{i=1}^{m} v_i [x_{ip} + (1-h)c_{ip}] \leq 1+(1-h)e \qquad (16.8)$$

$$\sum_{r=1}^{s} \mu_r [y_{rj} - (1-h)d_{rj}] \leq \sum_{i=1}^{m} v_i [x_{ij} - (1-h)c_{ij}], \quad j=1,2,\cdots,n$$

$$\sum_{r=1}^{s} \mu_r [y_{rj} + (1-h)d_{rj}] \leq \sum_{i=1}^{m} v_i [x_{ij} + (1-h)c_{ij}], \quad j=1,2,\cdots,n$$

$$v_i \geq 0, \quad \mu_r \geq 0, \quad i=1,2,\cdots,m, \quad r=1,2,\cdots,s$$

DMU_p 的模糊效率是 $E_p^* = \left(E_p^{*l}, E_p^{*m}, E_p^{*u}\right)$，定义为

$$E_p^* = \left(E_p^{*l}, E_p^{*m}, E_p^{*u}\right)$$

$$= \left(\frac{\sum_{r=1}^{s} \mu_r^*[y_{rp} - (1-h)d_{rp}]}{\sum_{i=1}^{m} v_i^*[x_{ip} + (1-h)c_{ip}]}, \frac{\sum_{r=1}^{s} \mu_r^* y_{rp}}{\sum_{i=1}^{m} v_i^* x_{ip}}, \frac{\sum_{r=1}^{s} \mu_r^*[y_{rp} + (1-h)d_{rp}]}{\sum_{i=1}^{m} v_i^*[x_{ip} - (1-h)c_{ip}]} \right) \qquad (16.9)$$

h 可能性水平下的 $E_p^{*u} \geq 1$ 的 DMU_p 称为一个 h 可能性的 D 有效 DMU（PD DMU）；反之，则称为 h 可能性的 D 无效 DMU（PDI DMU）。所有的 PD DMU 集合称为 h 可能性的非支配集，记为 S_h。

【**例 16.2**】假设有 5 个 DMU，每个 DMU 存在 2 个模糊投入和 2 个模糊产出，数据如表 16.3 所示。

表 16.3　例 16.2 数据

DMU	(x_1,c_1)	(x_2,c_2)	(y_1,d_1)	(y_2,d_2)
A	(4.0, 0.5)	(2.1, 0.2)	(2.6, 0.2)	(4.1, 0.3)
B	(2.9, 0.0)	(1.5, 0.1)	(2.2, 0.0)	(3.5, 0.2)
C	(4.9, 0.5)	(2.6, 0.4)	(3.2, 0.5)	(5.1, 0.8)
D	(4.1, 0.7)	(2.3, 0.1)	(2.9, 0.4)	(5.7, 0.2)
E	(6.5, 0.6)	(4.1, 0.5)	(5.1, 0.7)	(7.4, 0.9)

根据表 16.3 可以计算出 $e=0.1707$。对于 DMU_A 而言，需要通过模型式（16.6）计算出 g_A，再通过模型式（16.8）计算出 (μ_r^*,v_i^*)，并代入式（16.9）求解 DMU_A 的模糊效率。

$$\begin{aligned}
\max\ & 0.5v_1+0.2v_2\\
\text{s.t.}\ & [4-(1-h)\times0.5]v_1+[2.1-(1-h)\times0.2]v_2=1-(1-h)e\\
& [4+(1-h)\times0.5]v_1+[2.1+(1-h)\times0.2]v_2\leqslant1+(1-h)e\\
& v_1,v_2\geqslant0
\end{aligned}\tag{16.10}$$

预先设定 $h=1$，则可以求得 $g_A=0.1250$。基于此，再次通过模型式（16.8）进行线性规划求解：

$$\begin{aligned}
\max\ & 0v_1+0v_2+[2.6-(1-h)\times0.2]\mu_1+[4.1-(1-h)\times0.3]\mu_2\\
\text{s.t.}\ & -0.5v_1-0.2v_2-0\mu_1-0\mu_2\leqslant-0.1250\\
& [4-(1-h)\times0.5]v_1+[2.1-(1-h)\times0.2]v_2+0\mu_1+0\mu_2=1-(1-h)e\\
& [4+(1-h)\times0.5]v_1+[2.1+(1-h)\times0.2]v_2+0\mu_1+0\mu_2\leqslant1+(1-h)e\\
& -[4-(1-h)\times0.5]v_1-[2.1-(1-h)\times0.2]v_2+[2.6-(1-h)\times0.2]\mu_1+[4.1-(1-h)\times0.3]\mu_2\leqslant0\\
& -[2.9-(1-h)\times0]v_1-[1.5-(1-h)\times0.1]v_2+[2.2-(1-h)\times0]\mu_1+[3.5-(1-h)\times0.2]\mu_2\leqslant0\\
& -[4.9-(1-h)\times0.5]v_1-[2.6-(1-h)\times0.4]v_2+[3.2-(1-h)\times0.5]\mu_1+[5.1-(1-h)\times0.8]\mu_2\leqslant0\\
& -[4.1-(1-h)\times0.7]v_1-[2.3-(1-h)\times0.1]v_2+[2.9-(1-h)\times0.4]\mu_1+[5.7-(1-h)\times0.2]\mu_2\leqslant0\\
& -[6.5-(1-h)\times0.6]v_1-[4.1-(1-h)\times0.5]v_2+[5.1-(1-h)\times0.7]\mu_1+[7.4-(1-h)\times0.9]\mu_2\leqslant0\\
& -[4+(1-h)\times0.5]v_1-[2.1+(1-h)\times0.2]v_2+[2.6+(1-h)\times0.2]\mu_1+[4.1+(1-h)\times0.3]\mu_2\leqslant0\\
& -[2.9+(1-h)\times0]v_1-[1.5+(1-h)\times0.1]v_2+[2.2+(1-h)\times0]\mu_1+[3.5+(1-h)\times0.2]\mu_2\leqslant0\\
& -[4.9+(1-h)\times0.5]v_1-[2.6+(1-h)\times0.4]v_2+[3.2+(1-h)\times0.5]\mu_1+[5.1+(1-h)\times0.8]\mu_2\leqslant0\\
& -[4.1+(1-h)\times0.7]v_1-[2.3+(1-h)\times0.1]v_2+[2.9+(1-h)\times0.4]\mu_1+[5.7+(1-h)\times0.2]\mu_2\leqslant0\\
& -[6.5+(1-h)\times0.6]v_1-[4.1+(1-h)\times0.5]v_2+[5.1+(1-h)\times0.7]\mu_1+[7.4+(1-h)\times0.9]\mu_2\leqslant0\\
& v_1,v_2,\mu_1,\mu_2\geqslant0
\end{aligned}\tag{16.11}$$

可得 $v_1=0.2500,v_2=0,\mu_1=0.2204,\mu_2=0.0677$。因此，$E_A^*$ 结果为

$$E_A^{*l} = \frac{\sum\limits_{r=1}^{s} \mu_r^*[y_{rA} - (1-h)d_{rA}]}{\sum\limits_{i=1}^{m} v_i^*[x_{iA} + (1-h)c_{iA}]}$$

$$= \frac{0.2204 \times [2.6 - (1-1) \times 0.2] + 0.0677 \times [4.1 - (1-1) \times 0.3]}{0.2500 \times [4.0 + (1-1) \times 0.5] + 0 \times [2.1 + (1-1) \times 0.2]} \quad (16.12)$$

$$= 0.8506$$

DMU$_B$、DMU$_C$、DMU$_D$、DMU$_E$ 的模糊效率以同样的计算过程仍可求解。所有 DMU 在不同的 h 可能性水平下的模糊效率解汇总于表 16.4 中。

表 16.4　不同 h 可能性水平下的模糊效率

h	E_A^*	E_B^*	E_C^*	E_D^*	E_E^*
0	(0.6672, 0.8124, 0.9992)	(0.8750, 0.9333, 1)	(0.5990, 0.8197, 1.1205)	(0.7083, 0.8594, 1.0727)	(0.6087, 0.7916, 1.0253)
0.25	(0.7082, 0.8214, 0.9581)	(0.9048, 0.9500, 1)	(0.6521, 0.8242, 1.0413)	(0.7730, 0.8955, 1.0541)	(0.6622, 0.8057, 0.9781)
0.5	(0.7522, 0.8308, 0.9198)	(0.9355, 0.9667, 1)	(0.7097, 0.8293, 0.9688)	(0.8427, 0.9310, 1.0357)	(0.7197, 0.8198, 0.9330)
0.75	(0.7996, 0.8405, 0.8840)	(0.9672, 0.9833, 1)	(0.7722, 0.8346, 0.9020)	(0.9181, 0.9658, 1.0177)	(0.7815, 0.8340, 0.8897)
1	(0.8506, 0.8506, 0.8506)	(1, 1, 1)	(0.8402, 0.8402, 0.8402)	(1, 1, 1)	(0.8481, 0.8481, 0.8481)

对于 h 的不同取值下的非支配集是 $S_0 = \{B, C, D\}$，$S_{0.25} = \{B, C, D\}$，$S_{0.5} = S_{0.75} = S_1 = \{B, D\}$。

16.2.3　可能性法

Lertworasirikul 等（2003）提出的可能性法是通过使用模糊事件（模糊约束）的可能性测度将模糊 DEA 模型转化为可能性 DEA。Lertworasirikul 等（2003）引入了机会约束规划（chance-constrained programming，CCP）和模糊事件可能性将模糊 CCR 模型表示为的可能性 CCR 模型：

$$\max \ \overline{f}$$

$$\text{s.t.} \quad \pi\left(\sum_{r=1}^{s} \mu_r y_{rp} \geq \overline{f}\right) \geq \beta$$

$$\pi\left(\sum_{i=1}^{m} v_i x_{ip} = 1\right) \geq \alpha_0 \quad (16.13)$$

$$\pi\left(\sum_{r=1}^{s} \mu_r y_{rj} - \sum_{i=1}^{m} v_i x_{ij} \leq 0\right) \geq \alpha_j, \quad j = 1, 2, \cdots, n$$

$$v_i \geq 0, \quad \mu_r \geq 0, \quad i = 1, 2, \cdots, m, \quad r = 1, 2, \cdots, s$$

模型式（16.13）中，$\beta,\alpha_0,\alpha_j \in [0,1]$ 是预先设定可接受的可能性水平。设定 α 为 $\beta,\alpha_0,\alpha_1,\cdots,\alpha_n$ 的集合。当 DMU_p 在 α 可能性水平下的效率值 f 大于等于 1 时则为 α 可能性有效，否则是 α 可能性无效。为了进行合理的效率比较，所有模糊约束都应满足相同的可能性水平，即 $\beta = \alpha_0 = \alpha_1 = \cdots = \alpha_n$。

$a_1, a_2, \cdots, a_n$ 是具有正态和凸性隶属函数的模糊变量。$(\bullet)_{\alpha_i}^{\text{L}}$ 和 $(\bullet)_{\alpha_i}^{\text{U}}$ 表示 $a_i (i = 1,2,\cdots,n)$ 的 α 可能性水平下的下界和上界。对于给定的任意可能性水平 α_1，α_2 和 α_3，有

（1）当且仅当 $(a_1)_{\alpha_1}^{\text{L}} + \cdots + (a_n)_{\alpha_1}^{\text{L}} \leqslant b$ 时，$\pi(a_1 + \cdots + a_n \leqslant b) \geqslant \alpha_1$；

（2）当且仅当 $(a_1)_{\alpha_2}^{\text{U}} + \cdots + (a_n)_{\alpha_2}^{\text{U}} \geqslant b$ 时，$\pi(a_1 + \cdots + a_n \geqslant b) \geqslant \alpha_2$；

（3）当且仅当 $(a_1)_{\alpha_3}^{\text{L}} + \cdots + (a_n)_{\alpha_3}^{\text{L}} \leqslant b$，$(a_1)_{\alpha_3}^{\text{U}} + \cdots + (a_n)_{\alpha_3}^{\text{U}} \geqslant b$ 时，$\pi(a_1 + \cdots + a_n = b) \geqslant \alpha_3$。

基于此，模型式（16.13）可以转化为可能性 CCR 模型：

$$
\begin{aligned}
\max \ & \overline{f} \\
\text{s.t.} \ & \left(\sum_{r=1}^{s} \mu_r y_{rp} \right)_{\beta}^{\text{U}} \geqslant \overline{f} \\
& \left(\sum_{i=1}^{m} v_i x_{ip} \right)_{\alpha_0}^{\text{U}} \geqslant 1 \\
& \left(\sum_{i=1}^{m} v_i x_{ip} \right)_{\alpha_0}^{\text{L}} \leqslant 1 \\
& \left(\sum_{r=1}^{s} \mu_r y_{rj} - \sum_{i=1}^{m} v_i x_{ij} \right)_{\alpha_j}^{\text{L}} \leqslant 0, \quad j = 1,2,\cdots,n \\
& v_i \geqslant 0, \quad \mu_r \geqslant 0, \quad i = 1,2,\cdots,m, \quad r = 1,2,\cdots,s
\end{aligned}
\tag{16.14}
$$

对于具有对称三角模糊投入和模糊产出的 DMU（表 16.3），模型式（16.14）可变化为

$$
\begin{aligned}
\max \ & f \\
\text{s.t.} \ & \sum_{r=1}^{s} \mu_r [y_{rp} + (1-\alpha)d_{ip}] \geqslant \overline{f} \\
& \sum_{i=1}^{m} v_i [x_{ip} + (1-\alpha)c_{ip}] \geqslant 1 \\
& \sum_{i=1}^{m} v_i [x_{ip} - (1-\alpha)c_{ip}] \leqslant 1 \\
& \sum_{r=1}^{s} \mu_r [y_{rj} - (1-\alpha)d_{ij}] - \sum_{i=1}^{m} v_i [x_{ij} - (1-\alpha)c_{ij}] \leqslant 0, \quad j = 1,2,\cdots,n \\
& v_i \geqslant 0, \quad \mu_r \geqslant 0, \quad i = 1,2,\cdots,m, \quad r = 1,2,\cdots,s
\end{aligned}
\tag{16.15}
$$

最终计算结果如表 16.5 所示。

表 16.5 不同可能性水平下可能性方法计算的效率结果

α	DMU_A	DMU_B	DMU_C	DMU_D	DMU_E
0	1.0580	1.0994	1.1256	1.2961	1.2958
0.25	1.0035	1.0716	1.0467	1.2053	1.2256
0.5	0.9516	1.0455	0.9828	1.1252	1.1474
0.75	0.9016	1.0214	0.9208	1.0563	1.0711
1	0.8548	1.0000	0.8608	1.0000	1.0000

DMU_B、DMU_D 和 DMU_E 在所有可能性水平下都是有效的，DMU_A 和 DMU_C 仅在部分可能性水平下有效。

16.3 模糊 DEA 模型在医院运营绩效评价中的应用

本节收集整理了 2013～2015 年内蒙古自治区 14 所三甲医院的投入产出数据，各个指标的区间值如表 16.6 所示。

表 16.6 14 所三甲医院各个指标的区间值

医院	投入指标				产出指标		
	职工总人数	总床位数	固定资产	总支出	年门诊量	出院人数	总收入
H_1	（2806, 3447）	（1807, 2561）	（6850, 8500）	（1609, 1910）	（1356, 1474）	（770, 800）	（1628, 1939）
H_2	（3308, 4258）	（1950, 2639）	（9380, 11250）	（1243, 1657）	（1107, 1520）	（680, 770）	（1388, 1670）
H_3	（416, 423）	（400, 400）	（900, 1860）	（331, 365）	（81, 91）	（90, 100）	（359, 390）
H_4	（494, 570）	（1060, 1174）	（1490, 5570）	（338, 567）	（522, 557）	（190, 220）	（314, 590）
H_5	（561, 668）	（400, 511）	（590, 670）	（164, 285）	（218, 286）	（104, 110）	（178, 246）
H_6	（755, 852）	（335, 370）	（520, 600）	（225, 284）	（432, 468）	（160, 190）	（270, 296）
H_7	（1106, 1821）	（1416, 1416）	（4360, 5590）	（612, 789）	（477, 510）	（370, 390）	（758, 846）
H_8	（1788, 2349）	（1459, 1500）	（4120, 5650）	（467, 670）	（619, 910）	（360, 360）	（600, 624）
H_9	（2322, 2415）	（1412, 1455）	（2940, 4640）	（758, 850）	（544, 552）	（400, 470）	（653, 908）
H_{10}	（433, 850）	（512, 649）	（800, 970）	（137, 228）	（137, 165）	（90, 110）	（145, 228）
H_{11}	（1658, 1914）	（1898, 1962）	（8500, 8790）	（906, 1124）	（805, 890）	（560, 600）	（1009, 1204）
H_{12}	（1057, 1475）	（700, 780）	（1580, 1670）	（391, 463）	（403, 433）	（270, 280）	（430, 515）
H_{13}	（1859, 1994）	（1200, 1380）	（5500, 6220）	（716, 763）	（952, 954）	（380, 400）	（790, 806）
H_{14}	（1599, 1688）	（1077, 1314）	（1800, 2290）	（415, 466）	（274, 299）	（240, 270）	（488, 475）

本章提及的模糊排序法和可能性法运用于评价医院的运营绩效的测度结果汇总于表 16.7。

表 16.7 医院运营绩效测度结果

| 医院 α | 模型式（16.8）结果 | | | | | | | | | 模型式（16.15）结果 | | |
	0			0.5			1			0	0.5	1
H_1	0.71	0.88	1.14	0.83	0.94	1.06	0.95	0.95	0.95	1.19	1.08	1.00
H_2	0.59	0.74	0.94	0.69	0.78	0.87	0.78	0.78	0.78	1.14	1.03	0.94
H_3	0.37	0.52	0.83	0.44	0.53	0.65	0.54	0.54	0.54	1.10	1.05	1.00
H_4	0.11	0.18	0.45	0.16	0.25	0.41	0.25	0.25	0.25	1.68	1.32	1.00
H_5	0.50	0.75	1.19	0.66	0.81	1.01	0.84	0.84	0.84	1.23	1.02	0.85
H_6	0.79	0.92	1.08	0.89	0.96	1.04	1.00	1.00	1.00	1.19	1.09	1.00
H_7	0.53	0.67	0.91	0.59	0.67	0.78	0.67	0.67	0.67	1.12	1.06	1.00
H_8	0.70	0.82	1.00	0.84	0.92	1.02	0.96	0.96	0.96	1.10	1.03	0.96
H_9	0.28	0.38	0.55	0.33	0.40	0.49	0.41	0.41	0.41	0.99	0.93	0.86
H_{10}	0.27	0.40	0.66	0.33	0.40	0.51	0.40	0.40	0.40	1.34	1.10	0.90
H_{11}	0.70	0.85	1.03	0.84	0.92	1.02	0.96	0.96	0.96	1.13	1.08	1.00
H_{12}	0.48	0.56	0.69	0.52	0.56	0.62	0.56	0.56	0.56	1.09	1.04	0.99
H_{13}	0.67	0.72	0.79	0.71	0.73	0.76	0.74	0.74	0.74	0.96	0.96	0.97
H_{14}	0.38	0.43	0.51	0.41	0.44	0.48	0.45	0.45	0.45	0.93	0.94	0.93

结果显示，仅有 H_6 在不同 α 水平下通过不同模型测度的运营绩效都是有效的。

习　题

1. 本章提及的三种模糊 DEA 模型存在什么特点？

2. 哪些现实场景适合使用模糊 DEA 模型？

3. 表 16.8 列出了 5 个 DMU，每个 DMU 有 3 个投入（x_1，x_2 和 x_3）和 3 个产出（y_1，y_2 和 y_3），请选择合适的模糊 DEA 模型计算这些 DMU 的效率值。

表 16.8 5 个 DMU 投入产出数据

数据	DMU_1	DMU_2	DMU_3	DMU_4	DMU_5
x_1	（7, 0.3）	（5, 0.4）	（3, 0）	（5, 0.3）	（6, 0.5）
x_2	（5, 0.5）	（6, 0.8）	（5, 0.1）	（8, 0.2）	（6, 0.2）
x_3	（7, 0）	（6, 0.3）	（6, 0.3）	（5, 0.1）	（7, 0.3）

续表

数据	DMU$_1$	DMU$_2$	DMU$_3$	DMU$_4$	DMU$_5$
y_1	（6, 0.4）	（5, 0.7）	（5, 0.9）	（7, 0.2）	（5, 0.6）
y_2	（5, 0.3）	（4, 0.2）	（5, 0.3）	（7, 0.7）	（5, 0.2）
y_3	（3, 0.2）	（8, 0.3）	（9, 0.4）	（5, 0.1）	（4, 0.5）

4. 当可能性法中的投入产出指标是梯形模糊数据时，模型可如何调整？可参考 Lertworasirikul 等（2003）。

5. 尝试自学本章中未提及的其他模糊 DEA 求解方法并编写相关 MATLAB 程序。

第 17 章　DEA 方法的 MATLAB 求解算法

大部分 DEA 模型为线性规划模型，可以借助相关计算软件求解。本章将主要介绍如何利用 MATLAB 软件对经典的 CCR 和 BCC 模型进行求解。

17.1　CCR 模型的 MATLAB 求解算法

17.1.1　投入导向的 CCR 模型的 MATLAB 求解算法

CCR 乘数模型和其对偶模型都是线性规划模型，可利用 MATLAB 软件对这两个模型求解。面向投入的 CCR 原模型及其对偶模型为

$$\max \sum_{r=1}^{s} \mu_r y_{ro}$$

$$\text{s.t.} \quad \sum_{i=1}^{m} \omega_i x_{ij} - \sum_{r=1}^{s} \mu_r y_{rj} \geq 0, \quad j = 1, 2, \cdots, n \quad (17.1)$$

$$\sum_{i=1}^{m} \omega_i x_{i0} = 1$$

$$\omega_i \geq 0, \mu_r \geq 0, \quad i = 1, 2, \cdots, m, \quad r = 1, 2, \cdots, s$$

$$\min \theta$$

$$\text{s.t.} \quad \sum_{j=1}^{n} \lambda_j x_{ij} \leq \theta x_{io}, \quad i = 1, 2, \cdots, m \quad (17.2)$$

$$\sum_{j=1}^{n} \lambda_j y_{rj} \geq y_{ro}, \quad r = 1, 2, \cdots, s$$

$$\lambda_j \geq 0, \quad j = 1, 2, \cdots, n$$

【例 17.1】假设有 6 个 DMU，每个 DMU 存在 2 个投入和 2 个产出，数据如表 17.1 所示。

表 17.1　例 17.1 算例数据

DMU	(I) x_1	(I) x_2	(O) y_1	(O) y_2
A	4	3	1	2
B	4	6	2	6
C	6	3	3	12
D	8	2	2	6
E	9	4	3	4
F	5	8	3	3

基于例 17.1 的数据，乘数模型式（17.1）的 MATLAB 求解算法如算法 17.1 所示。

算法 17.1

```
clc
clear
DATA = [4  3  1  2
4  6  2  6
6  3  3  12
8  2  2  6
9  4  3  4
5  8  3  3 ];
X = DATA(:,1:2);
Y = DATA(:,3:4);
[n,m] = size(X);
[n,s] = size(Y);
for i = 1:n
    A = [-X Y ];
    b = zeros(n,1);
    aeq = [ X(i,:)zeros(1,s)];
    beq = 1;f = [zeros(1,m)-Y(i,:)];
    lb = zeros(m + s,1);
    [w(i,:),fval] = linprog(f,A,b,aeq,beq,lb);
    FVAL(i,:) = -fval;
end
```

MATLAB 的运行结果如下：

权重结果 w = [0.2174 0.0435 0.4783 0.0000

0.2500 0.0000 0.3889 0.0278

0.0163 0.3006 0.1146 0.0547

0.0000 0.5000 0.5000 0.0000

0.0000 0.2500 0.2500 0.0000

0.1732 0.0168 0.3288 0.0045]

DMU 的效率结果为

FVAL = [0.4783

0.9444

1.0000

1.0000

0.7500

1.0000]

基于例 17.1 的数据，包络模型式（17.2）的 MATLAB 求解算法如算法 17.2 所示。

算法 17.2

```
clc
clear
DATA = [4  3  1  2
4  6  2  6
6  3  3  12
8  2  2  6
9  4  3  4
5  8  3  3 ];
X = DATA(:,1:2);
Y = DATA(:,3:4);
U = X';
V = Y';
[m n] = size(U);
[s n] = size(V);
for i = 1:n
A = [U-U(:,i)
-V zeros(s,1)];
b = [zeros(m,1)
-V(:,i)];
f = [zeros(1,n)1 ];
lb = zeros(n + 1,1);
[w(i,:),fval,exitflag] = linprog(f,A,b,[],[],lb);
FVAL(i,:) = fval;
end
```

MATLAB 的运行结果如下：

权重结果 w = [0.0000   0.0000   0.2464   0.0000   0.0000   0.0870

0.0000   0.0000   0.4444   0.0000   0.0000   0.2222

0.0000   0.0000   1.0000   0.0000   0.0000   0.0000

0.0000   0.0000   0.3826   0.4262   0.0000   0.0000

0.0000   0.0000   0.9193   0.1211   0.0000   0.0000

0.0000   0.0000   0.0000   0.0000   0.0000   1.0000]

DMU 的效率结果为

FVAL = [0.4783

0.9444

1.0000

1.0000
```
```

0.7500

1.0000]

17.1.2　考虑松弛变量 CCR 模型的 MATLAB 求解算法

对线性规划式（17.2）分别引入松弛变量 s_i^- 和剩余变量 s_r^+，可得以下线性规划问题：

$$\min \theta$$

$$\text{s.t.} \quad \sum_{j=1}^{n} \lambda_j x_{ij} + s_i^- = \theta x_{io}, \quad i = 1, 2, \cdots, m$$

$$\sum_{j=1}^{n} \lambda_j y_{rj} - s_r^+ = y_{ro}, \quad r = 1, 2, \cdots, s \qquad (17.3)$$

$$\lambda_j \geqslant 0, \quad j = 1, 2, \cdots, n$$

$$s_i^- \geqslant 0, \quad s_r^+ \geqslant 0, \quad i = 1, 2, \cdots, m, r = 1, 2, \cdots, s$$

基于例 17.1 的数据，模型式（17.3）的 MATLAB 求解算法如算法 17.3 所示。

算法 17.3

```
clc
clear
DATA = [4  3  1  2
4  6  2  6
6  3  3  12
8  2  2  6
9  4  3  4
5  8  3  3 ];
X = DATA(:,1:2);
Y = DATA(:,3:4);
U = X';
V = Y';
[m n] = size(U);
[s n] = size(V);
for i = 1:n
Aeq = [U-U(:,i)eye(m,m)zeros(m,s)
V zeros(s,1)zeros(s,m)-eye(s,s)];
beq = [zeros(m,1);V(:,i)];
f = [zeros(1,n)1 zeros(1,m + s)];
lb = zeros(m + s + n + 1,1);
[w(i,:),fval,exitflag] = linprog(f,[],[],Aeq,beq,lb);
```

```
FVAL(i,:) = fval;
end
```

MATLAB 的运行结果如下：

权重结果 =

```
[0.0000   0.0000  0.2464  0.0000  0.0000  0.0870
 0.0000   0.0000   0.4444   0.0000   0.0000   0.2222
 0.0000   0.0000   1.0000   0.0000   0.0000   0.0000
 0.0000   0.0000   0.3826   0.4262   0.0000   0.0000
 0.0000   0.0000   0.9193   0.1211   0.0000   0.0000
 0.0000   0.0000   0.0000   0.0000   0.0000   1.0000]
```

松弛变量结果 =

```
[0.0000   0.0000  0.0000  1.2174
 0.0000   2.5556   0.0000   0.0000
 0.0000   0.0000   0.0000   0.0000
 2.2953   0.0000   0.0000   1.1477
 0.2656   0.0000   0.0000   7.7578
 0.0000   0.0000   0.0000   0.0000]
```

DMU 的效率结果 =

```
[ 0.4783
 0.9444
 1.0000
 1.0000
 0.7500
 1.0000]
```

17.1.3　产出导向的 CCR 模型的 MATLAB 求解算法

模型式（17.1）的产出导向的 CCR 模型的规划为

$$
\begin{aligned}
\min \quad & \sum_{i=1}^{m} \omega_i x_{io} \\
\text{s.t.} \quad & \sum_{i=1}^{m} \omega_i x_{ij} - \sum_{r=1}^{s} \mu_r y_{rj} \geqslant 0, \quad j=1,2,\cdots,n \\
& \sum_{r=1}^{s} \mu_r y_{ro} = 1 \\
& \omega_i \geqslant 0, \mu_r \geqslant 0
\end{aligned}
\tag{17.4}
$$

其对偶规划为

$$\max \phi$$

$$\text{s.t.} \quad \sum_{j=1}^{n} \lambda_j x_{ij} \leqslant x_{io}, \quad i = 1, 2, \cdots, m$$

$$\sum_{j=1}^{n} \lambda_j y_{rj} \geqslant \phi y_{ro}, \quad r = 1, 2, \cdots, s \qquad (17.5)$$

$$\lambda_j \geqslant 0, \quad j = 1, 2, \cdots, n$$

ϕ^* 为对偶规划式（17.5）的最优解，由于 $\phi^* \geqslant 1$，所以一般用 $\dfrac{1}{\phi^*}$ 表示效率值。

基于例 17.1 的数据，模型式（17.5）的 MATLAB 求解算法如算法 17.4 所示。

算法 17.4

```
clc
clear
DATA = [4  3  1  2
4  6  2  6
6  3  3  12
8  2  2  6
9  4  3  4
5  8  3  3 ];
X = DATA(:,1:2);
Y = DATA(:,3:4);
U = X';
V = Y';
[m n] = size(U);
[s n] = size(V);
for i = 1:n
A = [U zeros(m,1)
-V V(:,i)];
b = [U(:,i)
zeros(s,1)];
f = [zeros(1,n)-1 ];
lb = zeros(n + 1,1);
[w(i,:),fval,exitflag] = linprog(f,A,b,[],[],lb);
FVAL(i,:) = -fval;
FF(i,:) = 1/FVAL(i,:);
end
```

MATLAB 的运行结果如下：

权重结果 =

[0.0000 0.0000 0.5152 0.0000 0.0000 0.1818

```
0.0000    0.0000    0.4706    0.0000    0.0000    0.2353
0.0000    0.0000    1.0000    0.0000    0.0000    0.0000
0.0000    0.0000    0.4495    0.3257    0.0000    0.0000
0.0000    0.0000    1.2608    0.1089    0.0000    0.0000
0.0000    0.0000    0.0000    0.0000    0.0000    1.0000]
```

最优目标结果 =

```
[2.0909
1.0588
1.0000
1.0000
1.3333
1.0000]
```

DMU 的效率结果 =

```
[0.4783
0.9444
1.0000
1.0000
0.7500
1.0000]
```

17.2　BCC 模型的 MATLAB 求解算法

17.2.1　面向投入的 BCC 模型的 MATLAB 求解算法

BCC 模型的对偶模型为

$$\min \theta$$

$$\text{s.t.} \quad \sum_{j=1}^{n} \lambda_j x_{ij} + s_i^- = \theta x_{io}, \quad i = 1, 2, \cdots, m$$

$$\sum_{j=1}^{n} \lambda_j y_{rj} - s_r^+ = y_{ro}, \quad r = 1, 2, \cdots, s$$

$$\sum_{j=1}^{n} \lambda_j = 1, \quad j = 1, 2, \cdots, n$$ 　　　　(17.6)

$$\lambda_j \geqslant 0, \quad j = 1, 2, \cdots, n$$

$$s_i^- \geqslant 0, \quad s_r^+ \geqslant 0, \quad i = 1, 2, \cdots, m, r = 1, 2, \cdots, s$$

【例 17.2】假设有 6 个 DMU，每个 DMU 存在 2 个投入和 2 个产出，数据如表 17.2 所示。

表 17.2　例 17.2 算例数据

DMU	(I) x_1	(I) x_2	(O) y_1	(O) y_2
A	4	4	2	2
B	5	8	2	6
C	6	3	3	12
D	3	2	2	3
E	4	7	3	8
F	5	8	3	3

基于例 17.2 的数据，包络模型式（17.6）的 MATLAB 求解算法如算法 17.5 所示。

算法 17.5

```
clc
clear
DATA = [4  3  1  2
4  6  2  6
6  3  3  12
8  2  2  6
9  4  3  4
5  8  3  3];
X = DATA(:,1:2);
Y = DATA(:,3:4);
U = X';
V = Y';
[m n] = size(U);
[s n] = size(V);
for i = 1:n
Aeq = [U-U(:,i)eye(m,m)zeros(m,s)
V zeros(s,1)zeros(s,m)-eye(s,s)];
beq = [zeros(m,1);V(:,i)];
f = [zeros(1,n)1 zeros(1,m + s)];
lb = zeros(m + s + n + 1,1);
[w(:,i),fval,exitflag] = linprog(f,[],[],Aeq,beq,lb);
FVAL(i,:) = fval;
end
```

MATLAB 的运行结果如下：

权重结果 =

```
[0.0000  0.0000 0.0000 1.0000 0.0000 0.0000
0.0000   0.0000   0.0000   0.4000   0.6000   0.0000
```

```
0.0000    0.0000    1.0000    0.0000    0.0000    0.0000
0.0000    0.0000    0.0000    1.0000    0.0000    0.0000
0.0000    0.0000    0.0000    0.0000    1.0000    0.0000
0.0000    0.0000    0.0833    0.0000    0.9167    0.0000]
```
DMU 的效率结果 =
```
[0.7500
0.7200
1.0000
1.0000
1.0000
0.8333]
```

17.2.2　面向产出的 BCC 模型的 MATLAB 求解算法

对面向产出的 BCC 模型的讨论，类似于面向投入的 BCC 模型，产出 BCC 模型为

$$\max \phi$$

$$\text{s.t.} \quad \sum_{j=1}^{n} \lambda_j x_{ij} + s_i^- = x_{io}, \quad i = 1, 2, \cdots, m$$

$$\sum_{j=1}^{n} \lambda_j y_{rj} - s_r^+ = \phi y_{ro}, \quad r = 1, 2, \cdots, s$$

$$\sum_{j=1}^{n} \lambda_j = 1, \quad j = 1, 2, \cdots, n \qquad (17.7)$$

$$\lambda_j \geqslant 0, \quad j = 1, 2, \cdots, n$$

$$s_i^- \geqslant 0, \quad s_r^+ \geqslant 0, \quad i = 1, 2, \cdots, m, r = 1, 2, \cdots, s$$

基于例 17.2 的数据，包络模型式（17.7）的 MATLAB 求解算法如算法 17.6 所示。

算法 17.6

```
clc
clear
DATA = [4  4 2  2
5  8 2  6
6  3 3  12
3  2 2  3
4  7 3  8
5  8 3  3];
X = DATA(:,1:2);
Y = DATA(:,3:4);
U = X';
```

```
V = Y';
[m n] = size(U);
[s n] = size(V);
for i = 1:n
Aeq = [U zeros(m,1)eye(m,m)zeros(m,s)
        V-V(:,i)zeros(s,m)-eye(s,s)
            ones(1,n)zeros(1,1)zeros(1,m)zeros(1,s)];
beq = [U(:,i);zeros(s,1);1];
f = [zeros(1,n)-1 zeros(1,m + s)];
lb = zeros(m + s + n + 1,1);
[w(i,:),fval,exitflag] = linprog(f,[],[],Aeq,beq,lb);
    FVAL(i,:) = -fval;
    E(i,:) = 1/FVAL(i,:);
end
```

MATLAB 的运行结果如下:

权重结果 =

```
[0.0000   0.0000  0.2143 0.4286 0.3571 0.0000
 0.0000   0.0000   0.2812   0.0000   0.7016   0.0172
 0.0000   0.0000   1.0000   0.0000   0.0000   0.0000
 0.0000   0.0000   0.0000   1.0000   0.0000   0.0000
 0.0000   0.0000   0.0000   0.0000   1.0000   0.0000
 0.0000   0.0000   0.1721   0.0000   0.7855   0.0424]
```

DMU 的效率结果 =

```
[0.7778
 0.6667
 1.0000
 1.0000
 1.0000
 1.0000]
```

习　　题

1. 写出模型式（17.4）的 MATLAB 求解算法。

2. 思考交叉效率模型的 MATLAB 算法。

3. 写出 SBM 模型式（6.9）的 MATLAB 求解算法。

4. 写出超效率模型式（7.8）的 MATLAB 求解算法。

5. 写出 DDF 模型式（11.15）的 MATLAB 求解算法。

参 考 文 献

江利景. 2019. 基于市场竞争特性的数据包络分析模型研究[D]. 合肥：中国科学技术大学.

马占新. 2004. 综合数据包络分析模型及其软件系统设计[J]. 系统工程与电子技术，26（12）：1917-1921.

马占新. 2010. 数据包络分析模型与方法[M]. 北京：科学出版社.

木仁，马占新，曹莉. 2022. 数据包络分析方法基本模型及其 MATLAB 算法[M]. 北京：科学出版社.

盛昭瀚，朱乔，吴广谋. 1996. DEA 理论、方法与应用[M]. 北京：科学出版社.

魏权龄. 1988. 评价相对有效性的 DEA 方法——运筹学的新领域[M]. 北京：中国人民大学出版社.

魏权龄. 2004. 数据包络分析[M]. 北京：科学出版社.

杨德权，薛云霞. 2015. 基于交叉效率 DEA 和熵 IAHP 对物流企业绩效评价[J]. 运筹与管理，24（3）：172-178.

祝士坤，徐燕. 2019. 财产保险公司运营效率的实证分析——基于 DEA-BCC 模型[J]. 湖北师范大学学报：哲学社会科学版，39（3）：66-70.

Amin G R，Toloo M. 2004. A polynomial-time algorithm for finding ε in DEA models[J]. Computers and Operations Research，31（5）：803-805.

An Q X，Wang P，Emrouznejad A，et al. 2020. Fixed cost allocation based on the principle of efficiency invariance in two-stage systems[J]. European Journal of Operational Research，283（2）：662-675.

Andersen P，Petersen N C. 1993. A procedure for ranking efficient units in data envelopment analysis[J]. Management Science，39（10）：1261-1264.

Banker R D，Charnes A，Cooper W W. 1984. Some models for estimating technical and scale inefficiencies in data envelopment analysis[J]. Management Science，30（9）：1078-1092.

Banker R D，Chang H，Cooper W W. 1996. Equivalence and implementation of alternative methods for determining returns to scale in data envelopment analysis[J]. European Journal of Operational Research，89（3）：473-481.

Beasley J E. 2003. Allocating fixed costs and resources via data envelopment analysis[J]. European Journal of Operational Research，147（1）：198-216.

Chang Y T，Park H S，Jeong J B，et al. 2014. Evaluating economic and environmental efficiency of global airlines：A SBM-DEA approach[J]. Transportation Research Part D：Transport and Environment，27：46-50.

Charnes A，Cooper W W. 1959. Chance-constrained programming[J]. Management Science，6（1）：73-79.

Charnes A，Cooper W W. 1962. Programming with linear fractional functionals[J]. Naval Research Logistics Quarterly，9（3/4）：181-186.

Charnes A，Cooper W W. 1984. The non-archimedean CCR ratio for efficiency analysis：A rejoinder to Boyd and Färe[J]. European Journal of Operational Research，15（3）：333-334.

Charnes A，Cooper W，Lewin A Y，et al. 1997. Data envelopment analysis theory，methodology and applications[J]. Journal of the Operational Research Society，48（3）：332-333.

Charnes A，Cooper W W，Rhodes E. 1978. Measuring the efficiency of decision making units[J]. European Journal of Operational Research，2（6）：429-444.

Charnes A，Cooper W W，Seiford L，et al. 1983. Invariant multiplicative efficiency and piecewise Cobb-Douglas envelopments[J]. Operations Research Letters，2（3）：101-103.

Charnes A, Cooper W W, Wei Q L. 1986. A semi-infinite multicriteria programming approach to data envelopment analysis with infinitely many decision-making units[R]. Austin: The University of Texas at Austin.

Charnes A, Cooper W W, Wei Q L, et al. 1989. Cone ratio data envelopment analysis and multi-objective programming[J]. International Journal of Systems Science, 20 (7): 1099-1118.

Chen Y, Cook W D, Li N, et al. 2009. Additive efficiency decomposition in two-stage DEA[J]. European Journal of Operational Research, 196, 1170-1176.

Chen Y, Cook W D, Kao C, et al. 2010. Network DEA pitfalls: Divisional efficiency and frontier projection under general network structures[J]. European Journal of Operational Research, 226, 507-515.

Chilingerian J A, Sherman H D. 2004. Health-care applications: From hospitals to physicians, from productive efficiency to quality frontiers[M]//Cooper W W, Seiford L M, Zhu J. Handbook on Data Envelopment Analysis. Boston: Kluwer Academic Publishers: 481-537.

Chu J F, Zhu J. 2021. Production scale-based two-stage network data envelopment analysis[J]. European Journal of Operational Research, 294 (1): 283-294.

Chu J F, Shao C F, Emrouznejad A, et al. 2021. Performance evaluation of organizations considering economic incentives for emission reduction: A carbon emission permit trading approach[J]. Energy Economics, 101: 105398.

Chung Y H, Färe R, Grosskopf S. 1997. Productivity and undesirable outputs: A directional distance function approach[J]. Journal of Environmental Management, 51 (3): 229-240.

Cobb C W, Douglas P H. 1928. A theory of production[J]. The American Economic Review, 18 (1): 139-165.

Contreras I. 2020. A review of the literature on DEA models under common set of weights[J]. Journal of Modelling in Management, 15 (4): 1277-1300.

Cook W D, Kress M. 1999. Characterizing an equitable allocation of shared costs: A DEA approach[J]. European Journal of Operational Research, 119 (3): 652-661.

Cook W D, Zhu J. 2014. DEA Cobb-Douglas frontier and cross-efficiency[J]. Journal of the Operational Research Society, 65 (2): 265-268.

Cooper W W, Deng H, Huang Z M, et al. 2004. Chance constrained programming approaches to congestion in stochastic data envelopment analysis[J]. European Journal of Operational Research, 155 (2): 487-501.

Emrouznejad A, Tavana M, Hatami-Marbini A. 2014. The state of the art in fuzzy data envelopment analysis[M]//Emrouznejad A, Tavana M. Performance Measurement with Fuzzy Data Envelopment Analysis. Berlin: Springer: 1-45.

Färe R, Grosskopf S. 1985. A nonparametric cost approach to scale efficiency[J]. Scandinavian Journal of Economics, 87 (4): 594-604.

Färe R, Grosskopf S, Lovell C A K. 1994. Production Frontiers[M]. Cambridge: Cambridge University Press.

Färe R, Grosskopf S, Lovell C A K, et al. 1989. Multilateral productivity comparisons when some outputs are undesirable: A nonparametric approach[J]. The Review of Economics and Statistics, 71 (1): 90-98.

Ganley J A, Cubbin J S. 1992. Public Sector Efficiency Measurement: Applications of Data Envelopment Analysis[M]. New York: Elsevier Science Inc.

Golany B, Roll Y. 1989. An application procedure for DEA[J]. Omega, 17 (3): 237-250.

Guo P J, Tanaka H. 2001. Fuzzy DEA: A perceptual evaluation method[J]. Fuzzy Sets and Systems, 119 (1): 149-160.

Halkos G E, Polemis M L. 2018. The impact of economic growth on environmental efficiency of the electricity sector: A hybrid window DEA methodology for the USA[J]. Journal of Environmental Management, 211: 334-346.

Halkos G，Petrou K N. 2019. Treating undesirable outputs in DEA：A critical review[J]. Economic Analysis and Policy，62：97-104.

Hatami-Marbini A，Tavana M，Agrell P J，et al. 2015. A common-weights DEA model for centralized resource reduction and target setting[J]. Computers and Industrial Engineering，79：195-203.

Hatefi S M，Jolai F，Kor H，et al. 2009. A new model for classifying inputs and outputs and evaluating the DMUs efficiency in DEA based on Cobb-Douglas production function[C]//2009 International Conference on Computer Engineering and Technology，Singapore，1：390-394.

Jahanshahloo G R，Hosseinzadeh Lotfi F，Khanmohammadi M，et al. 2010. Ranking of units by positive ideal DMU with common weights[J]. Expert Systems with Applications，37（12）：7483-7488.

Jiang H H，Wu J，Chu J F，et al. 2020. Better resource utilization：A new DEA bi-objective resource reallocation approach considering environmental efficiency improvement[J]. Computers and Industrial Engineering，144：106504.

Kao C，Hung H T. 2005. Data envelopment analysis with common weights：The compromise solution approach[J]. Journal of the Operational Research Society，56（10）：1196-1203.

Kao C A，Hwang S N. 2008. Efficiency decomposition in two-stage data envelopment analysis：An application to non-life insurance companies in Taiwan[J]. European Journal of Operational Research，185（1）：418-429.

Kao C A，Liu S T. 2000. Fuzzy efficiency measures in data envelopment analysis[J]. Fuzzy Sets and Systems，113（3）：427-437.

Kiani Mavi R，Kazemi S，Jahangiri J M. 2013. Developing common set of weights with considering nondiscretionary inputs and using ideal point method[J]. Journal of Applied Mathematics，2013：906743.

Lee H S，Chu C W，Zhu J. 2011. Super-efficiency DEA in the presence of infeasibility[J]. European Journal of Operational Research，212（1）：141-147.

Lertworasirikul S，Fang S C，Joines J A，et al. 2003. Fuzzy data envelopment analysis（DEA）：A possibility approach[J]. Fuzzy Sets and Systems，139（2）：379-394.

Li F，Zhu Q Y，Liang L. 2019. A new data envelopment analysis based approach for fixed cost allocation[J]. Annals of Operations Research，274（1）：347-372.

Li Y J，Yang M，Chen Y，et al. 2013. Allocating a fixed cost based on data envelopment analysis and satisfaction degree[J]. Omega，41（1）：55-60.

Liang L，Cook W D，Zhu J. 2008. DEA models for two-stage processes：Game approach and efficiency decomposition[J]. Naval Research Logistics（NRL），55（7）：643-653.

Liang L，Wu J，Cook W D，et al. 2008. Alternative secondary goals in DEA cross-efficiency evaluation[J]. International Journal of Production Economics，113（2）：1025-1030.

Liu F H F，Peng H. 2008. Ranking of units on the DEA frontier with common weights[J]. Computers and Operations Research，35（5）：1624-1637.

Mehrabian S，Alirezaee M R，Jahanshahloo G R. 1999. A complete efficiency ranking of decision making units in data envelopment analysis[J]. Computational Optimization and Applications，14（2）：261-266.

Mostafaee A. 2013. An equitable method for allocating fixed costs by using data envelopment analysis[J]. Journal of the Operational Research Society，64（3）：326-335.

Oh D H. 2010. A global Malmquist-Luenberger productivity index[J]. Journal of Productivity Analysis，34（3）：183-197.

Pastor J T，Lovell C A K. 2005. A global Malmquist productivity index[J]. Economics Letters，88（2）：266-271.

Ray S C，Desli E. 1997. Productivity growth，technical progress，and efficiency change in industrialized countries：Comment[J]. The American Economic Review，87（5）：1033-1039.

Roll Y，Cook W D，Golany B. 1991. Controlling factor weights in data envelopment analysis[J]. IIE Transactions，23（1）：2-9.

Roll Y，Golany B. 1993. Alternate methods of treating factor weights in DEA[J]. Omega，21（1）：99-109.

Ruggiero J. 1998. A new approach for technical efficiency estimation in multiple output production[J]. European Journal of Operational Research，111（2）：369-380.

Saati S，Hatami-Marbini A，Agrell P J，et al. 2012. A common set of weight approach using an ideal decision making unit in data envelopment analysis[J]. Journal of Industrial and Management Optimization，8（3）：623-637.

Scheel H. 2001. Undesirable outputs in efficiency valuations[J]. European Journal of Operational Research，132（2）：400-410.

Seiford L M，Thrall R M. 1990. Recent developments in DEA：The mathematical programming approach to frontier analysis[J]. Journal of Econometrics，46（1/2）：7-38.

Seiford L M，Zhu J. 1999a. Infeasibility of super-efficiency data envelopment analysis models[J]. INFOR：Information Systems and Operational Research，37（2）：174-187.

Seiford L M，Zhu J. 1999b. Profitability and marketability of the top 55 U.S. commercial banks[J]. Management Science，45（9）：1270-1288.

Seiford L M，Zhu J. 2002. Modeling undesirable factors in efficiency evaluation[J]. European Journal of Operational Research，142（1）：16-20.

Sexton T R，Lewis H F. 2003. Two-stage DEA：An application to major league baseball[J]. Journal of Productivity Analysis，19（2）：227-249

Sexton T R，Silkman R H，Hogan A J. 1986. Data envelopment analysis：Critique and extensions[J]. New directions for program evaluation，1986（32）：73-105.

Shang J，Sueyoshi T. 1995. A unified framework for the selection of a flexible manufacturing system[J]. European Journal of Operational Research，85（2）：297-315.

Si X L，Liang L，Jia G Z，et al. 2013. Proportional sharing and DEA in allocating the fixed cost[J]. Applied Mathematics and Computation，219（12）：6580-6590.

Sinuany-Stern Z，Friedman L. 1998. DEA and the discriminant analysis of ratios for ranking units[J]. European Journal of Operational Research，111（3）：470-478.

Sueyoshi T，Goto M. 2010. Measurement of a linkage among environmental，operational，and financial performance in Japanese manufacturing firms：A use of data envelopment analysis with strong complementary slackness condition[J]. European Journal of Operational Research，207（3）：1742-1753.

Sueyoshi T，Goto M. 2012a. Weak and strong disposability vs. natural and managerial disposability in DEA environmental assessment：Comparison between Japanese electric power industry and manufacturing industries[J]. Energy Economics，34（3）：686-699.

Sueyoshi T，Goto M. 2012b. DEA radial and non-radial models for unified efficiency under natural and managerial disposability：Theoretical extension by strong complementary slackness conditions[J]. Energy Economics，34（3）：700-713.

Tone K. 2001. A slacks-based measure of efficiency in data envelopment analysis[J]. European Journal of Operational Research，130（3）：498-509.

Tone K. 2002. A slacks-based measure of super-efficiency in data envelopment analysis[J]. European Journal of Operational Research，143（1）：32-41.

Troutt M D. 1997. Derivation of the maximin efficiency ratio model from the maximum decisional efficiency principle[J]. Annals of Operations Research，73：323-338.

Yang F，Wu D D，Liang L，et al. 2011. Competition strategy and efficiency evaluation for decision making units with fixed-sum outputs[J]. European Journal of Operational Research, 212 (3): 560-569.

Yang H L, Pollitt M. 2010. The necessity of distinguishing weak and strong disposability among undesirable outputs in DEA: Environmental performance of Chinese coal-fired power plants[J]. Energy Policy, 38 (8): 4440-4444.

Yang M, Li Y J, Chen Y, et al. 2014. An equilibrium efficiency frontier data envelopment analysis approach for evaluating decision-making units with fixed-sum outputs[J]. European Journal of Operational Research, 239 (2): 479-489.

Yang M, Li Y J, Liang L. 2015. A generalized equilibrium efficient frontier data envelopment analysis approach for evaluating DMUs with fixed-sum outputs[J]. European Journal of Operational Research, 246 (1): 209-217.

Zadeh L A. 1973. Outline of a new approach to the analysis of complex systems and decision processes[J]. IEEE Transactions on Systems, Man, and Cybernetics, (1): 28-44.

Zadeh L A. 1978. Fuzzy sets as a basis for a theory of possibility[J]. Fuzzy Sets and Systems, 1 (1): 3-28.

Zhu Q Y, Li X C, Li F, et al. 2021. Analyzing the sustainability of China's industrial sectors: A data-driven approach with total energy consumption constraint[J]. Ecological Indicators, 122: 107235.

Zhu Q Y, Wu J, Song M L, et al. 2017. A unique equilibrium efficient frontier with fixed-sum outputs in data envelopment analysis[J]. Journal of the Operational Research Society, 68 (12): 1483-1490.